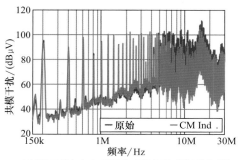

a) 原始干扰与加入共模电感的共模干扰测试对比

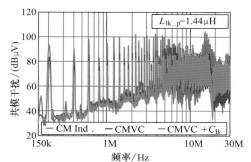

b) 加入共模电感与采用共模电压对消方
法的共模干扰测试对比

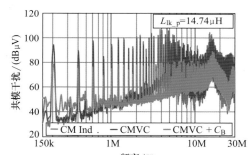

c) 加入共模电感与采用共模电压对消方法的
共模干扰测试对比

图 9.17 采用共模电压对消前后的共模干扰对比

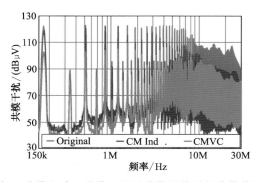

图 9.21 加入共模电感，共模电压对消绕组前后的共模传导干扰对比

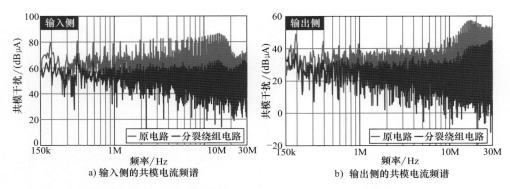

a) 输入侧的共模电流频谱　　　　　　　　b) 输出侧的共模电流频谱

图 10.14　分裂绕组结构和原电路组结构的 Buck 变换器在输入和输出侧共模电流的频谱对比

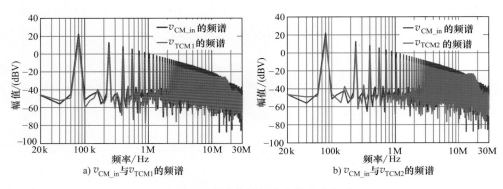

a) v_{CM_in} 与 v_{TCM1} 的频谱　　　　　　　　b) v_{CM_in} 与 v_{TCM2} 的频谱

图 11.18　激励信号与响应信号的频谱

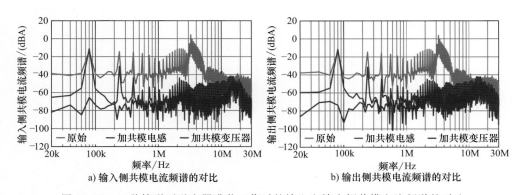

a) 输入侧共模电流频谱的对比　　　　　　　　b) 输出侧共模电流频谱的对比

图 11.20　三种情形下逆变器满载工作时的输入和输出侧共模电流频谱的对比

电力电子新技术系列图书

电力电子变换器传导电磁干扰的
建模、预测与抑制方法

阮新波　谢立宏　季　清　原熙博　著

机械工业出版社

本书阐明了电力电子变换器传导电磁干扰的形成机理、传递路径及其危害，并建立了 AC-DC 整流器、DC-DC 变换器和 DC-AC 逆变器的传导电磁干扰模型，为预测和抑制其传导电磁干扰提供基础。针对 Boost PFC 变换器，分别预测了在平均电流控制和临界电流连续控制方式下的传导电磁干扰频谱特性，给出了电磁干扰滤波器的设计依据。针对隔离型 DC-DC 变换器，提出了优化设计变压器绕组结构、屏蔽层结构、变换器的电路结构以及引入共模电压对消等方法来抑制其共模传导干扰，从而减小共模电磁干扰滤波器的体积重量。针对非隔离型 DC-DC 变换器和 DC-AC 逆变器，引入了共模电压对消以同时抑制其输入和输出侧共模电流，提高了电磁兼容性。

本书是一本理论分析与工程设计相结合的专著，可作为高校电力电子技术专业及相关专业的硕士生、博士生和教师的参考书，也可供从事航空航天电源、服务器电源、电动汽车车载充电器、电动汽车电驱系统、可再生能源发电等方面研究开发的工程技术人员参考使用。

图书在版编目（CIP）数据

电力电子变换器传导电磁干扰的建模、预测与抑制方法/阮新波等著. —北京：机械工业出版社，2023.10（2024.11 重印）

（电力电子新技术系列图书）

ISBN 978-7-111-73764-3

Ⅰ.①电… Ⅱ.①阮… Ⅲ.①变换器-电磁干扰-研究 Ⅳ.①TN624

中国国家版本馆 CIP 数据核字（2023）第 163664 号

机械工业出版社（北京市百万庄大街 22 号　邮政编码 100037）

策划编辑：罗　莉　　　　　　责任编辑：罗　莉

责任校对：樊钟英　贾立萍　　封面设计：马精明

责任印制：常天培

固安县铭成印刷有限公司印刷

2024 年 11 月第 1 版第 3 次印刷

169mm×239mm · 14 印张 · 1 插页 · 270 千字

标准书号：ISBN 978-7-111-73764-3

定价：99.00 元

电话服务　　　　　　　　　网络服务

客服电话：010-88361066　　机 工 官 网：www.cmpbook.com

　　　　　010-88379833　　机 工 官 博：weibo.com/cmp1952

　　　　　010-68326294　　金 书 网：www.golden-book.com

封底无防伪标均为盗版　　机工教育服务网：www.cmpedu.com

第3届
电力电子新技术系列图书
编 辑 委 员 会

电力电子新技术系列图书
序言

1974年美国学者 W. Newell 提出了电力电子技术学科的定义，电力电子技术是由电气工程、电子科学与技术和控制理论三个学科交叉而形成的。电力电子技术是依靠电力半导体器件实现电能的高效率利用，以及对电机运动进行控制的一门学科。电力电子技术是现代社会的支撑科学技术，几乎应用于科技、生产、生活各个领域：电气化、汽车、飞机、自来水供水系统、电子技术、无线电与电视、农业机械化、计算机、电话、空调与制冷、高速公路、航天、互联网、成像技术、家电、保健科技、石化、激光与光纤、核能利用、新材料制造等。电力电子技术在推动科学技术和经济的发展中发挥着越来越重要的作用。进入21世纪，电力电子技术在节能减排方面发挥着重要的作用，它在新能源和智能电网、直流输电、电动汽车、高速铁路中发挥核心的作用。电力电子技术的应用从用电，已扩展至发电、输电、配电等领域。电力电子技术诞生近半个世纪以来，也给人们的生活带来了巨大的影响。

目前，电力电子技术仍以迅猛的速度发展着，电力半导体器件性能不断提高，并出现了碳化硅、氮化镓等宽禁带电力半导体器件，新的技术和应用不断涌现，其应用范围也在不断扩展。不论在全世界还是在我国，电力电子技术都已造就了一个很大的产业群。与之相应，从事电力电子技术领域的工程技术和科研人员的数量与日俱增。因此，组织出版有关电力电子新技术及其应用的系列图书，以供广大从事电力电子技术的工程师和高等学校教师和研究生在工程实践中使用和参考，促进电力电子技术及应用知识的普及。

在20世纪80年代，中国电工技术学会电力电子专业委员会曾和机械工业出版社合作，出版过一套"电力电子技术丛书"，那套丛书对推动电力电子技术的发展起过积极的作用。最近，电力电子学会经过认真考虑，认为有必要以"电力电子新技术系列图书"的名义出版一系列著作。为此，成立了专门的编辑委员会，负责确定书目、组稿和审稿，向机械工业出版社推荐，仍由机械工业出版社出版。

本系列图书有如下特色：

本系列图书属专题论著性质，选题新颖，力求反映电力电子技术的新成就和新经验，以适应我国经济迅速发展的需要。

理论联系实际，以应用技术为主。

本系列图书组稿和评审过程严格，作者都是在电力电子技术第一线工作的专家，且有丰富的写作经验。内容力求深入浅出，条理清晰，语言通俗，文笔流畅，便于阅读学习。

　　本系列图书编委会中，既有一大批国内资深的电力电子专家，也有不少已崭露头角的青年学者，其组成人员在国内具有较强的代表性。

　　希望广大读者对本系列图书的编辑、出版和发行给予支持和帮助，并欢迎对其中的问题和错误给予批评指正。

电力电子新技术系列图书
编辑委员会

前　言

电力电子技术在一般工业、电力系统、电气化交通、信息技术产业、航空航天、家用电器等方面得到了广泛应用，并逐渐在可再生能源发电、柔性交/直流输电、电动汽车、节能环保等方面发挥极其重要的作用。电力电子变换器在实现电能高效变换的同时，将不可避免地产生电磁能量，通过近场耦合和输入电源线进入电网，影响其他设备的正常工作。随着宽禁带半导体器件的应用以及电力电子变换器功率密度的提升，电力电子变换器产生的传导电磁干扰（Electromagnetic Interference，EMI）越发突出，其电磁兼容（Electromagnetic Compatibility，EMC）问题亟待解决。

噪声源、耦合路径和敏感设备是 EMC 的三要素，也是解决 EMC 问题的基本切入点。在实际产品的开发过程中，由于缺少对噪声源频谱特性的认识和耦合路径传输特性的理解，处理 EMC 问题通常是反复试凑、极为耗时的过程，解决 EMC 问题自然地被称为 "Black Art"。为了深入认识电力电子变换器的传导 EMI 特性，指导其 EMC 设计，需要建立电力电子变换器的传导 EMI 模型、根据模型预测其传导 EMI 频谱并提出有效的抑制方法。我们研究团队通过十多年坚持不懈、持续不断的研究，在电力电子变换器传导电磁干扰的建模、预测与抑制方法上已取得较为系统和深入的研究成果，在 *IEEE Transactions on Industrial Electronics*、*IEEE Transactions on Power Electronics* 等本领域国际重要期刊上发表了一系列论文，并且在多个领域得到成功应用。为了全面系统阐述所取得的研究成果，我们决定将它们整理成书。

本书内容共分 11 章，包括电力电子变换器传导 EMI 的基本概念、AC-DC 整流器、DC-DC 变换器以及 DC-AC 逆变器的传导 EMI。第 1 章简要介绍了 EMC 和 EMI 的基本概念，分析了电力电子变换器传导 EMI 的形成原因，并回顾了电力电子变换器传导 EMI 的研究现状和关键问题。第 2 章详细介绍了传导 EMI 测试中的主要设备，介绍其工作原理，并详细给出了 EMI 滤波器电路拓扑选择依据和滤波元件参数设计方法，以及 EMI 滤波器的一般设计流程。第 3~5 章围绕 Boost PFC 变换器，建立了其传导 EMI 模型，并预测了不同控制方式下 Boost PFC 变换器的传导 EMI 频谱，从而指导 EMI 滤波器的设计。第 3 章根据 Boost PFC 变换器的传导 EMI 产生的路径，分析了其共模、差模和混合干扰的产生机理，给出了混合干扰的抑制方法。在此基础上，推导了 Boost PFC 变换器的共模和差模干扰等效电路，给出了适合 Boost PFC 变换器的共模和差模滤波器结构，以及滤波器元件参数的设计方法。第 4 章针对平均电流控制的 Boost PFC 变换器，分析并给出了变换器在半个工频周期内电感电流全连续、部分连续/断续和全断续三种工作模式下的输入电压和负载条件。采用短时傅里叶变换分析半个工频周期内，三种工作模式下干扰电压源谐波的 PK、QP 和 AV 值，并推导出传导 EMI 谐波最恶劣的输入电压和负载条件，指导 EMI 滤波器的设计。第 5 章针对电流临界连续模式（Critical Conduction Mode，CRM）控制的 Boost PFC 变换器，采用短时傅里叶变换分析变换器的开关管漏源极电压以及共模和差模干扰电压的谐波频谱。根据 EMI 接收机的工作原理，进一步分析了变换器的 PK、QP 和 AV 干扰频谱特性，并揭示了它们与共模和差模干扰谐波频谱之间的关系。在此基础上，给出了 CRM Boost PFC 变换器传导 EMI 频谱最恶劣时的输入电压和负载条件，以指导 EMI 滤波器的设计。第 6~9 章针对隔离型 DC-DC 变换器，建立了通用的共模传导干扰模型，并提出了优化设计变压器绕组结构、屏蔽层结构、变换器的电路结构以及引入共模电压对消等共模传导干扰的抑制方法，从而减小共模 EMI 滤波器的体积重量。第 6 章分析了变压器原副边绕组分布电容的特点，并推导了一般绕组结构情形下，变压器集总电容的表达式，建立了通用的变压器集总电容模型，为分析隔离型变换器的共模传导干扰提供理论基础。在此基础上，推导了一般隔离型变换器的共模传导干扰模型，提出了等效干扰源的概念。应用等效干扰源，系统地分析了变压器绕组结构和变换器的电路结构对共模传导干扰的影响，并揭示了具有共模干扰自然对消特性的电路拓扑。第 7 章围绕变压器的屏蔽技术，提出了将单层屏蔽技术与绕组对消方法相结合的屏蔽绕组法以及将单层屏蔽技术与无源对消方法相结合的屏蔽-无源对消复合抑制方法，进一步抑制隔离型变换器的共模传导干扰。第 8 章针对采用移相控制的全桥变换器，推导了变换器的共模传导干扰模型，指出两桥臂中点到安全地的电压以及谐振电感电压是引起共模传导干扰的电压源。基于所建立的电路模型，提出了采用对称电路加无源对消的抑制方法，消除谐振电感电压以及两桥臂中点电压引起的位移电流，有效抑制了移相控制全桥变换器的共模传导干扰。第 9 章指出现有的共模干扰对消方法为并联补偿支路，根据对偶性提出了增加串联补偿支路的共模电压对消方法，并给出了共模电压对消方法在基本非隔离型和隔离型 DC-DC 变换器中的应用。第 10、11 章在第 9 章的基础上，分别针对非隔离型 DC-DC 变换器和 DC-AC 逆变器，提出了同时抑制变换器输入和输出侧共模电流的分裂绕组电路结构和共模电压对消方法，提高了电磁兼容性。

　　本书是基于我们研究团队的研究成果整理而成的，其中谢立宏博士和季清博士对本书前 9 章的内容做出了重要贡献。本书的第 10、11 章是谢立宏博士在英国布里斯托大学开展博士后研究的部分成果，这些研究工作得到了原熙博教授的支持。因此他们都是本书的合作作者。已毕业的硕士生朱昊楠对研究工作也有贡献，在此一并感谢。

　　本书的研究工作得到了光宝科技（广州）有限公司南京分公司合作项目"电力电子技术之研究开发"的资助，在此表示衷心的感谢！

　　本书的出版得到了机械工业出版社的大力支持，责任编辑罗莉女士为本书的出版做了大量工作，特此致谢！

阮新波

2023 年 6 月于南京航空航天大学

目 录

绪　论

1.1　电磁兼容（EMC）和电磁干扰（EMI）概述

1.1.1　EMC 的基本概念

在过去的数十年里，电力电子技术和微电子技术得到了快速发展，越来越多的电气和电子设备被广泛应用于电气化交通、新能源发电、航空航天、信息技术、家用电器和照明等领域，极大改善了人们的工作和生活条件。然而，电气和电子设备在工作过程中不可避免地产生电磁骚扰，以传导或辐射的方式影响供电系统和电网的稳定运行，降低用电设备性能，干扰远程和数据通信，甚至影响航空导航而危及人的生命安全，如图 1.1 所示。在日益复杂的电磁环境中，为了保证电气和电子设备的正常工作，避免造成电磁污染，人们对其电磁兼容性提出了严格的要求。

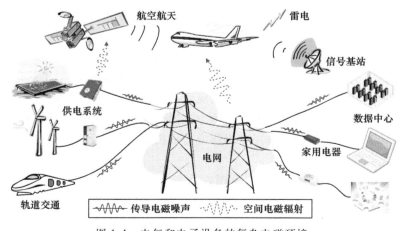

图 1.1　电气和电子设备的复杂电磁环境

电磁兼容（Electromagnetic Compatibility，EMC）是指设备在电磁环境中能够

正常工作，且不对该环境中的任何事物构成不能承受的电磁骚扰的能力[1,2]，它包括电磁干扰（Electromagnetic Interference，EMI）和电磁敏感性（Electromagnetic Susceptibility，EMS）两个方面。EMI 是指电磁骚扰引起的设备性能的下降，EMS 是指在存在电磁骚扰情况下设备不能避免性能降低的能力。

为了应对不断出现的 EMI 问题，国际电工技术委员会（International Electrotechnical Commission，IEC）于 1933 年在巴黎召开的一次会议上，建议成立国际无线电干扰特别委员会（Comité International Spécial des Perturbations Radioélectriques，CISPR）。CISPR 围绕 EMI 的测量技术及其干扰限值，陆续发布了各种标准。其中，CISPR 16[3] 对 EMI 的测量设备和测量方法作了详细规定，CISPR 22[4] 则明确给出了信息技术设备的 EMI 测试方法和推荐的干扰限值。目前，大多数国家采用 CISPR 推荐的干扰限值并将其作为国家标准。除 CISPR 以外，美国联邦通信委员会（Federal Communications Commission，FCC）和欧洲电工技术标准化委员会（Commission Européenne de Normalisation Électrotechnique，CENELEC）等组织也制定了 EMC 的相关标准，如 FCC Part 18（工业、科学和医疗设备的电磁干扰标准）和 EN 55025（车辆、船舶和内燃机的电磁干扰测试方法和限值）等，国际上广泛使用的欧洲标准 EN 55022[5] 与 CISPR 22 等同。

1.1.2　传导和辐射电磁干扰

电磁噪声源、耦合路径和敏感设备（或接收机）构成 EMC 的三要素，如图 1.2 所示。任何形式的自然现象或电能装置所发射的电磁能量，能使其他设备发生电磁危害，导致性能降低或失效，甚至能使共享同一环境的人或其他生物受到伤害，这种自然现象或电能装置即成为电磁

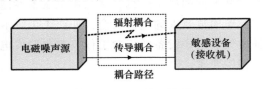

图 1.2　EMC 的三要素

噪声源。敏感设备是指当受到电磁噪声源所发射的电磁能量作用时，会发生电磁危害并导致性能降低或失效的设备。耦合路径是指传输电磁噪声的通路，它包括传导和辐射两种方式。传导耦合路径由噪声源和敏感设备之间的连线构成，辐射耦合路径则是通过空间以电磁波辐射的方式形成。通过传导和辐射耦合路径引起敏感设备性能降低，影响设备正常工作或造成损害的现象，分别称为传导电磁干扰和辐射电磁干扰。

图 1.3a 和 b 给出了典型的传导耦合路径，其中，直接传导耦合是指两电路之间存在直接的导体互连；公共阻抗耦合是两个电路的电流流过共同阻抗的情形，常见于电源和接地系统。图 1.3c~e 给出了典型的辐射耦合形式，其中，电场耦合和磁场耦合属于近场感应耦合，可以用"路"的方法分析，即提取寄生参数并建立电路模型；远场辐射耦合反映两个电路之间电磁波的发射和接收，通

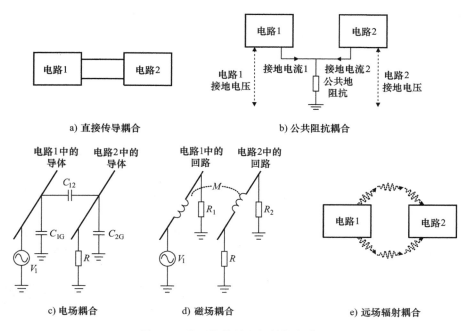

a) 直接传导耦合　　　　　　　　　　　b) 公共阻抗耦合

c) 电场耦合　　　　　　d) 磁场耦合　　　　　　e) 远场辐射耦合

图 1.3　典型的传导和辐射耦合路径

常以"场"的理论进行建模。

　　用电设备产生的传导电磁干扰会通过输入电源线，以直接传导耦合的方式干扰其他用电设备，因此传导 EMI 标准规定了用电设备在输入电源线上的传导 EMI 限值。图 1.4 给出了 CISPR 22 定义的 A 类和 B 类信息技术设备传导 EMI 的准峰值（Quasi-Peak，QP）和平均值（Average，AV）限值，其中，A 类设备是指用于贸易、工业和商业环境的设备，B 类设备是指用于居住环境的设备。CIS-PR 在最初制定 EMC 标准时，主要是为了防止无线电通信和广播的信号受到干扰。民用远距离无线电通信和广播采用的频率范围主要为 150kHz~1GHz（频率

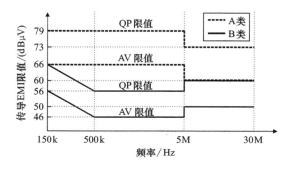

图 1.4　EN 55022 中 A 类和 B 类设备的传导 EMI 限值

低于 150kHz 的电磁波不能通过地球的电离层传播）。当频率高于 30MHz 时，由于线路的阻抗和寄生电感作用，传导干扰电流被大幅衰减。因此，CISPR 规定传导 EMI 的频段为 150kHz~30MHz。本书第 2 章 2.1 节将详细介绍传导 EMI 的测试方法和主要测试设备的工作原理。

1.2   电力电子变换器的传导 EMI

随着电力电子技术的发展，电力电子变换器已广泛应用于一般工业、电力系统、电气化交通、信息技术产业、航空航天、家用电器等领域，并已逐渐在可再生能源发电、柔性交/直流输电、电动汽车、节能环保等方面发挥极其重要的作用[6]。电力电子变换器的功率器件在开关过程中会产生很高的电压和电流变化率，通过导电介质和近场耦合等方式在输入电源线中产生电磁噪声。这些电磁噪声不仅污染电网，还影响同一电网中其他设备的正常工作，由此引起传导 EMI 问题[7-9]。

传导 EMI 在耦合路径中主要以电流形式传递电磁噪声。按照耦合路径的特点，传导 EMI 可分为共模（Common Mode，CM）传导干扰和差模（Differential Mode，DM）传导干扰。图 1.5 以交流输入为例，给出了共模和差模电流的传递路径，其中，共模传导干扰电流 i_{CM} 是输入电源线的同向干扰分量，经安全地（Protective Earth，PE）形成回路；差模传导干扰电流 i_{DM} 是输入电源线上的反向干扰分量，经输入电源形成回路。

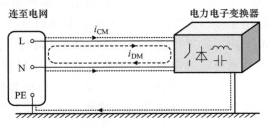

图 1.5　共模和差模电流的传递路径

一般来说，电力电子变换器的差模传导干扰主要由变换器输入电流中的开关分量引起，共模传导干扰则是由电路中电位高频跳变的节点通过对安全地的寄生电容产生[10-15]。对于非隔离型变换器，以图 1.6a 所示的 Boost 变换器为例，开关管 Q_b 的漏极电位随着 Q_b 的开关工作而高频跳变，并通过寄生电容 C_p 产生流入安全地 PE 的位移电流，形成共模传导干扰。寄生电容 C_p 由开关管到散热器之间的寄生电容以及开关管漏极所在的 PCB 走线到安全地的杂散电容构成。在相同主电路参数和控制方式的条件下，寄生电容 C_p 越大，变换器的共模传导干

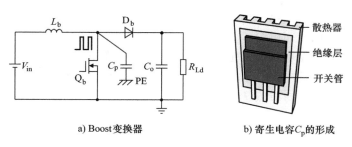

a) Boost变换器　　　　　　b) 寄生电容C_p的形成

图 1.6　Boost 变换器的共模干扰传递路径

扰越恶劣。

在大功率场合，出于安全考虑，会将散热器与安全地相连，此时开关管漏极到散热器之间的寄生电容是电力电子变换器共模传导干扰的主要传递路径[16]。该寄生电容的大小与绝缘层的厚度、介电常数以及开关管和散热器的相对面积有关，一般为几十 pF 左右，如图 1.6b 所示。

在采用塑料外壳的小功率电源中，散热器通常与原边功率地相连，流过开关管到散热器之间寄生电容的位移电流仅在电路内部传递，不会形成共模传导干扰。此时，开关管漏极所在节点的 PCB 走线到安全地的杂散电容是共模传导干扰的主要路径。不过，该杂散电容相对较小，因此共模干扰较小。

图 1.7 给出了隔离型变换器的共模传导干扰主要路径。以交流输入为例，隔离型变换器由输入整流桥、原边电路、变压器和副边整流滤波电路组成。原边电路和副边整流滤波电路的零电位参考点分别为原边功率地（Primary Ground，PG）和副边输出地（Secondary Ground，SG）。C_p、C_s 分别为原边电路、副边整流滤波电路中电位高频变化的节点到安全地 PE 的寄生电容，C_{ps} 为变压器原副边绕组间的分布电容。对于三线制交流输入，出于安全考虑，变换器的副边输出地 SG 通常与安全地 PE 相连。

在图 1.7 中，以虚线画出了输入整流桥中一对二极管导通时的共模传导干扰

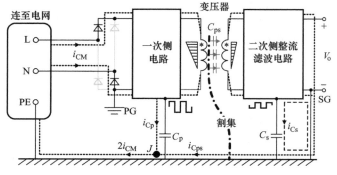

图 1.7　隔离型变换器共模传导干扰的传递路径

路径，包括原边电路中电位高频变化的节点到安全地的寄生电容 C_p，以及变压器原副边绕组间的分布电容 C_{ps}。图中，以点画线画出了从变压器分布电容到安全地的割集。根据全电流连续定律，流过变压器分布电容的总位移电流等于从安全地返回的共模干扰电流 i_{Cps}。记流入电网的共模干扰电流为 $2i_{CM}$，流过寄生电容 C_p 的电流为 i_{Cp}，对节点 J 来说，有

$$2i_{CM} = i_{Cp} + i_{Cps} \tag{1.1}$$

从式（1.1）可以看出，隔离型变换器共模传导干扰的传递路径包括原边电路到安全地的寄生电容，以及变压器原副边绕组间的分布电容（简称为变压器的分布电容）[17]。

共模和差模传导干扰产生的原因不同，其抑制方法也有区别。因此，将传导 EMI 分离为共模和差模传导干扰有利于诊断传导 EMI 频谱，选取传导 EMI 抑制方法，设计 EMI 滤波器中共模和差模滤波元件。本书第 2 章的 2.2 节将介绍共模和差模传导干扰的分离方法及相应的 EMI 滤波器设计流程，其余章节将分别介绍 AC-DC 整流器的传导电磁干扰以及 DC-DC 变换器和 DC-AC 逆变器的共模传导干扰。由于 AC-AC 变频器应用较少，本书不讨论其传导电磁干扰。

1.3 AC-DC 整流器的传导 EMI

AC-DC 整流器是将交流电转换为直流电的变换器。为减小 AC-DC 整流器的输入电流谐波，提高功率因数（Power Factor，PF），通常采用功率因数校正（Power Factor Correction，PFC）变换器。PFC 变换器一方面控制输入电流使其呈正弦且与输入电压保持同相位，另一方面调节其输出电压使其保持稳定。由于 PFC 变换器直接与交流电网相连，它引起的传导 EMI 问题尤为突出。

在 PFC 变换器中，Boost 变换器是最常用的电路拓扑之一，如图 1.8 所示，这是因为它具有以下主要优点：①升压电感 L_b 串联在输入端，因此输入电流高频脉动小；②全输入电压范围内均可实现高的 PF；③电路结构简单，可靠性高。

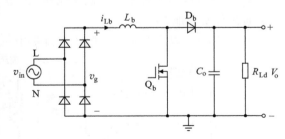

图 1.8 Boost PFC 变换器拓扑结构

1. Boost PFC 变换器的工作模式和控制方式

图 1.9 给出了 Boost PFC 变换器的三种工作模式，即电感电流连续模式（Continuous Current Mode，CCM）、电感电流临界连续模式（Critical Conduction Mode，CRM）和电感电流断续模式（Discontinuous Current Mode，DCM）。

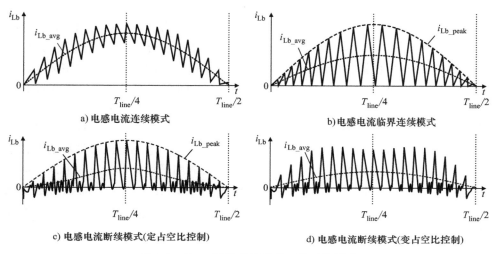

图 1.9　Boost PFC 变换器的三种工作模式

　　工作在 CCM 时，Boost PFC 变换器的电感电流脉动小，PF 高，开关管的电流有效值小，一般应用在中大功率场合。图 1.10 给出了采用平均电流控制的 CCM Boost PFC 变换器的控制框图[18]。该变换器采用脉宽调制方法，开关频率固定。输出电压的采样值与电压基准 V_{o_ref} 进行比较，其误差送入电压调节器 $G_v(s)$。电压调节器的输出信号与整流后的输入电压检测信号（波形输入）相乘，作为电流环的基准信号 i_{Lb_ref}。升压电感电流检测信号与电流基准进行比较，得到的电流误差信号送入电流调节器 $G_i(s)$，其输出信号与锯齿波进行比较，产生开关管的驱动信号。整流后的输入电压在半个工频周期内变化，因此开关管的

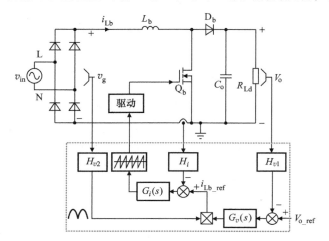

图 1.10　采用平均电流控制的 CCM Boost PFC 变换器的控制框图

占空比也在半个工频周期内变化。

工作在 CRM 时，Boost PFC 变换器可以实现开关管的零电流开通，且二极管无反向恢复，变换器的 PF 高，广泛应用于中小功率场合[19-21]。图 1.11 给出了 CRM Boost PFC 变换器的控制框图。电压调节器 $G_v(s)$ 的输出信号与整流后输入电压的检测信号相乘，作为电感电流峰值基准。当电感电流 i_{Lb} 下降到零时，通过电流过零检测（Zero Crossing Detector，ZCD）电路使 Q_b 开通。当 i_{Lb} 上升至电流峰值基准时，关断 Q_b。由于电感电流临界连续，一个开关周期内电感电流波形为三角波，而三角波的平均值为峰值的一半。由于电感电流峰值的基准在半个工频周期内为正弦形式，因此电感电流的开关周期平均值也为正弦形式，即实现功率因数校正。CRM Boost PFC 变换器的开关频率在半个工频周期内是变化的，其变化范围与输入电压和负载有关。因此，CRM Boost PFC 变换器的传导 EMI 特性较为复杂，EMI 滤波器的设计比较困难。

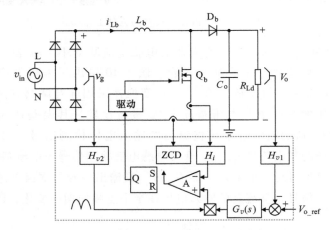

图 1.11　CRM Boost PFC 变换器的控制框图

DCM Boost PFC 变换器的开关管可以实现零电流开通，且二极管无反向恢复，它可以通过定占空比控制[22]、变占空比控制[23] 或平均电流控制实现。图 1.12a 给出了采用定占空比控制的 DCM Boost PFC 变换器的控制框图。这种控制方式比较简单，但电感电流的开关周期平均值在一个开关周期内不是正弦形式，如图 1.9c 所示，PF 值较低。为了使 DCM Boost PFC 变换器实现高 PF 值，可以采用变占空比控制方法，其控制框图如图 1.12b 所示[23]。它预先拟合 PF 值为 1 时的占空比表达式，再通过输入电压前馈和拟合运算实现变占空比控制。

实际上，当负载较轻时，CCM Boost PFC 变换器在半个工频周期内有一段时间工作在 DCM；而在负载很轻时，该变换器在半个工频周期内将始终工作于 DCM。

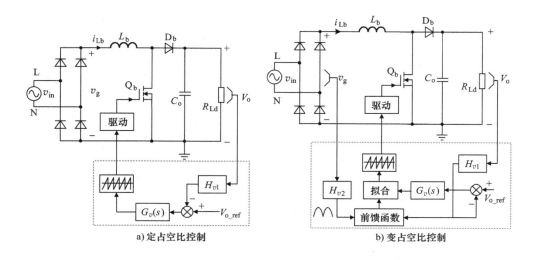

a) 定占空比控制　　　　　b) 变占空比控制

图 1.12　定占空比控制的 DCM Boost PFC 变换器

2. Boost PFC 变换器传导 EMI 的建模和预测方法

Boost PFC 变换器的传导 EMI 不仅与工作模式、控制方式有关，还与输入电压和负载有关，因此其 EMI 滤波器的设计较为困难。为了在设计早期预评估 Boost PFC 变换器的传导 EMI 特性，指导 EMI 滤波器的设计，有必要预测其传导 EMI 频谱。

传导 EMI 频谱的预测方法可分为仿真建模方法和数值建模方法。参考文献 [24-28] 提出了 Boost PFC 变换器传导 EMI 频谱的仿真建模方法，仿真时采用开关管和二极管的实际模型，并考虑电感、电容、PCB 线路以及线路与安全地之间的寄生参数和互耦参数。为准确获取这些参数，需要测试预选取的元件的高频特性，并分析预设计的 PCB 线路中的寄生参数。仿真建模可以比较准确地预测 EMI 频谱，有利于评估不同变换器拓扑和工作模式的传导 EMI 特性。但是，该方法难以揭示变换器的传导 EMI 频谱的特征和规律，并且需要在不同输入电压和负载条件下进行仿真分析，非常耗时。

数值建模方法首先根据变换器的共模和差模干扰路径，建立变换器的原始共模和差模干扰等效电路，然后根据变换器的工作模式，计算噪声源、共模和差模干扰电压谐波频谱，最后结合传导 EMI 的测试原理计算传导 EMI 频谱。该方法只考虑主电路参数和共模干扰传递路径上的主要寄生电容，因此适用于预测传导 EMI 频段中低频段的传导 EMI 频谱和预设计 EMI 滤波器。参考文献 [29] 根据数值建模法，提出了 CRM Boost PFC 变换器的差模干扰预测方法，可以准确预测变换器的准峰值频谱。然而，该方法缺乏对变换器传导 EMI 频谱规律的理论分析，不便于揭示变换器在不同输入电压和负载条件下的传导 EMI 频谱特征和规律。

本书第 3 章将推导 Boost PFC 变换器的共模和差模干扰等效电路，分析主电路参数对 EMI 滤波器性能的影响，给出适合 Boost PFC 变换器的滤波器结构和参数设计。在第 3 章的基础上，第 4 和第 5 章将分析在不同控制方式下，Boost PFC 变换器的传导 EMI 频谱特性。第 4 章将针对平均电流控制的 Boost PFC 变换器，分析在不同输入电压和负载条件下变换器的工作模式，揭示不同工作模式下变换器的共模和差模干扰频谱的特性，预测变换器最恶劣的传导 EMI 频谱，以指导 EMI 滤波器的设计。第 5 章将针对 CRM Boost PFC 变换器，分析在不同工作条件下变换器的传导 EMI 频谱特性，预测变换器最恶劣的传导 EMI 频谱，以指导 EMI 滤波器的设计。

1.4 DC-DC 变换器的共模传导干扰

1.4.1 DC-DC 变换器共模传导干扰的建模

DC-DC 变换器是将一种直流电转换成另一种直流电的变换器，按照是否具有电气隔离功能，可分为非隔离型和隔离型两类。

非隔离型变换器共模传导干扰的传递路径主要为电路中电位高频跳变节点到安全地的寄生电容，其共模传导干扰模型比较容易建立。而隔离型变换器共模传导干扰的传递路径不仅有原边电路到安全地的寄生电容，还有变压器原副边绕组间的分布电容。为了提高隔离型变换器的变换效率，变压器的原副边绕组通常紧密绕制，以减小变压器漏感和交流电阻，这使得原副边绕组之间存在着较大的分布电容。绕线式变压器的分布电容一般在几十 pF 到几百 pF 之间；而平面变压器相邻绕组之间的相对面积较大且间距较小，其分布电容较大，通常在几百 pF 到几千 pF 之间。流过变压器分布电容的位移电流不仅与分布电容的大小有关，还与变压器绕组的电位分布有关，因此隔离型变换器的共模传导干扰问题比非隔离型变换器相对难以处理。

为了便于分析隔离型变换器的共模传导干扰，通常将变压器的分布电容等效为集总电容。现有文献都是针对特定的变换器拓扑，如反激变换器、双管正激变换器和 LLC 谐振变换器等，通过计算流过具体绕组结构的变压器原副边绕组间分布电容的位移电流，再进行集总电容的等效。参考文献 [30] 将反激变换器中变压器的分布电容等效为两个集总电容 C_{ac} 和 C_{bd}，如图 1.13a 所示。在此基础上，将开关管漏源极电压和整流二极管电压视为引起共模干扰的电压源，得到了反激变换器的共模干扰等效电路。

参考文献 [31] 基于位移电流不变原则，通过计算双管正激变换器中流过变压器分布电容的总位移电流，给出了变压器的集总电容模型，如图 1.13b 所示。这里，变压器的分布电容被等效为两个集总电容 C_{ac} 和 C_{bc}。

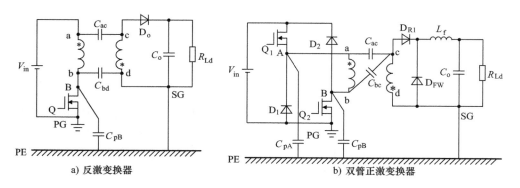

| a) 反激变换器 | b) 双管正激变换器 |

图 1.13 反激和双管正激变换器中的变压器集总电容模型

现有文献都是针对特定变换器拓扑中特定绕组结构的变压器进行集总电容的等效，所得到的集总电容模型不具有一般性。因此，本书第 6 章将提出一种通用的集总电容模型，可用于一般隔离型变换器中采用一般绕组结构的变压器。基于该集总电容模型，建立隔离型变换器的共模干扰等效电路，为分析和抑制变换器的共模传导干扰奠定基础。

1.4.2 DC-DC 变换器原始共模传导干扰的抑制方法

对于 DC-DC 变换器来说，其 EMI 滤波器中的共模滤波元件通常占据较大的体积重量，制约了变换器的功率密度和效率的提高，因此有必要抑制 DC-DC 变换器的原始共模传导干扰，以减小 EMI 滤波器的体积重量。DC-DC 变换器共模传导干扰的抑制方法包括基于噪声源的抑制方法、变压器屏蔽和绕组对消方法、对称电路和无源对消方法等。

1. 基于噪声源的传导 EMI 抑制方法

DC-DC 变换器的开关管可以被视作传导 EMI 的噪声源。以噪声电压源 v_{noise} 是梯形波的情况为例，如图 1.14 所示，其中 A_t 为梯形波幅值，T_s 为开关周期，f_s 为开关频率，τ_w 为电压上升与下降至 $A_t/2$ 之间的时间，τ_r 和 τ_f 分别为电压上升和下降时间，一般可认为 $\tau_r = \tau_f$。

梯形波的各次谐波幅值表达式为[32]

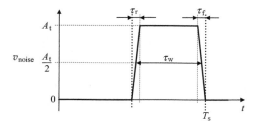

图 1.14 梯形波的噪声电压源波形

$$V_{noise}(f) = 2A_t \frac{\tau_w}{T_s} \left| \frac{\sin(\pi\tau_w f)}{\pi\tau_w f} \right| \left| \frac{\sin(\pi\tau_r f)}{\pi\tau_r f} \right| \tag{1.2}$$

式中，f 是梯形波的各次谐波频率 kf_s；k 为谐波次数。

由于 $|\sin(x)| \leq 1$，根据式（1.2）可知，梯形波各次谐波幅值的最大边界为

$$V_{noise}(f) \leq 2A_t \frac{\tau_w}{T_s} \left(\frac{1}{\pi\tau_w f} \right) \left(\frac{1}{\pi\tau_r f} \right) \tag{1.3}$$

根据式（1.2）和式（1.3），可以画出梯形波的谐波频谱包络和频谱的最大边界，如图 1.15a 所示。可以看出，频谱的最大边界在频率低于 $1/(\pi\tau_w)$ 时的斜率为 0dB/dec，在频率 $[1/(\pi\tau_w), 1/(\pi\tau_r)]$ 之间的衰减斜率为 -20dB/dec，频率高于 $1/(\pi\tau_r)$ 时的衰减斜率为 -40dB/dec。如果将梯形波的上升和下降时间增加至 τ_R，可以减小梯形波在频率高于 $1/(\pi\tau_R)$ 的最大频谱边界，如图 1.15b 所示。软开关技术可以减小开关管的 dv/dt[33-35]，实际上增大了梯形波的上升和下降时间，由此可以减小传导 EMI 的高频谐波幅值。

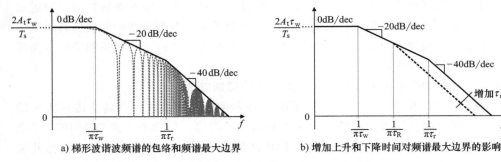

a) 梯形波谐波频谱的包络和频谱最大边界   b) 增加上升和下降时间对频谱最大边界的影响

图 1.15　梯形波谐波频谱的包络和最大边界

2. 变压器屏蔽技术

变压器的屏蔽方法分为单层屏蔽和双层屏蔽。图 1.16 给出了在变压器原副边绕组之间加入单层屏蔽层的示意图，它是在变压器的原副边绕组之间加入由铜

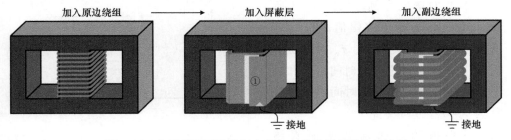

图 1.16　变压器原副边绕组之间加入单层屏蔽层的示意图

箔构成的非闭合屏蔽层，并将屏蔽层接地，由此阻断原副边绕组间的电场耦合[36,37]。单层屏蔽虽然阻断了原副边绕组之间的电场耦合，但屏蔽层与原边绕组或副边绕组之间仍然存在电场耦合，因此并不能完全消除流过变压器分布电容的位移电流。

双层屏蔽是在变压器相邻的原副边绕组之间加入两个绕向一致且相互独立的屏蔽层，如图 1.17 所示。其中，与原边绕组相邻的屏蔽层接至原边功率地，与副边绕组相邻的屏蔽层接至副边输出地。由于两个屏蔽层具有相同的电位分布，因此可以完全消除流过变压器分布电容的位移电流[38]。但是，当变压器原副边绕组交错绕制时，需要加入的屏蔽层较多，这会占据较大的窗口。

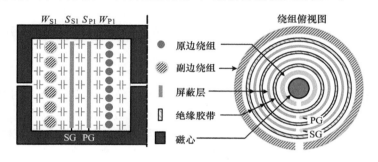

图 1.17　加入双层屏蔽的变压器

3. 绕组对消法

绕组对消法是通过调整变压器绕组结构，使得流过原副边绕组间分布电容的总位移电流为零。参考文献［39］针对反激变换器提出了一种绕组对消法，其抑制共模干扰的原理与双层屏蔽方法类似。如图 1.18 所示，原边绕组 $W_{P1} \sim W_{P3}$ 由漆包线绕制，W_{P4} 层的原边绕组由一定宽度的铜箔绕制并占满窗口高度，其匝数与副边绕组 W_{S1} 匝数相等。流过原副边绕组分布电容位移电流的主要路径是从 W_{P4} 层到 W_{S1} 层，由于这两层相邻的绕组匝数相等、绕向一致（同侧端点 B 与 C

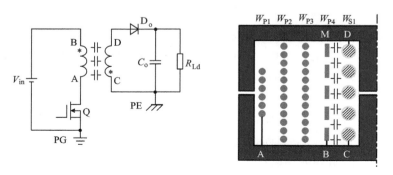

图 1.18　采用绕组对消法的反激变换器及其变压器绕组结构

为同名端），因此这两层绕组之间分布电容的电压处处相等[39]，从而消除了流过相邻原副边绕组间分布电容的位移电流。然而，对于采用交错绕制方式的变压器，绕组对消法无法保证相邻的原副边绕组都具有相同的电位分布。此外，采用绕组对消法时，原边绕组 W_{P1} 和 W_{P2} 通过磁心与副边绕组 W_{S1} 仍然存在电场耦合（W_{P3} 与 W_{S1} 之间的电场被紧密绕制的 W_{P2} 和 W_{P4} 屏蔽，因此这两层绕组的电场耦合可以忽略），因此变换器的共模干扰并不能完全消除。

本书第 7 章将深入分析变压器采用单层屏蔽时存在的问题，指出消除流过屏蔽层到相邻绕组的位移电流是增强共模干扰抑制效果的关键，提出屏蔽绕组法和屏蔽-平衡绕组法，并给出其在基本隔离型变换器中的应用。进一步地提出了将屏蔽技术和无源对消方法相结合的复合抑制方法，在消除变压器原边、副边绕组位移电流的同时，抵消原边电路中高频跳变节点通过对地寄生电容引起的位移电流。

4. 对称电路

图 1.19 给出了非对称和对称的 Buck 变换器电路结构[40]。在非对称电路中，开关节点的电位处于高频跳变的状态，这些节点通过对地寄生电容 C_p 产生位移电流，形成共模干扰。在对称电路中，电位呈互补变化的节点总是成对出现，当这些节点到地的寄生电容相等时，流过这些寄生电容的位移电流就可以相互抵消。

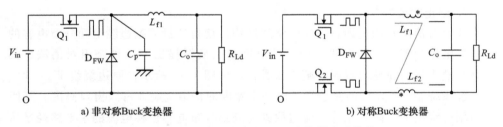

a) 非对称Buck变换器　　　　　b) 对称Buck变换器

图 1.19　非对称和对称的 Buck 变换器电路结构

以对称 Buck 变换器为例，图 1.20 给出了考虑电路节点到地寄生电容时的电路拓扑以及节点相对输入电源负极 O 的电压波形。当开关管 Q_1 和 Q_2 导通时，A 点电位为 V_{in}，B 点电位为 0，此时 L_{f1} 和 L_{f2} 共同承担输入输出电压之间的差值 $(V_{in}-V_o)$。根据电路的对称性，L_{f1} 的电压为 $0.5(V_{in}-V_o)$，那么 C 点和 D 点的电压分别为

$$\begin{cases} v_{CO}=v_{AO}-v_{Lf1}=0.5(V_{in}+V_o) \\ v_{DO}=v_{CO}-V_o=0.5(V_{in}-V_o) \end{cases} \tag{1.4}$$

当 Q_1 和 Q_2 关断时，续流二极管 D_{FW} 导通，Q_1 和 Q_2 均分输入电压，因此 AB 两点的电位均为 $0.5V_{in}$，此时电感 L_{f1} 的电压为 $-0.5V_o$，因此，C 点电位为

— 14 —

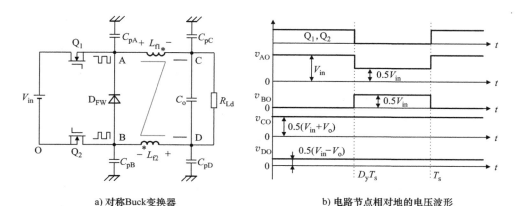

a) 对称Buck变换器　　　　　　b) 电路节点相对地的电压波形

图 1.20　对称 Buck 变换器及电路节点电压波形

$0.5(V_{in}+V_o)$，D 点电位为 $0.5(V_{in}-V_o)$。

从图 1.20b 中可以看出，开关节点 C 和 D 的电位为直流量，不会引起位移电流。开关节点 A 和 B 电位高频跳变，且波形互补。当寄生电容 C_{pA} 和 C_{pB} 相等时，流过这两个寄生电容的位移电流可以相互抵消。

与非对称电路相比，对称电路需要更多的器件，成本和损耗更高。但是，在某些对称度较高而共模干扰路径不对称的拓扑，对称电路可以在不增加电路成本和复杂度的条件下实现电路和共模干扰路径的对称，从而抑制共模干扰。如图 1.13b 所示的双管正激变换器，其原边电路对称且开关管 Q_1 和 Q_2 同开同关，此时 AB 两点电位的波形互补。当寄生电容 C_{pA} 和 C_{pB} 相等时，流过这两个寄生电容的位移电流可以相互抵消。此外，由于变换器的副边整流滤波电路不对称，为消除流过变压器原副边绕组的位移电流，集总电容 C_{ac} 和 C_{bc} 需满足一定的比例关系（与变压器匝比有关[31]），以完全抑制双管正激变换器的传导电磁干扰。

对于全桥变换器（见图 1.21），尽管其电路拓扑是对称的，但当采用移相控制时，两个桥臂中点的电位发生跳变的时刻不同，由桥臂中点通过相应寄生电容（包括桥臂中点对地的寄生电容和变压器原副边绕组的分布电容）引起的位移电流无法相互抵消，导致共模传导干扰较大[41,42]。此外，谐振电感的电压会影响变压器原边绕组端点的电位，进而影响移相控制全桥变换器的共模传导干扰。本书第 8 章将详细分析移相控制全桥变换器的共模传导干扰，建立其共模传导干扰模型，并提出抑制共模传导干扰的对称电路加无源对消的复合抑制技术。

5. 无源对消方法

无源对消方法是通过增加补偿支路来产生补偿电流，以抵消变换器产生的共模干扰电流。在电力电子变换器中，开关管的漏源极电压可视为引起共模传导干

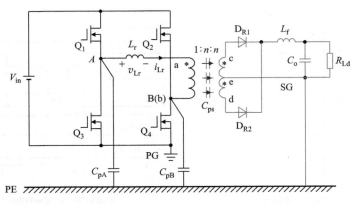

图 1.21　移相控制全桥变换器及其共模干扰传递路径

扰的噪声源。在大部分电路拓扑中，电感电压波形与开关管漏源极电压的波形相似。因此，可以在电感上加入一个辅助绕组，以构建一个与干扰电压源反相的补偿电压，将该补偿电压作用在合适的电容上，可以产生与共模电流大小相等且方向相反的补偿电流。

图 1.22 给出了无源对消在 Buck 和反激变换器中的应用[43]。根据耦合电感的同名端特性，若辅助绕组与非隔离型变换器中的电感绕组或隔离型变换器中的变压器绕组的耦合系数为 1 时，那么主电路中开关节点的电位与辅助绕组到补偿电容连接点的电位均高频跳变，且相互反相。

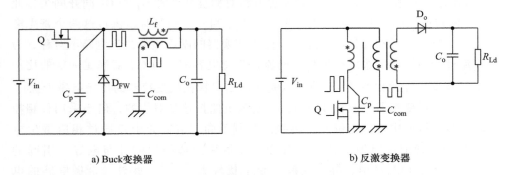

a) Buck变换器　　　　　　　　　　b) 反激变换器

图 1.22　采用无源对消的 Buck 和反激变换器

无源对消方法只需增加一个绕组和补偿电容，实现方式简单且适用范围广泛，在低频段具有较好的共模干扰抑制效果。然而，受到绕组寄生参数的影响，无源对消方法在高频段的效果不甚理想，甚至会导致共模干扰的恶化。例如，补偿绕组的交流电阻会限制补偿电流在高频段的幅值，削弱了无源对消方法在高频段的共模干扰对消效果[43]。此外，补偿绕组的漏感和寄生电容会使得补偿电压在高频段不再与主电路中的干扰电压反相，从而恶化共模干扰[44]。

可以看出，对称电路和无源对消方法都是基于位移电流相互抵消的原理，通过并联补偿支路消除变换器产生的共模电流。本书第9章将提出与之相对偶的共模电压对消方法，通过串联补偿电压源以抵消变换器产生的共模电压。第10章将在共模电压对消方法的基础上，推导非隔离型变换器输入和输出侧共模电流的抑制方法。

1.5 DC-AC 逆变器的共模传导干扰

DC-AC 逆变器是将直流电转换为交流电的变换器，在交流电动机调速、感应加热、不间断电源、可再生能源发电等方面应用十分广泛。DC-AC 逆变器的输入与输出通常不共地，在工作过程中产生的共模电压将经输入和输出侧的共模阻抗产生共模电流，引起传导电磁干扰。

在光伏并网发电系统中，为提高变换效率，减小系统的体积和重量，通常采用非隔离型并网逆变器。然而，去除隔离变压器后，电池板与电网之间存在电气连接，由于电池板对安全地寄生电容 C_{PV} 的存在（见图 1.23a），逆变器产生的共模电压将经 C_{PV}、逆变器到安全地的寄生电容、输出滤波电路、电网线路阻抗 Z_{line} 以及接地阻抗 Z_g 所在的回路产生共模电流[45-47]。其中，逆变器输出侧的共模电流将流入电网形成传导电磁干扰，而输出侧的共模电流（漏电流）可能会超过允许范围，引起安全隐患。

在图 1.23b 所示的电动机驱动系统[48] 中，其输入侧的共模电流会进入直

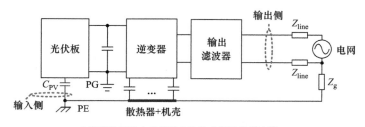

a) 光伏并网发电系统输入和输出侧的共模电流

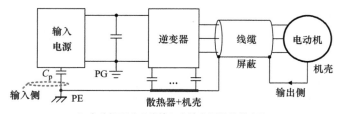

b) 电动机驱动系统输入和输出侧的共模电流

图 1.23 两种典型的逆变器系统

流电源，引起传导电磁干扰；其输出侧的共模电流（漏电流）会流入电动机，使轴承流过电流引起轴承失效等问题。随着氮化镓和碳化硅等宽禁带半导体器件的广泛应用，逆变器中电位跳变点的 dv/dt 更高，逆变器引起的共模传导干扰将更加突出，如何有效抑制逆变器输入和输出侧的共模电流成为亟待解决的问题[49-52]。

针对 DC-AC 逆变器引起的共模电流，通常采用无源滤波[53-56]、有源滤波[48]、调整电路拓扑[57-62]、改进调制技术[63-67] 和共模干扰对消[68-72] 等方法加以抑制。无源滤波器通过增加共模电感和 Y 电容，以提高传输线路上的阻抗和旁路高频干扰电流的方式减小共模传导干扰。受 DC-AC 逆变器共模环路的影响，输入和输出侧的无源滤波器在设计上相互耦合，即衰减一侧的共模电流会恶化另一侧的共模电流[56]。参考文献 [56] 提出了浮地 EMI 滤波器，将输出侧的 Y 电容连接至直流侧分压电容的中点，在逆变器输入和输出侧提供低阻抗的共模电流通路，从而实现输入和输出侧滤波器的解耦设计。有源滤波器则是采样共模电流，通过反馈或前馈的方式注入补偿电流，以减小输入或输出侧的共模电流。由于无源和有源滤波器的衰减效果与逆变器的输入电源和负载侧的共模阻抗有关，因此在设计中应考虑两侧共模阻抗的影响。

DC-AC 逆变器两侧的共模电流主要由逆变器的共模电压引起，因此在电路拓扑方面，共模电压为恒定值的拓扑不会产生共模电流。在光伏并网发电系统和电动机驱动系统中，参考文献 [57-59] 和 [60-62] 相应提出了共模电压为恒定值的电路拓扑。

DC-AC 逆变器的共模电压不仅与电路拓扑有关，还与调制技术有关。采用改进的调制技术能够调整逆变器共模电压的频谱，使其谐波幅值减小，从而抑制共模电流[63-66]。然而，减小共模电压通常会影响开关损耗、输出电压谐波和中点电压平衡等[67]，因此调制技术在选择上存在折衷。

在 DC-AC 逆变器中，通常采用共模变压器（Common-Mode Transformer，CMT）实现共模干扰对消。CMT 包含紧密耦合的采样绕组和注入绕组，其中采样绕组用于获取 DC-AC 逆变器的共模电压，注入绕组则感应出补偿电压并串联在逆变器输出侧，通过抵消逆变器的共模电压来减小共模电流。由于 CMT 接在逆变器输出侧，该方法能够有效抑制逆变器输出侧的共模电流，但是对逆变器输入侧共模电流的衰减有限。

本书第 11 章将考虑逆变器输入和输出侧的共模阻抗，建立 DC-AC 逆变器的共模干扰模型，并基于第 9 章的共模电压对消方法，提出在 DC-AC 逆变器的输入和输出侧均加入共模变压器 CMT，以同时抑制输入和输出侧共模电流的对消方法，并分析 CMT 的寄生参数对共模电流抑制效果的影响。

1.6 本章小结

随着电力电子变换技术在一般工业生产、电力系统、电气化交通、信息技术产业、新能源发电和家用电器等领域的广泛应用，由电力电子变换器引起的传导电磁干扰问题日益突出，是亟待解决的难题。本章简要介绍了电磁兼容和传导电磁干扰的基本概念，分析了电力电子变换器传导电磁干扰的形成原因，回顾了电力电子变换器传导电磁干扰的研究现状和关键问题，主要包括：1）Boost PFC变换器的工作模式、控制方式及其传导电磁干扰的预测与抑制方法；2）隔离型变换器中变压器的通用集总电容模型、DC-DC变换器共模传导干扰的系统化分析方法与抑制方法；3）DC-AC逆变器输入和输出侧共模电流的抑制方法，为后续章节打下基础。

<h2 style="text-align:center">参 考 文 献</h2>

［1］ 钱照明. 电力电子系统电磁兼容设计基础及干扰抑制技术 ［M］. 杭州：浙江大学出版社，2000.

［2］ 何金良. 电磁兼容概论 ［M］. 北京：科学出版社，2010.

［3］ CISPR 16-1-2, Specification for Radio Disturbance and Immunity Measuring Apparatus and Methods-Part 1-2 ［S］. British Standards，2009.

［4］ CISPR 22, Information Technology Equipment Radio Disturbance Characteristics Limits and Methods of Measurement ［S］. International Electrotechnical Commission，2005.

［5］ EN 55022, Limits and Methods of Measurement of Radio Disturbance Characteristics of Information Technology Equipment ［S］. European Norm Standard，2006.

［6］ 阮新波. 电力电子技术 ［M］. 北京：机械工业出版社，2021.

［7］ 马伟明，张磊，孟进. 独立电力系统及其电力电子装置的电磁兼容 ［M］. 北京：科学出版社，2007.

［8］ HENRY W O. Electromagnetic Compatibility Engineering ［M］. New York：John Wiley & Sons，2009.

［9］ 杜佐兵，王海彦. 开关电源电磁兼容分析与设计 ［M］. 北京：机械工业出版社，2022.

［10］ WU X, POON N-K, LEE C-M, et al. A study of common mode noise in switching power supply from a current balancing viewpoint ［C］. Proc. IEEE International Conference on Power Electronics and Driving Systems，1999：621-625.

［11］ KONG P, WANG S, LEE F C. Improving balance technique for high frequency common mode noise reduction in boost PFC converters ［C］. Proc. IEEE Power Electronics Specialists Conference（PESC），2008：2941-2947.

［12］ KONG P, WANG S, LEE F C. Common mode EMI noise suppression for bridgeless PFC converters ［J］. IEEE Transactions on Power Electronics，2008，23（1）：291-297.

[13] LU Z, CHEN W. Common mode EMI noise reduction technique by noise path configuration of high frequency power transformer [C]. Proc. IEEE International Power Electronics and Motion Control Conference (IPEMC-ECCE Asia), 2009: 954-956.

[14] KONG P, JIANG Y, LEE F C. Common mode EMI noise characteristics of low-power ac-dc converters [J]. IEEE Transactions on Power Electronics, 2012, 27 (2): 731-738.

[15] PAHLEVANINEZHAD M, HAMZA D, JAIN P K. An improved layout strategy for common-mode EMI suppression applicable to high-frequency planar transformers in high-power dc/dc converters used for electric vehicles [J]. IEEE Transactions on Power Electronics, 2014, 29 (3): 1211-1228.

[16] WANG S, KONG P, LEE F C. Common mode noise reduction for boost converters using general balance technique [J]. IEEE Transactions on Power Electronics, 2007, 22 (4): 1410-1416.

[17] CHU Y, WANG S. A generalized common mode current cancellation approach for power converters [J]. IEEE Transactions on Industrial Electronics, 2015, 62 (7): 4130-4140.

[18] SILVA C. UC3854 controlled power factor correction circuit design [Z]. Unitrode Corp, Application Note U-134, 1999.

[19] LAI J-S, CHEN D. Design consideration for power factor correction boost converter operating at the boundary of continuous conduction mode and discontinuous conduction mode [C]. Proc. IEEE Applied Power Electronics Conference and Exposition (APEC), 1993: 267-273.

[20] ZHANG J, SHAO J, XU P, et al. Evaluation of input current in the critical mode boost PFC converter for distributed power systems [C]. Proc. IEEE Applied Power Electronics Conference and Exposition (APEC), 2001: 130-136.

[21] MARVI M, FOTOWAT-AHMADY A. A fully ZVS critical conduction mode boost PFC [J]. IEEE Transactions on Power Electronics, 2012, 27 (4): 1958-1965.

[22] LIU K, LIN Y. Current waveform distortion in power factor correction circuits employing discontinuous-mode boost converters [C]. Proc. IEEE Power Electronics Specialists Conference (PESC), 1989: 825-829.

[23] YAO K, RUAN X, MAO X, et al. Variable-duty-cycle control to achieve high input power factor for DCM boost PFC converter [J]. IEEE Transactions on Industrial Electronics, 2011, 58 (5): 1856-1865.

[24] ROSSETTO L, BUSO S, SPIAZZI G. Conducted EMI issue in a 600-W single-phase boost PFC design [J]. IEEE Transactions on Industry Applications, 2000, 36 (2): 578-585.

[25] HERTZ E. Thermal and EMI modeling and analysis of a boost PFC circuit designed using a genetic-based optimization algorithm [D]. Blacksburg, USA, Virginia Polytechnic Institute and State University, 2001.

[26] YANG L. Modeling and characterization of a PFC converter in the medium and high frequency ranges for predicting the conducted EMI [D]. Blacksburg, USA, Virginia Polytechnic Insti-

tute and State University，2003.

[27] YANG L，LU B，DONG W，et al. Modeling and characterization of a 1 kW CCM PFC converter for conducted EMI prediction [C]. Proc. IEEE Applied Power Electronics Conference and Exposition（APEC），2004：763-769.

[28] GIEZENDANNER F，BIELA J，KOLAR J W，et al. EMI noise prediction for electronic ballasts [J]. IEEE Transactions on Power Electronics，2010，25（8）：2133-2141.

[29] WANG Z，WANG S，KONG P，et al. DM EMI noise prediction for constant on-time，critical mode power factor correction converters [J]. IEEE Transactions on Power Electronics，2012，27（7）：3150-3157.

[30] 和军平，陈为，姜建国. 开关电源共模传导干扰模型的研究 [J]. 中国电机工程学报，2005，25（8）：50-55.

[31] KONG P，WANG S，LEE F C. Reducing common-mode noise in two-switch forward converter [J]. IEEE Transactions on Power Electronics，2011，26（5）：1522-1533.

[32] PAUL C R. Introduction to Electromagnetic Compatibility [M]. 2nd Ed. New York：John Wiley & Sons，2006.

[33] CALDEIRA P，LIU R，DALAL D，et al. Comparison of EMI performance of PWM and resonant power converters [C]. Proc. IEEE Power Electronics Specialists Conference （PESC），1993：134-140.

[34] JOSHI M，AGARWAL V. Design optimization of ZVS and ZCS quasi-resonant converters for EMI reduction [C]. Proc. International Conference on Electromagnetic Interference and Compatibility（ICEIC），1997：407-413.

[35] CHUNG H，HUI S-Y，TSE K-K. Reduction of power converter EMI emission using soft-switching technique [J]. IEEE Transactions on Electromagnetic Compatibility，1998（3）：282-287.

[36] 林思聪，陈为. 反激式开关电源共模传导发射模型的分析 [J]. 电气应用，2005，24（2）：119-122.

[37] YANG Y，HUANG D，LEE F C，et al. Analysis and reduction of common mode EMI noise for resonant converters [C]. Proc. IEEE Applied Power Electronics Conference and Exposition（APEC），2014：566-571.

[38] YANG Y，HUANG D，LEE F C，et al. Transformer shielding technique for common mode noise reduction in isolated converters [C]. Proc. IEEE Energy Conversion Congress and Exposition（ECCE），2013：4149-4153.

[39] KONG P，LEE F C. Transformer structure and its effects on common mode EMI noise in isolated power converters [C]. Proc. IEEE Applied Power Electronics Conference and Exposition（APEC），2010：1424-1429.

[40] SHOYAMA M，LI G，NINOMIYA T. Balanced switching converter to reduce common-mode conducted noise [J]. IEEE Transactions on Industrial Electronics，2003，50（6）：1095-1099.

[41]　KONG P. Common mode EMI noise reduction techniques in switch mode power supplies [D]. Blacksburg, USA, Virginia Polytechnic Institute and State University, 2009.

[42]　MAKDA I A, NYMAND M. Common-mode noise analysis, modeling and filter design for a phase-shifted full-bridge forward converter [D]. Proc. IEEE International Conference on Power Electronics and Drive Systems (PEDS), 2015: 1100-1105.

[43]　COCHRANE D, CHEN D, BOROYEVIC D. Passive cancellation of common-mode noise in power electronic circuits [J]. IEEE Transactions on Power Electronics, 2003, 18 (3): 756-763.

[44]　林苏彬，陈为，董纪清，等. Boost 变换器共模噪声反相补偿法的高频特性分析与改善 [J]. 中国电机工程学报，2013，33 (27)：52-59.

[45]　LI W, GU Y, LUO H, et al. Topology review and derivation methodology of single-phase transformerless photovoltaic inverters for leakage current suppression [J]. IEEE Transactions on Industrial Electronics, 2015, 62 (7): 4537-4551.

[46]　XIAO H, XIE S. Leakage current analytical model and application in single-phase transformerless photovoltaic grid-connected inverter [J]. IEEE Transactions on Electromagnetic Compatibility, 2010, 52 (4): 902-913.

[47]　肖华锋. 光伏发电高效利用的关键技术研究 [D]. 南京：南京航空航天大学，2010.

[48]　WANG S, MAILLET Y Y, WANG F, et al. Investigation of hybrid EMI filters for common-mode EMI suppression in a motor drive system [J]. IEEE Transactions on Power Electronics, 2010, 25 (4): 1034-1045.

[49]　CHEN S, LIPO T A, FITZGERALD D. Modeling of motor bearing currents in PWM inverter drives [J]. IEEE Transactions on Industry Applications, 1996, 32 (4): 1365-1370.

[50]　MUTOH N, NAKANISHI M, KANESAKI M, et al. EMI noise control methods suitable for electric vehicle drive systems [J]. IEEE Transactions on Electromagnetic Compatibility, 2005, 47 (4): 930-937.

[51]　WANG F. Motor shaft voltages and bearing currents and their reduction in multilevel medium-voltage PWM voltage-source-inverter drive applications [J]. IEEE Transactions on Industry Applications, 2000, 36 (5): 1336-1341.

[52]　ADABI J, ZARE F, LEAWICH G, et al. Leakage current and common mode voltage issues in modern AC drive systems [C]. Proc. Australaisian Univiversity Power Engineering Conference, 2007: 1-6.

[53]　AKAGI H, SHIMIZU T. Attenuation of conducted EMI emissions from an inverter-driven motor [J]. IEEE Transactions on Power Electronics, 2008, 23 (1): 282-290.

[54]　XU D, GAO Q, WANG W. Design of a passive filter to reduce common-mode and differential-mode voltage generated by voltage-source PWM inverter [C]. Proc. Annual Conference of IEEE Industrial Electronics Society (IECON), 2006: 2483-2487.

[55]　DONG D, ZHANG X, LUO F, et al. Common-mode EMI noise reduction for grid-interface converter in low-voltage dc distribution system [C]. Proc. IEEE Applied Power Electronics

Conference and Exposition（APEC），2012：451-457.

［56］ LIU Y，MEI Z，JIANG S，et al. Conducted common-mode electromagnetic interference suppression in the AC and DC sides of a grid-connected inverter［C］. IET Power Electronics，2020，13（13）：2926-2934.

［57］ HAN D，MORRIS C T，SARLIOGLU B. Common-mode voltage cancellation in PWM motor drives with balanced inverter topology［J］. IEEE Transactions on Industrial Electronics，2017，64（4）：2683-2688.

［58］ MORRIS C T，HAN D，SARLIOGLU B. Reduction of common mode voltage and conducted EMI through three-phase inverter topology［J］. IEEE Transactions on Power Electonics，32（3），2017：1720-1724.

［59］ HERIBERT S，CHRISTOPH S，JURGEN K. Inverter for transforming a dc voltage into an ac current or an ac voltage［P］. Europe Patent 1 369 985（A2），2003.

［60］ GONZALEZ R，LOPEZ J，SANCHIS P，et al. Transformerless inverter for single-phase photovoltaic systems［J］. IEEE Transactions on Power Electronics，2007，22（2）：693-697.

［61］ YANG B，LI W，GU Y，et al. Improved transformerless inverter with common-mode leakage current elimination for a photovoltaic grid-connected power system［J］. IEEE Transactions on Power Electronics，2012，27（2）：752-762.

［62］ VICTOR M，GREIZER F，BREMICKER S，et al. Method of converting a direct current voltage from a source of direct current voltage，more specifically from a photovoltaic source of direct current voltage，into a alternating current voltage［P］. U. S. Patent 7 411 802 B2，2008.

［63］ YUAN X，YON J，MELLOR P. Common-mode voltage reduction in three-level neutral-point-clamped converters with neutral point voltage balance［C］. Proc. IEEE International Symposium on Industrial Electronics，2013：1-6.

［64］ HAN Y，LU H，LI Y，et al. Analysis and suppression of shaft voltage in SiC-based inverter for electric vehicle applications［J］. IEEE Transactions on Power Electronics，2019，34（7）：6276-6285.

［65］ ZHANG H，JOUANNE A V，DAI S，et al. Multilevel inverter modulation schemes to eliminate common-mode voltages［J］. IEEE Transactions on Industry Applications，2000，36（6）：1645-1653.

［66］ CACCIATO M，CONSOLI A，SCARCELLA G，et al. Reduction of common-mode currents in PWM inverter motor drives［J］. IEEE Transactions on Industry Applications，1999，35（2）：469-476.

［67］ 蒋栋. 电力电子变换器的先进脉宽调制技术［M］. 北京：机械工业出版社，2018.

［68］ OGASAWARA S，AYANO H，AKAGI H. An active circuit for cancellation of common-mode voltage generated by a PWM inverter［J］. IEEE Transactions on Power Electronics，1998，13（5）：835-841.

［69］ SWAMY M M, YAMADA K, KUME T. Common mode current attenuation techniques for use with PWM drives ［J］. IEEE Transactions on Power Electronics, 2001, 16（2）: 248-255.

［70］ MURAI Y, KUBOTA T, KAWASE Y. Leakage current reduction for a high-frequency carrier inverter feeding an induction motor ［J］. IEEE Transactions on Industry Applications, 1992, 28（4）: 858-863.

［71］ PIAZZA M C D, LUNA M, VITALE G. EMI reduction in dc-fed electric drives by active common-mode compensator ［J］. IEEE Transactions on Electromagnetic Compatibility, 2014, 56（5）: 1067-1076.

［72］ JIANG Y, XU D, CHEN X. A novel inverter output dv/dt suppression filter ［C］. Proc. Annual Conference of IEEE Industrial Electronics Society （IECON）, 2003: 2901-2905.

第 2 章

传导EMI测试原理与EMI滤波器设计

Chapter **2**

　　传导 EMI 测试和 EMI 滤波器设计作为电磁兼容技术的基础，涉及用电设备原始传导 EMI 的测试和 EMI 滤波器电路拓扑选择及参数设计，对于处理产品在研发过程中的 EMC 问题十分重要。本章将详细介绍传导 EMI 测试中的主要设备，包括线性阻抗稳定网络、噪声分离器和 EMI 接收机，介绍其工作原理，并详细给出 EMI 滤波器电路拓扑选择依据和滤波元件参数设计方法，以及 EMI 滤波器的一般设计流程。

2.1　传导 EMI 的测试原理

2.1.1　传层 EMI 的测试框图和测试方式

　　在传导 EMI 的测试过程中，为了保证测试结果的可重复性，需要在 150kHz~30MHz 的频率范围内为被测设备（Equipment Under Test，EUT）提供一个标准的阻抗，因此在被测设备和输入电源线之间通常加入线性阻抗稳定网络（Line Impedance Stabilization Network，LISN），如图 2.1 所示。LISN 将被测设备产生的干扰电流转化成便于测试的干扰电压，然后送入 EMI 接收机，以获取被测设备的传导

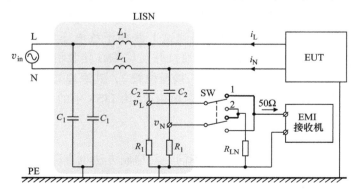

图 2.1　传导 EMI 测试原理图

EMI 频谱。CISPR-16-1[1] 中规定，在测试 150kHz ～ 30MHz 频率范围内的传导 EMI 时，LISN 的元件取值为 $C_1 = 1\mu F$，$L_1 = 50\mu H$，$C_2 = 0.1\mu F$，$R_1 = 1k\Omega$。

CISPR 22 中规定了信息技术设备的传导 EMI 测试应该采用的设备和布局，如图 2.2 所示。其中，EUT 应放置在高度为 0.8m 的木质桌面上，距离垂直参考平面 0.4m。LISN 接在输入交流电源线和 EUT 之间，紧贴水平接地平面放置，与 EUT 之间的距离为 0.8m，并用尽可能短的线接地。水平接地平面和垂直参考平面的最小尺寸为 2m×2m。

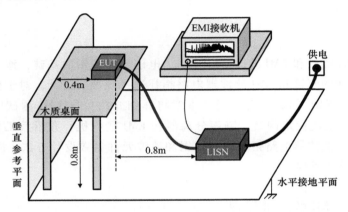

图 2.2　传导 EMI 测试设备布局

2.1.2　线性阻抗稳定网络

从图 2.1 可以看出，LISN 是包含电容、电感和电阻的多端无源网络，它对不同频率的信号具有不同的选通特性。在交流输入电压频率 50Hz 处，电感 L_1 的感抗非常小，不影响被测设备的正常供电；在 150kHz ～ 30MHz 的传导干扰频段，电容 C_1 的容抗很小，它将交流输入侧的高频干扰电流加以旁路，避免其影响测试结果。EUT 产生的干扰电流 i_L 和 i_N 主要流过电容 C_2 和测试电阻 R_{LN}（$R_{LN} = 50\Omega$，远小于 R_1），以及接收机的支路（接收机的输入阻抗也为 50Ω[1]），产生待测试的干扰电压 v_L 和 v_N[2]。当测试 L 线的干扰电压 v_L 时，双刀双掷开关 SW 接至位置 1，L 线和 N 线的测试端口分别与 EMI 接收机和测试电阻 R_{LN} 相连。当测试 N 线的干扰电压 v_N 时，SW 接至位置 2，其原理与 L 线的干扰电压 v_L 的测试类似。当 LISN 与电源线断开时，电阻 R_1 为 LISN 中的电容提供放电通路，防止造成电击危险。

2.1.3　共模干扰和差模干扰分离测试

共模和差模传导干扰产生的原因不同，其抑制方法也有区别。因此，将传导 EMI 分离为共模和差模传导干扰有利于诊断传导 EMI 频谱，选取合适的抑制方法，设计 EMI 滤波器中共模和差模滤波元件。

图 2.3 给出了共模和差模干扰的分离测试原理图，噪声分离器[3] 用于分离共模和差模干扰，其输入阻抗为 50Ω，以保证 LISN 提供的测试阻抗不变。在图 2.3 中，i_L 和 i_N 分别为 L 线和 N 线的干扰电流，i_{CM} 和 i_{DM} 分别为共模电流和差模电流，它们是 i_L 和 i_N 中的同向分量和反向分量。

参照图 2.3，i_L 和 i_N 可写为

$$\begin{cases} i_L = i_{CM} + i_{DM} \\ i_N = i_{CM} - i_{DM} \end{cases} \tag{2.1}$$

根据式（2.1），可得 i_{CM} 和 i_{DM} 的表达式为

$$\begin{cases} i_{CM} = \dfrac{1}{2}(i_L + i_N) \\ i_{DM} = \dfrac{1}{2}(i_L - i_N) \end{cases} \tag{2.2}$$

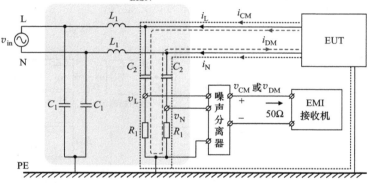

图 2.3　共模和差模干扰的分离测试原理

在图 2.3 中，v_L 和 v_N 分别为 L 线和 N 线的干扰电流 i_L 和 i_N 在 50Ω 测试阻抗上产生的电压，那么有 $v_L = 50i_L$，$v_N = 50i_N$。根据噪声分离器的工作原理，其输出的共模和差模干扰电压分量 v_{CM} 和 v_{DM} 分别为

$$\begin{cases} v_{CM} = \dfrac{1}{2}(v_L + v_N) = 50 \times \dfrac{1}{2}(i_L + i_N) \\ v_{DM} = \dfrac{1}{2}(v_L - v_N) = 50 \times \dfrac{1}{2}(i_L - i_N) \end{cases} \tag{2.3}$$

结合式（2.2）和式（2.3），可得

$$\begin{cases} v_{CM} = 50i_{CM} \\ v_{DM} = 50i_{DM} \end{cases} \tag{2.4}$$

式（2.4）表明，噪声分离器输出的共模干扰电压 v_{CM} 和差模干扰电压 v_{DM} 分别为共模电流 i_{CM} 和差模电流 i_{DM} 在 50Ω 测试阻抗上产生的电压，由此完成分离测试。

2.1.4 EMI 接收机测试原理

图 2.4 给出了 EMI 接收机的基本结构[2]，它包括输入衰减器、射频放大器、扫频控制器、振荡器、混频器、中频滤波器、包络检测器，以及峰值（Peak，PK）、准峰值（Quasi Peak，QP）和平均值（Average，AV）三种检波器。

在传导 EMI 标准中，通常规定的是 L 线的干扰电压 v_L 和 N 线的干扰电压 v_N，因此 EMI 接收机的输入信号一般为 v_L 和 v_N。需要诊断传导 EMI 频谱时，EMI 接收机的输入信号为共模干扰电压 v_{CM} 或差模干扰电压 v_{DM}。

图 2.5 给出了 EMI 接收机后续的信号处理流程示意，包括预处理、混频与滤波、检波和结果显示。

1. 预处理

输入衰减器的输入阻抗为 50Ω，它将输入的传导 EMI 信号电平衰减到 EMI 接收机的测量范围内，防止过高的信号损坏后面的信号处理电路。射频放大器通过选频放大所测频段的信号，并且保证信号的完整性。

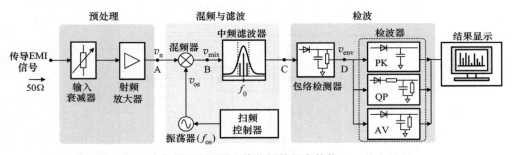

图 2.4   EMI 接收机的基本结构

2. 混频与滤波

在图 2.4 中，记振荡器产生的信号 v_{os} 是频率为 f_{os}（$f_{os} \gg f_e$）且幅值为 1 的正弦信号，其表达式为

$$v_{os} = \sin\left(2\pi f_{os} t + \varphi_{os}\right) \tag{2.5}$$

为了便于叙述，假设传导 EMI 输入信号 v_n 为固定频率 f_e、幅值 A_e 随时间变化的单一正弦信号，其表达式为

$$v_n = A_e \sin\left(2\pi f_e t + \varphi_e\right) \tag{2.6}$$

参照图 2.4，混频器将传导 EMI 信号与振荡器产生的正弦信号相乘。根据式（2.5）和式（2.6），混频器的输出信号 v_{mix} 为

$$v_{mix} = v_{os} v_n = 0.5 A_e \left\{ \cos\left[2\pi\left(f_{os} - f_e\right) t + \left(\varphi_{os} - \varphi_e\right)\right] + \cos\left[2\pi\left(f_{os} + f_e\right) t + \left(\varphi_{os} + \varphi_e\right)\right] \right\} \tag{2.7}$$

根据式（2.6），混频器的作用是将频率为 f_e 的传导 EMI 信号搬迁至 $f_{os} + f_e$ 和 $f_{os} - f_e$ 频率处，且幅值降低为原传导 EMI 信号的一半，如图 2.6 所示。

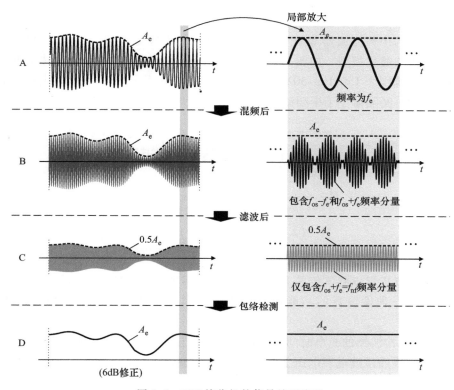

图 2.5　EMI 接收机的信号处理流程

中频滤波器是中心频率为 f_0 的带通滤波器，只允许频率在其带宽范围内的信号通过。在测试 150kHz ~ 30MHz 频率范围内的传导 EMI 时，中频滤波器的带宽为 9kHz。当所测试信号的频率为 f_e 时，由扫频控制器调节振荡器的频率 f_{os}，使 $f_{os}+f_e$ 等于中频滤波器的中心频率 f_0。这样，只有频率为 $f_{os}+f_e$ 的信号能够通过中频滤波器，也就是说，中频

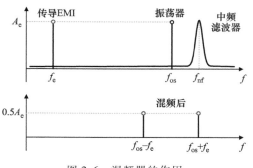

图 2.6　混频器的作用

滤波器的输出信号中只有频率为 $f_{os}+f_e$ 的分量，且幅值为 $0.5A_e$（与 A_e 相差 6dB，该差值在测试过程中会修正），由此实现选频测试。包络检测器检测出信号的幅值，即 A_e（经过 6dB 修正后），再由峰值、准峰值和平均值检波器分别测试包络信号的 PK、QP 和 AV 值。

当需要改变测试频率时，可以调节振荡器的输出频率 f_{os}，由混频器将传导

EMI 信号的频谱进行"搬移"。因此，可以将扫频控制器、振荡器、混频器和中心频率固定的中频滤波器等效为中心频率可调的中频滤波器。这样，可以得到 EMI 接收机的简化模型，如图 2.7 所示，其中 f_{IF} 为可调的中频滤波器中心频率。当测试频率范围为 150kHz~30MHz 时，f_{IF} 从 150kHz 开始以逐个频率测试，直至 30MHz（频率间隔需小于中频滤波器带宽），由此得到传导 EMI 频谱。

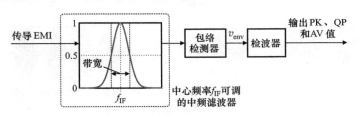

图 2.7 EMI 接收机的简化结构

3. 检波

EMI 接收机可以测试传导 EMI 包络信号的峰值、准峰值和平均值。从图 2.4 可以看出，三种检波器的功能通过检波电阻和电容的充放电来实现，其特点如下：

1）峰值检波器的充电时间常数很小，即使包络信号中很短时间的脉冲也能使峰值检波器的检波电容电压上升至稳定值。当包络信号降低时，峰值检波电路的检波电容的电压保持不变，由此得到包络信号的峰值。

2）准峰值检波是传导 EMI 测试的特殊要求。CISPR 最初制定民用传导 EMI 测试和限值标准时，目的是为了保证通信和广播的通畅。传导 EMI 对通信和广播的影响由人的主观听觉效果判断，偶然出现的一次脉冲尖峰不会阻碍人们从通信和广播中获取所需的信息，而重复出现且脉冲幅度和宽度足够强的干扰信号将严重影响无线电信号。因此，准峰值检波是一种描述脉冲的幅度、宽度和频率对听觉影响的检波方式，符合人耳对声音的反应规律。准峰值检波器的充电时间为 $\tau_c = 1ms$，放电时间为 $\tau_d = 160ms$，显然 τ_c 远小于 τ_d[1]。当包络信号大于准峰值检波电容电压时，电容充电；当包络信号小于检波电容电压时，电容放电。充电和放电电荷平衡时，检波电容电压的平均值即为准峰值。图 2.8 给出了不同时间间隔的重复信号和偶然信号经过峰值检波器和准峰值检波器后的测试结果。显然，这三种信号的峰值相同。重复出现的信号的准峰值大小与时间间隔有关，时间间隔越短，准峰值越大。偶然出现的信号的准峰值的检测结果很小。

3）平均值检波器的充放电时间常数相同，它检测包络信号的平均值。

EN 55022 中只定义了准峰值和平均值限值，但测试传导 EMI 的峰值依然很有必要，这是因为：

1）准峰值的测试需要等待检波器的充放电平衡，测试过程较长，在全频段

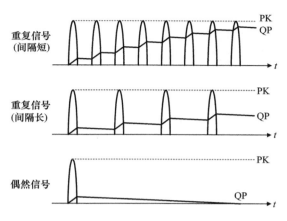

图 2.8　峰值和准峰值检波的区别

内测试准峰值需要耗费大量时间。而峰值测试相对较快，且大多数情况下峰值与准峰值比较接近，因此峰值测试可以作为准峰值的预测试手段。

2）准峰值小于峰值，因此当峰值干扰满足准峰值的限值要求时，准峰值干扰一定满足要求。

3）很多军用设备只要受到单次的脉冲干扰就会造成爆炸或其他事故，因此大多数军用标准会给出传导 EMI 的峰值限值。

图 2.9a 和 b 分别给出了频率 f_e 固定而 A_e 不变和变化的正弦信号的 PK、QP 和 AV 的测试结果。可以看出，当信号频率 f_e 等于测试频率 f_{IF} 时，中频滤波器对该信号的增益为 1，该信号完整通过中频滤波器，因此包络检测器的输出为该信号的幅值 A_e。当信号的幅值 A_e 不变时，所测得的 PK、QP 和 AV 相等，如图 2.9a 所示；而当信号幅值 A_e 在测试周期内变化时，PK、QP 和 AV 不相等，且始终满足 PK>QP>AV，如图 2.9b 所示。PK、QP 和 AV 之间的差值与信号幅值 A_e 的时域特性相关，A_e 的变化越小，PK、QP 和 AV 越接近。

图 2.9c 和 d 分别给出了正弦信号的频率 f_e 随时间变化，幅值 A_e 不变和变化时三种检波器的测试结果。其中，t_{e1} 和 t_{e2} 为频率 f_e 等于测试频率 f_{IF} 的时刻。在 t_{e1} 和 t_{e2} 时刻，中频滤波器对传导 EMI 信号的增益为 1，其输出信号的幅值与正弦输入信号的幅值相等；而在其他时刻，输入信号被中频滤波器衰减。因此，在 t_{e1} 和 t_{e2} 时刻，包络检测器的输出等于 A_e，而在其他时刻，包络信号小于 A_e。若正弦输入信号的幅值 A_e 不变，则 PK 值等于 A_e，如图 2.9c 所示。当 f_e 的变化范围远大于中频滤波器的带宽时，包络信号在测试的大多数时间很低，AV 远小于 PK 和 QP 值。若正弦输入信号的频率 f_e 和幅值 A_e 都随时间变化，PK 值等于正弦信号幅值中所有 $f_e=f_{IF}$ 的时刻点的最大值，而 QP 和 AV 值与频率 f_e 和幅值

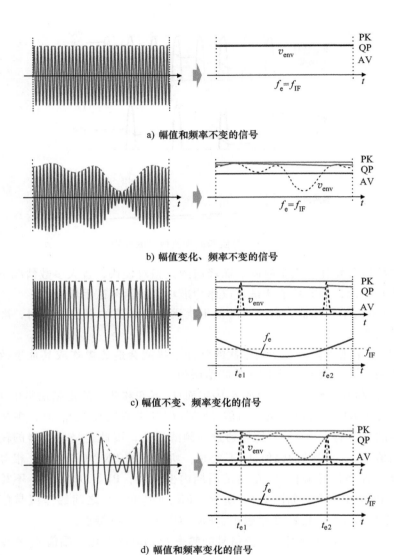

图 2.9　不同类型的传导 EMI 信号 PK、QP 和 AV 值测试结果

A_e 的时域特性都有关。

2.2　电力电子变换器的 EMI 滤波器设计

2.2.1　EMI 滤波器的电路结构

为了保证电力电子变换器的传导 EMI 满足标准要求，一般都需要在输入电

源和变换器之间加入 EMI 滤波器。以交流输入为例，图 2.10 给出了典型 EMI 滤波器的拓扑结构，其中，L_{CM} 为共模电感，L_{DM} 为差模电感（由共模电感的漏感 L_{lk} 提供），C_y 为共模电容，C_{x1} 和 C_{x2} 为差模电容。

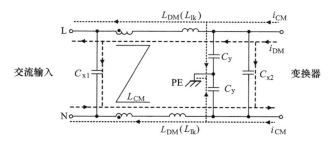

图 2.10　典型 EMI 滤波器拓扑结构

由于共模干扰在输入电源线上同向传递，并经安全地 PE 形成回路，因此差模电容对共模干扰没有抑制作用，两个共模电容 C_y 等效为相互并联。此外，共模电感的漏感通常远小于共模电感量。这样，就得到了共模滤波器的电路图，如图 2.11a 所示。差模电流在共模电感 L_{CM} 中产生的磁通相互抵消，因此 L_{CM} 对差模电流没有阻碍作用；共模电容受漏电流限值，其容值通常远小于差模电容。这样，就得到了差模滤波器，如图 2.11b 所示。

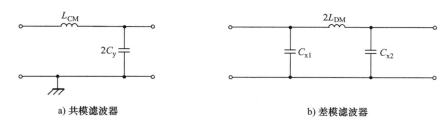

a) 共模滤波器　　　　　　　　　　　　　　　　b) 差模滤波器

图 2.11　图 2.10 对应的共模和差模滤波器

通常采用电压插入增益（Insert Voltage Gain，IVG）来表征 EMI 滤波器的衰减特性，它是变换器的原始共模或差模干扰与加入 EMI 滤波器后的共模或差模干扰的比值。以共模滤波器为例，记变换器的原始共模干扰为 v_{CM_ori}，加入滤波器后的共模干扰为 v_{CM_att}，则该共模滤波器的电压插入增益 IVG 为

$$\left| IVG \right|_{CM} = \left| \frac{v_{CM\_ori}}{v_{CM\_att}} \right| \qquad (2.8)$$

基于图 2.11a，图 2.12 给出了考虑 LISN 的共模阻抗和变换器共模等效电路的共模滤波器。对于共模干扰，L 线和 N 线的测试电阻 R_{LN} 等效并联，因此 LISN 侧的共模阻抗为 $R_{LN}/2$，其电压为共模干扰电压 v_{CM}。对于电力电子变换

器，其共模干扰的模型可表示为等效干扰源 v_{ENS} 与共模源阻抗 Z_S 相串联的戴维南等效电路[4]。

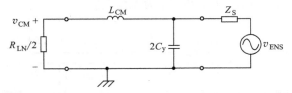

图 2.12　考虑变换器共模等效电路和 LISN 侧共模阻抗的共模滤波器

根据图 2.12，未加入 EMI 滤波器时，LISN 侧共模电压 v_{CM_ori} 的表达式为

$$v_{CM\_ori} = \frac{R_{LN}/2}{Z_S + R_{LN}/2} v_{ENS} = \frac{R_{LN}}{2Z_S + R_{LN}} v_{ENS} \qquad (2.9)$$

加入 EMI 滤波器后，LISN 侧共模电压 v_{CM_att} 的表达式为

$$v_{CM\_att} = \frac{\left(sL_{CM} + \dfrac{R_{LN}}{2}\right) // \dfrac{1}{2sC_y}}{Z_S + \left(sL_{CM} + \dfrac{R_{LN}}{2}\right) // \dfrac{1}{2sC_y}} \cdot \frac{R_{LN}/2}{sL_{CM} + \dfrac{R_{LN}}{2}} v_{ENS} \qquad (2.10)$$

$$= \frac{R_{LN}}{4L_{CM}C_y Z_S s^2 + 2\left(L_{CM} + C_y Z_S R_{LN}\right)s + 2Z_S + R_{LN}} v_{ENS}$$

结合式（2.8）~ 式（2.10），该共模滤波器的电压插入增益为

$$|IVG|_{CM} = \left| \frac{4L_{CM}C_y Z_S s^2 + 2(L_{CM} + C_y Z_S R_{LN})s + 2Z_S + R_{LN}}{R_{LN} + 2Z_S} \right| \qquad (2.11)$$

从式（2.11）和图 2.12 可以看出，EMI 滤波器的电压插入增益与滤波器的电路结构、滤波元件的取值、LISN 侧共模阻抗以及变换器共模源阻抗有关。

为提高 EMI 滤波器的电压插入增益，在选择 EMI 滤波器的电路结构时，通常以"阻抗失配"原则确定 EMI 滤波器的电路结构。"阻抗失配"原则与 LC 低通滤波器中的滤波元件所满足的阻抗关系类似，即：为了在阻带内充分地衰减干扰，串臂阻抗（滤波电感的阻抗）应远大于并臂阻抗（滤波电容的阻抗）。在 EMI 滤波器的电路结构中，根据噪声源阻抗和负载阻抗的高低，存在四种"阻抗失配"的情形，下面将具体说明。

记负载阻抗 Z_L 为 LISN 侧的共模或差模阻抗，噪声源阻抗 Z_S 为变换器的共模或差模干扰源阻抗。当 Z_L 和 Z_S 都为低阻抗时，应采用 LCL 型滤波器电路拓扑，如图 2.13a 所示，它将具有高阻抗的滤波电感与低阻抗的支路串联，两者构成"阻抗失配"，通过分压以减小 Z_L 上的干扰电压。当 Z_L 和 Z_S 都为高阻抗时，应采用 CLC 结构的 π 型滤波器，如图 2.13b 所示，它将具有低阻抗的滤波电容与高阻抗的支路并联，两者构成"阻抗失配"，通过分流以减小 Z_L 上的干扰电流。当 Z_L 和 Z_S 分别为高（低）和低（高）阻抗时，应采用图 2.13c 和 d 所示的 EMI 滤波器电路拓扑。

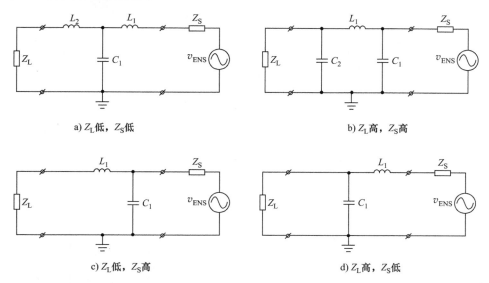

a) Z_L低，Z_S低   b) Z_L高，Z_S高

c) Z_L低，Z_S高   d) Z_L高，Z_S低

图 2.13 根据阻抗适配原则确定的 EMI 滤波器电路拓扑

2.2.2 EMI 滤波器的设计流程

图 2.14 给出了 EMI 滤波器的基本设计流程[4]。首先在不加入 EMI 滤波器的情况下预测或测试变换器的原始共模和差模干扰，然后将它们减去标准限值，并考虑合适裕量，得到共模和差模干扰的衰减要求。需要注意的是，在不同工作条件下，电力电子变换器的传导 EMI 频谱不尽相同。为了保证变换器的传导 EMI 在所有工作条件下都低于标准限值，需要依据变换器最恶劣原始传导 EMI 频谱来获取衰减要求。最恶劣原始传导 EMI 频谱是指使传导 EMI 满足相关标准限值要求时所需的 EMI 滤波器转折频率最低的频谱，此时 EMI 滤波器的体积和重量最大[5]。如图 2.15 所示，与条件 I 相比，在条件 II 下获取的传导 EMI 频谱需要更低的滤波器转折频率，因此其频谱更恶劣。

接着，根据衰减要求，结合 EMI 滤波器的电压插入增益和变换器共模或差模干扰源阻抗的特性，选择 EMI 滤波器的电路拓扑，并确定元件取值。

最后，在变换器中加入所设计的共模和差模滤波器，并测试变换器的传导 EMI 频谱。若低频段的传导 EMI 不满足标准要求，可以降低滤波器的转折频率，即增大滤波电感或电容。需要注意的是，元件取值过大将会引入较大的寄生参数，如当电感的绕组匝数和绕线层数较多时，其寄生电容通常更大[6-8]，这将恶化 EMI 滤波器的高频性能，可能造成高频段的传导 EMI 不满足标准要求。为增强 EMI 滤波器

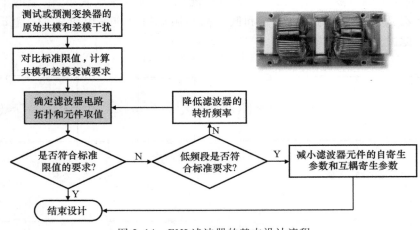

图 2.14　EMI 滤波器的基本设计流程

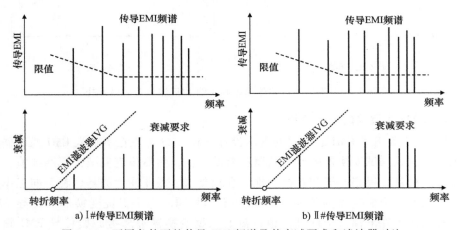

a) I#传导EMI频谱　　　　　　　　　　　　b) II#传导EMI频谱

图 2.15　不同条件下的传导 EMI 频谱及其衰减要求和滤波器对比

的高频滤波效果，通常采取改善电感的绕组结构、调整滤波元件的相对位置和引入阻抗对消等方式，以减小或消除滤波元件的自身和互耦寄生参数[9-19]。

2.3　本章小结

传导 EMI 的主要测试设备包括 LISN、噪声分离器和 EMI 接收机。其中，LISN 加在输入电源和待测设备之间，它向待测设备供电并隔离输入电源高频噪声的同时，为传导 EMI 频段的干扰提供额定的阻抗，保证测试的可重复性。噪声分离器用于分离输入电源线上的共模和差模干扰分量，便于频谱诊断和 EMI 滤波器设计。EMI 接收机采用点频测试的方式，测量电力电子变换器在传导 EMI

频段内的峰值、准峰值和平均值干扰频谱。

    EMI 滤波器的设计流程围绕获取滤波器的衰减要求、选择滤波器的电路结构、确定滤波元件取值和调整滤波器的低频/高频衰减性能。其中，EMI 滤波器的衰减要求由实验测试或仿真、数值预测得到的传导 EMI 频谱减去传导 EMI 标准限值得到。滤波器的电路结构由"阻抗失配"原则确定：当噪声源阻抗和负载阻抗均为低（高）阻抗时，滤波器应采用 LCL（CLC）结构；当噪声源阻抗和负载阻抗分别为低（高）阻抗和高（低）阻抗时，滤波器应采用 CL（LC）结构。根据滤波器的衰减要求和电路结构，可确定滤波元件的取值。若实际滤波器在低（高）频段的衰减不足，可增大滤波电感或滤波电容以降低其转折频率（改善电感的绕组结构、调整滤波元件的相对位置或引入阻抗对消），使 EMI 滤波器达到衰减要求。

参 考 文 献

[1]　CISPR 16-1-2, Specification for Radio Disturbance and Immunity Measuring Apparatus and Methods-Part 1-2 [S]. British：British Standards, 2009.

[2]　SCHAEFER W. Significance of EMI receiver specifications for commercial EMI compliance testing [C]. Proc. International Symposium on Electromagnetic Compatibility（APEMC）, 2004：741-746.

[3]　WANG S, LEE F C, ODENDAAL W G. Characterization, evaluation, and design of noise separator for conducted EMI noise diagnosis [J]. IEEE Transactions on Power Electronics, 2005, 20（4）：974-982.

[4]　SHIH F Y, CHEN D, WU Y, et al. A procedure for designing EMI filters for ac line applications [J]. IEEE Transactions on Power Electronics, 1996, 11（1）：170-181.

[5]　MAINALI K, ORUGANTI R, VISWANATHAN K. A metric for evaluating the EMI spectra of power converters [J]. IEEE Transactions on Power Electronics, 2008, 23（4）：2075-2081.

[6]　NAGEL A, DE DONCKER R W. Systematic design of EMI-filters for power converters [C]. Proc. Annual Conference of IEEE Industry Applications Society（IAS）, 2000：2523-2525.

[7]　KUMAR M, AGARWAL V. Power line filter design for conducted electromagnetic interference using time-domain measurements [J]. IEEE Transactions on Electromagnetic Compatibility, 2006, 48（1）：178-186.

[8]　LAI Y-S, CHEN P S. New EMI filter design method for single phase power converter using software-based noise separation method [C]. Proc. Annual Conference of IEEE Industry Applications Society（IAS）, 2007：2282-2288.

[9]　WANG S, LEE F C, CHEN D. Effects of parasitic parameters on EMI filter performance [J]. IEEE Transactions on Power Electronics, 2004, 19（3）：869-877.

[10]　WANG S, CHEN R, VAN WYK J D. Developing parasitic cancellation technologies to im-

prove EMI filter performance for switching mode power supplies ［C］. IEEE Transactions on Electromagnetic Compatibility, 2005, 48 （4）: 921-929.

[11] WANG S, LEE F C, ODENDAAL W G. Improvement of EMI filter performance with parasitic coupling cancellation ［C］. IEEE Transactions on Power Electronics, 2005, 20 （5）: 1221-1228.

[12] WANG S, LEE F C, ODENDAAL W G. Characterization and parasitic extraction of EMI filters using scattering parameters ［J］. IEEE Transactions on Power Electronics, 2005, 20 （2）: 502-510.

[13] WANG S, LEE F C, ODENDAAL W G. Cancellation of capacitor parasitic parameters for noise reduction application ［J］. IEEE Transactions on Power Electronics, 2006, 21 （4）: 1125-1132.

[14] WANG S, LEE F C, VAN WYK J D. Design of inductor winding capacitance cancellation for EMI suppression ［J］. IEEE Transactions on Power Electronics, 2006, 21 （6）: 1825-1832.

[15] WANG S, LEE F C, VAN WYK J D. Inductor winding capacitance cancellation using mutual capacitance concept for noise reduction application ［J］. IEEE Transactions on Electromagnetic Compatibility, 2006, 48 （2）: 311-318.

[16] WANG S, VAN WYK J D, LEE F C. Effects of interactions between filter parasitics and power interconnects on EMI filter performance ［J］. IEEE Transactions on Industrial Electronics, 2007, 54 （6）: 3344-3352.

[17] WANG S, LEE F C, VAN WYK J D. A study of integration of parasitic cancellation techniques for EMI filter design with discrete components ［J］. IEEE Transactions on Power Electronics, 2008, 23 （6）: 3094-3102.

[18] WANG S, LEE F C. Investigation of the transformation between differential-mode and common-mode noises in an EMI filter due to unbalance ［J］. IEEE Transactions on Electromagnetic Compatibility, 2010, 52 （3）: 578-587.

[19] WANG S, LEE F C. Analysis and applications of parasitic capacitance cancellation techniques for EMI suppression ［J］. IEEE Transactions on Industrial Electronics, 2010, 57 （9）: 3109-3117.

第 3 章

Boost PFC变换器的混合干扰抑制及共模和差模干扰等效电路

Chapter **3**

为了分析 Boost PFC 变换器的原始共模和差模干扰频谱特性，本章将根据该变换器的传导 EMI 路径，推导其共模和差模干扰等效电路，为第 4 章和第 5 章预测采用不同控制方式的 Boost PFC 变换器的原始共模和差模干扰频谱特性提供基础。本章首先分析 Boost PFC 变换器的传导 EMI 路径，指出其共模和差模干扰相互影响，即存在混合干扰。为此，在电路中加入适量差模滤波电容，对混合干扰进行抑制。在此基础上，推导出 Boost PFC 变换器在加入差模滤波电容后的共模和差模干扰等效电路。最后，结合共模和差模干扰等效电路的源阻抗特性，给出适合 Boost PFC 变换器的 EMI 滤波器电路结构和相应元件参数的设计方法。

3.1 Boost PFC 变换器的共模和差模干扰

3.1.1 Boost PFC 变换器的传导 EMI 路径和混合干扰的抑制

图 3.1 给出了 Boost PFC 变换器的传导 EMI 测试框图。其中 Boost PFC 变换器由输入整流桥（由 $D_1 \sim D_4$ 组成）、升压电感 L_b、开关管 Q_b、二极管 D_b 和输出电容 C_o 构成，C_p 为开关节点到保护地 PE 的寄生电容。LISN 位于输入交流电源和 Boost PFC 变换器之间，它在 150kHz~30MHz 的传导干扰频段为干扰电流提供额定

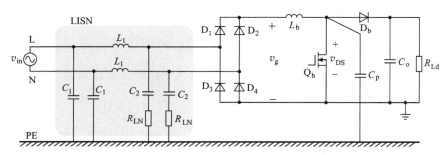

图 3.1　Boost PFC 变换器传导 EMI 的测试框图

— 39 —

的测试阻抗。为便于论述，下文中将 LISN 简化为测试电阻 $R_{LN} = 50\Omega$。

图 3.2 给出了 Boost PFC 变换器的传导 EMI 路径。其中，开关管漏源极电压 v_{DS} 可以被视为传导 EMI（包括共模和差模干扰）的噪声电压源，i_p 为流过寄生电容 C_p 的电流，虚线为 i_p 流过的路径，点画线为 i_{Lb} 流过的路径。由图 3.2a 可见，在输入电压的正半周，整流二极管 D_1 和 D_4 导通，i_{Lb} 在 L 线和 N 线的测试电阻 R_{LN} 上产生的电压大小相等，方向相反；而 i_p 只经过 N 线的测试电阻 R_{LN}，并经 D_4 回到噪声源 v_{DS} 形成回路。需要说明的是，i_p 的方向与 D_4 的导通方向相反，这是因为流过 D_4 的电流主要为工频输入电流，而 i_p 为幅值相对很小的高频干扰电流。

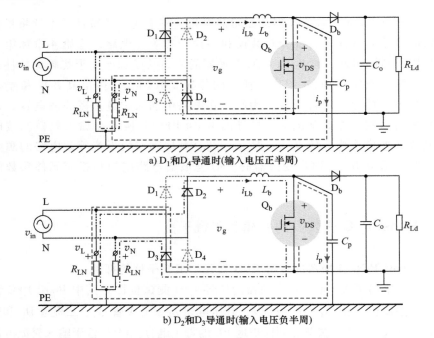

a) D_1和D_4导通时(输入电压正半周)

b) D_2和D_3导通时(输入电压负半周)

图 3.2   未加入滤波器时 Boost PFC 变换器的传导 EMI 路径

此时，L 线和 N 线的测试电阻上的电压可以表示为

$$\begin{cases} v_L = -50 i_{Lb} \\ v_N = 50(i_{Lb} - i_p) \end{cases} \quad (v_{in} \geqslant 0) \qquad (3.1)$$

根据式（3.1），可以推导出此时共模和差模干扰电压表达式为

$$\begin{cases} V_{CM} = 0.5 |v_L + v_N| = 25 |i_p| \\ V_{DM} = 0.5 |v_L - v_N| = 25 |2i_{Lb} - i_p| \end{cases} \quad (v_{in} \geqslant 0) \qquad (3.2)$$

输入电压负半周的情况与正半周情况类似，如图 3.2b 所示。整流二极管 D_2 和 D_3 导通，i_p 只经过 L 线的测试电阻 R_{LN}，并通过 D_3 回到噪声源 v_{DS}。此时 L

线和 N 线的测试电阻上的电压可以表示为

$$\begin{cases} v_L = -50(i_{Lb}+i_p) \\ v_N = 50i_{Lb} \end{cases}, \quad (v_{in}<0) \tag{3.3}$$

根据式（3.3），可以推导出输入电压负半周时共模和差模干扰电压的表达式为

$$\begin{cases} V_{CM} = 0.5|v_L+v_N| = 25|i_p| \\ V_{DM} = 0.5|v_L-v_N| = 25|2i_{Lb}+i_p| \end{cases} \quad (v_{in}<0) \tag{3.4}$$

由式（3.2）和式（3.4）可见，共模干扰电压 V_{CM} 仅与 i_p 有关，因此 i_p 可以被视为共模电流；而差模干扰电压 V_{DM} 与 i_{Lb} 和 i_p 都有关，而且其表达式在输入电压为正半周和负半周时不同。因此，Boost PFC 变换器的原始差模干扰中的一部分由共模电流产生，即存在混合干扰。

此外，当电感电流断续时，电感 L_b 和开关管 Q_b 与整流二极管 $D_1 \sim D_4$ 的结电容会发生谐振，在整流后的输入电压 v_g 中产生电压尖峰。该电压尖峰不仅可能造成整流二极管损坏，还会引入额外的共模干扰[1]。

1. 差模滤波电容 C_{xdc} 的引入

为了抑制整流后输入电压 v_g 中的电压尖峰，可在整流桥后加入差模滤波电容 C_{xdc}，如图 3.3 所示。由于 C_{xdc} 远大于整流二极管和开关管的结电容，因此当

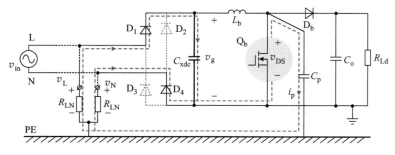

a) D_1 和 D_4 导通时(输入电压正半周)

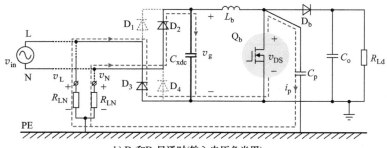

b) D_2 和 D_3 导通时(输入电压负半周)

图 3.3　整流后滤波电容 C_{xdc} 对共模电流路径的影响

电感电流断续时，C_{xdc} 的电压基本保持不变。整流桥导通时，C_{xdc} 在 L 线与 N 线之间提供了低阻抗支路，对差模干扰有抑制作用。

从图 3.3 还可以看出，加入 C_{xdc} 可以使共模电流 i_p 同时流过 L 线和 N 线的测试电阻 R_{LN}，避免共模干扰转化为差模干扰，对整流桥导通期间的混合干扰有抑制作用。加入 C_{xdc} 后，在输入交流电压的过零处，变换器的输入功率主要由 C_{xdc} 提供，如图 3.4 中的阴影部分所示。在这段时间内，整流桥关断，这会导致整流桥前的输入电流出现畸变[2,3]。因此 C_{xdc} 不宜过大，只需保证频率大于 150kHz 时 C_{xdc} 的容抗远小于 50Ω 即可（C_{xdc} 取 0.2μF 时在 150kHz 处的容抗约为 5Ω）。

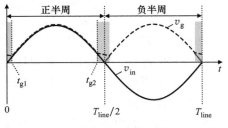

图 3.4　加入电容 C_{xdc} 后引起的整流桥关断

2. 差模滤波电容 C_{xac} 的引入

图 3.5 给出了加入 C_{xdc} 后，整流桥关断期间的共模电流路径。在输入电压正半周，寄生电容 C_p 充电（i_p 与参考方向相同）时，共模电流 i_p 流经二极管

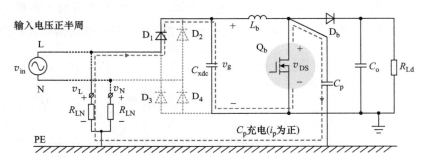

a) C_p充电(i_p为正)时D_1导通时

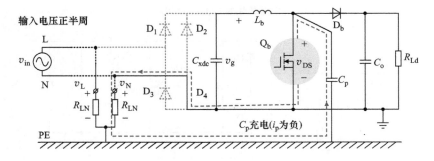

b) C_p放电(i_p为负)时D_1导通时

图 3.5　加入 C_{xdc} 后整流桥关断期间的共模电流路径

D_1，在 L 线的测试电阻上产生干扰电压；C_p 放电时，共模电流 i_p 流经 N 线的测试电阻与 D_4。在输入电压负半周，C_p 充电时，i_p 流经 N 线的测试电阻与 D_2；C_p 放电时，i_p 流经 L 线的测试电阻与 D_3。由于共模电流 i_p 没有同时流过 L 线和 N 线的测试电阻 R_{LN}，引起了差模电压分量，这种现象即为整流桥关断期间的混合干扰[4-6]。

当 C_{xdc} 较小时，它引起的整流桥关断时间相对于半个工频周期而言很短暂。然而，该混合干扰在每个工频周期输入电压过零处都会出现，它对 EMI 接收机而言是间隔时间较长的重复信号，仍然会产生较大的峰值和准峰值干扰。为了解决该问题，可以在整流桥前加入滤波电容 C_{xac}。这样，在整流桥关断期间，C_{xac} 在 L 线和 N 线之间提供了低阻抗支路，共模电流 i_p 同时流经 L 线和 N 线的测试电阻 R_{LN}，不会产生差模干扰分量，如图 3.6 所示。

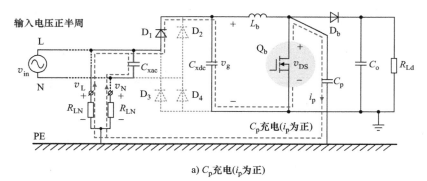

a) C_p 充电(i_p 为正)

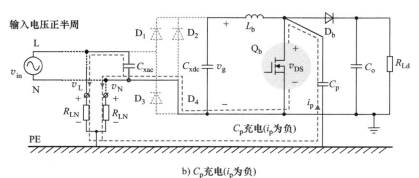

b) C_p 充电(i_p 为负)

图 3.6　加入 C_{xdc} 和 C_{xac} 后整流桥关断期间的共模电流路径

综上所述，为了抑制 Boost PFC 变换器的混合干扰，需要在整流桥前后都加入差模滤波电容。

3.1.2　Boost PFC 变换器的共模和差模等效电路

图 3.7 给出了加入差模滤波电容 C_{xdc} 和 C_{xac} 后，Boost PFC 变换器共模和差

模干扰路径。分别取出其中与共模和差模干扰相关的支路，如图 3.8 所示。此时，C_{xdc} 和 C_{xac} 并联，记 $C_{x1} = C_{xdc} + C_{xac}$。由于 C_{x1} 的容抗远小于 R_{LN}，在共模干扰等效电路中 C_{x1} 可近似为短路。L 线和 N 线的测试电阻 R_{LN} 并联，因此共模干扰等效电路中的测试电阻为 $R_{LN}/2 = 25\,\Omega$，其电压为共模干扰电压 v_{CM}。在差模干扰相关支路中，L 线和 N 线的测试电阻 R_{LN} 串联，因此差模干扰等效电路中的测试电阻为 $2R_{LN} = 100\,\Omega$，其电压为两倍差模干扰电压 $2v_{DM}$。根据上述讨论，图 3.8 可以进一步化简为如图 3.9 所示的电路，此即为 Boost PFC 变换器的共模和差模干扰等效电路。

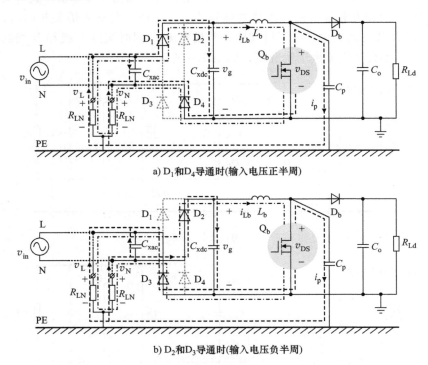

a) D_1 和 D_4 导通时(输入电压正半周)

b) D_2 和 D_3 导通时(输入电压负半周)

图 3.7　加入 C_{xdc} 和 C_{xac} 后整流桥导通时的共模和差模干扰路径

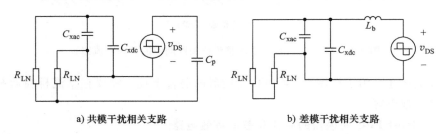

a) 共模干扰相关支路　　　　　　b) 差模干扰相关支路

图 3.8　Boost PFC 变换器的共模和差模干扰相关支路

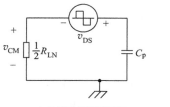
a) 共模干扰等效电路

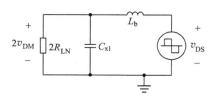
b) 差模干扰等效电路

图 3.9　Boost PFC 变换器的共模和差模干扰等效电路

根据图 3.9，记 v_{DS} 的各次谐波幅值为 V_{DS_k}，则 Boost PFC 变换器的共模和差模干扰各次谐波幅值 V_{CM_k} 和 V_{DM_k} 可以表示为

$$\begin{cases} V_{\mathrm{CM}\_k} = \left| \mathrm{CMTG}(kf_{\mathrm{s}}) \right| \cdot V_{\mathrm{DS}\_k} \\ V_{\mathrm{DM}\_k} = \left| \mathrm{DMTG}(kf_{\mathrm{s}}) \right| \cdot V_{\mathrm{DS}\_k} \end{cases} \tag{3.5}$$

式中，$\left| \mathrm{CMTG}(f) \right|$ 和 $\left| \mathrm{DMTG}(f) \right|$ 分别为共模和差模电压传输增益（Transfer Gain，TG），其表达式分别为

$$\left| \mathrm{CMTG}(f) \right| = \frac{\pi f C_{\mathrm{p}} R_{\mathrm{LN}}}{\sqrt{(\pi f C_{\mathrm{p}} R_{\mathrm{LN}})^2 + 1}} \tag{3.6}$$

$$\left| \mathrm{DMTG}(f) \right| = \frac{R_{\mathrm{LN}}}{2\sqrt{R_{\mathrm{LN}}^2 (4\pi^2 f^2 L_{\mathrm{b}} C_{\mathrm{x1}} - 1)^2 + (4\pi f L_{\mathrm{b}})^2}} \tag{3.7}$$

由于寄生电容 C_{p} 的容值很小，一般来说有 $\pi f C_{\mathrm{p}} R_{\mathrm{LN}} \ll 1$，那么式（3.6）可近似为

$$\left| \mathrm{CMTG}(f) \right| = \pi f C_{\mathrm{p}} R_{\mathrm{LN}} \tag{3.8}$$

显然，$\left| \mathrm{CMTG}(f) \right|$ 随着频率的升高以 20dB/dec 的斜率增大。C_{p} 越大，相同频率下共模电压传输增益 $\left| \mathrm{CMTG}(f) \right|$ 越大，若 V_{DS_k} 不变，则共模干扰越大。

当频率高于 150kHz 时，通常有 $4\pi^2 f^2 L_{\mathrm{b}} C_{\mathrm{x1}} \gg 1$ 和 $4\pi^2 f^2 L_{\mathrm{b}} C_{\mathrm{x1}} R_{\mathrm{LN}} \gg \pi f L_{\mathrm{b}}$。这样，式（3.7）可近似为

$$\left| \mathrm{DMTG}(f) \right| = \frac{1}{8\pi^2 f^2 L_{\mathrm{b}} C_{\mathrm{x1}}} \tag{3.9}$$

根据式（3.9）可知，随着频率的升高，$\left| \mathrm{DMTG}(f) \right|$ 以 -40dB/dec 斜率衰减。当 C_{x1} 取值确定时，升压电感 L_{b} 的电感量越大，相同频率处的差模电压传输增益 $\left| \mathrm{DMTG}(f) \right|$ 越小。当 L_{b} 取值确定时，C_{x1} 的容值越大，相同频率处的 $\left| \mathrm{DMTG}(f) \right|$ 越小。

3.2 Boost PFC 变换器的 EMI 滤波器结构及参数设计方法

3.2.1 Boost PFC 变换器的共模滤波器

设计 EMI 滤波器时，需要依据变换器的共模和差模干扰的衰减要求以及滤波器的电压插入增益确定滤波器元件取值。共模和差模滤波器的电压插入增益分别等于加入滤波器前后共模或差模干扰电压的比值，它们与变换器的共模和差模干扰源阻抗及测试阻抗有关。

参照图 3.9a，对于 Boost PFC 变换器的共模传导干扰，由于 C_p 的容值很小，在传导 EMI 的中低频段，C_p 容抗比较大（150kHz 时 10pF 的容抗为 106kΩ）。根据第 2 章的"阻抗失配"原则，由于噪声源阻抗为高阻，应在干扰源侧先并联低阻抗的共模电容。同时，共模测试阻抗 $R_{LN}/2 = 25\Omega$ 较小，应采用高阻抗的共模电感与它串联。因此，对于 Boost PFC 变换器而言，LC 滤波器更适用于抑制其共模干扰，图 3.10 相应的给出了加入 LC 滤波器后变换器的共模干扰等效电路。

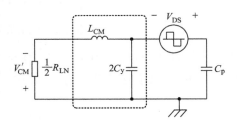

图 3.10 Boost PFC 的 LC 共模滤波器

3.2.2 Boost PFC 变换器的差模滤波器

参照图 3.9b，对于 Boost PFC 变换器的差模传导干扰，由于加入 C_{x1} 后，干扰源的源阻抗为低阻，在干扰源侧先串联高阻抗的共模电感时，滤波效果优于先并联低阻抗的共模电容。同时，差模测试阻抗 $2R_{LN} = 100\Omega$ 较大，用低阻抗的共模电容与它并联时的差模干扰抑制效果优于串联共模电感。因此，对于 Boost PFC 变换器而言，CL 滤波器适用于抑制其差模干扰，如图 3.11 所示。需要注意的是，考虑到抑制混合干扰的差模滤波电容 C_{x1}，差模滤波器的实际结构为 π 型。

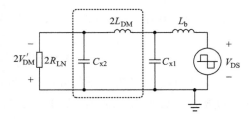

图 3.11 Boost PFC 的 CL 差模滤波器

3.2.3 适合 Boost PFC 变换器的 EMI 滤波器

根据前面的分析，LC 共模滤波器适合于抑制 Boost PFC 变换器的共模干扰，π 型差模滤波器适合于抑制其差模干扰。基于此，图 3.12 给出了对应的 EMI 滤波器电路结构。其中，LC 共模滤波器由共模电感 L_{CM} 和共模电容 C_y 构成，π 型差模滤波器由差模电感 L_{DM}、差模电容 C_{x1} 和 C_{x2} 构成。

根据共模和差模干扰的
衰减要求和滤波器的电压插
入增益（Insert Voltage
Gain，IVG）曲线，可以确
定共模和差模滤波器 IVG
的转折频率 f_c 和元件参数，
如图 3.13 所示。其中，n_f

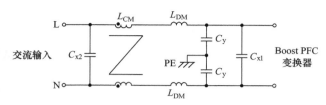

图 3.12　适合 Boost PFC 的 EMI 滤波器拓扑

为共模或差模滤波器的阶数，频率高于 f_c 时，滤波器 IVG 的表达式为

$$\text{IVG}(f) = 20n_f(\lg f - \lg f_c) \tag{3.10}$$

　　设计时，需保证滤波器的 IVG
在所有频率均大于衰减要求。因此，
可将 IVG 曲线从左向右平移，当 IVG
曲线与衰减要求曲线相切时，切点的
频率和衰减要求分别为 f_{req} 和 A_{req}。
结合图 3.13 和式（3.10），可以推导
出 f_c 的表达式为

$$f_c = f_{req} \cdot 10^{-\frac{A_{req}}{20n_f}} \tag{3.11}$$

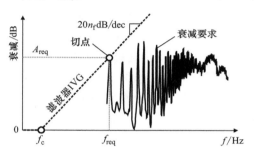

图 3.13　传导 EMI 衰减要求和
滤波器电压插入增益曲线

　　在确定共模滤波器（见图 3.10）
的元件取值时，应首先根据安全规范
中对漏电流的要求，确定共模电容的取值[7]。LC 共模滤波器 IVG 对应的转折频
率 f_{c_CM} 的表达式为

$$f_{c\_CM} = \frac{1}{2\pi\sqrt{L_{CM}(2C_y)}} \tag{3.12}$$

　　根据式（3.12），可以确定共模电感的感量，即

$$L_{CM} = \frac{1}{2C_y(2\pi f_{c\_CM})^2} \tag{3.13}$$

　　设计差模滤波器（见图 3.11）的元件取值时，可以首先在输入整流桥前后
加入差模电容（大于 $0.2\mu F$），以抑制混合干扰。根据图 3.11，该差模滤波器
IVG 对应的转折频率 f_{c_DM} 与各元件值的关系为

$$f_{c\_DM} = \frac{1}{2\pi\sqrt{2L_{DM}C_{x2}}} \tag{3.14}$$

　　为了节省成本，差模电感 L_{DM} 通常由共模电感 L_{CM} 的漏感 L_{lk} 提供，根据式
（3.14）可确定差模电容 C_{x2} 为：

$$C_{x2} = \frac{1}{2L_{DM}(2\pi f_{c\_DM})^2} \tag{3.15}$$

根据式（3.15），当 C_{x2} 小于 C_{x1}（$0.4\mu F$）时，差模滤波器的元件参数即为上述计算值。当 $C_{x2} > C_{x1}$ 时，可增加 C_{x1} 以减小 C_{x2}。当 C_{x2} 和 C_{x1} 相等时，差模电容总量（$C_{x1} + C_{x2}$）最小[8]，差模电容的总体积最小。

3.3 本章小结

本章根据 Boost PFC 变换器的传导 EMI 产生的路径，分析了其共模、差模和混合干扰的产生机理。为了抑制整流桥导通期间的混合干扰和电感电流断续时整流二极管的电压尖峰，在整流桥后引入一个差模滤波电容；为了抑制输入交流电压过零处整流桥关断期间的混合干扰，在整流桥前引入一个差模滤波电容。在此基础上，推导了 Boost PFC 变换器的共模和差模干扰等效电路。最后，讨论了 Boost PFC 变换器的共模和差模滤波器的设计，其中共模滤波器应选择 LC 滤波器，差模滤波器应选择 π 型滤波器，并给出了相关元件参数的设计方法。本章为第 4 章和第 5 章分别预测平均电流控制和电流临界连续控制的 Boost PFC 变换器的传导电磁干扰频谱提供了基础。

参 考 文 献

[1] KONG P, JIANG Y, LEE F C. Common mode EMI noise characteristics of low-power ac-dc converters [J]. IEEE Transactions on Power Electronics, 2012, 27 (2): 731-738.

[2] SUN J. On the zero-crossing distortion in single-phase PFC converters [J]. IEEE Transactions on Power Electronics, 2004, 9 (3): 685-692.

[3] LEVRON W, KIM H, ERICKSON R W. Design of EMI filters having low harmonic distortion in high-power-factor converters [J]. IEEE Transactions on Power Electronics, 2014, 29 (7): 3403-3413.

[4] MENG J, MA W. A new technique for modeling and analysis of mixed-mode conducted EMI noise [C]. Proc. IEEE Power Electronics Specialists Conference (PESC), 2004: 1034-1042.

[5] HSIEH H-I, CHEN D-Y. EMI filter design method incorporating mix-mode conducted noise for off-line applications [C]. Proc. Vehicle Power and Propulsion Conference (VPPC), 2008: 1617-1622.

[6] HSIEH H-I. Effects of mix-mode noise emissions on the design method of power factor correction boost rectifier EMI filters [C]. Proc. International Power Electronics Conference (IPEC), 2010: 2438-2443.

[7] IEC 60990. Methods of Measurement of Touch Current and Protective Conductor Current [S]. British: British Standard, 1999.

[8] 季清. Boost PFC 变换器的传导电磁干扰研究 [D]. 南京: 南京航空航天大学, 2014.

第4章

平均电流控制Boost PFC变换器的传导EMI频谱预测及EMI滤波器设计

Chapter **4**

第 3 章已指出 Boost PFC 变换器的开关管漏源极电压 v_{DS} 是引起传导 EMI 的干扰电压源，因此 Boost PFC 变换器的传导 EMI 频谱特性与 v_{DS} 的频谱特性密切相关。采用平均电流控制时，在不同输入电压和负载条件下，Boost PFC 变换器在半个工频周期内存在全 CCM、部分 CCM/DCM 和全 DCM 三种工作模式[1-4]，v_{DS} 的时域波形和频谱特性存在显著差异，传导 EMI 频谱特性复杂，目前尚无文献讨论。

为了保证所有工作条件下 Boost PFC 变换器的传导 EMI 频谱都能满足相关标准，EMI 滤波器需根据变换器的最恶劣传导 EMI 频谱来设计。目前在设计 EMI 滤波器时，通常依据典型输入电压和满载条件下 Boost PFC 变换器的原始传导 EMI 频谱，此时变换器在半个工频周期内工作于全 CCM 模式，因此所设计的 EMI 滤波器不一定能保证变换器的传导 EMI 频谱在所有输入电压和负载条件下均能够满足标准要求。

本章将首先分析平均电流控制的 Boost PFC 变换器在半个工频周期内的全 CCM、部分 CCM/DCM 和全 DCM 三种工作模式的工作情况，并推导各工作模式的输入电压和负载条件。然后，采用短时傅里叶变换法，分析三种工作模式下 v_{DS} 谐波的 PK、QP 和 AV 值，并推导出传导 EMI 谐波最恶劣时的输入电压和负载条件。接着，依据最恶劣传导 EMI 频谱设计 EMI 滤波器参数，保证平均电流控制的 Boost PFC 变换器的传导 EMI 频谱在所有工作条件下均满足标准要求。最后，在实验室搭建了一台 300W 的 Boost PFC 变换器样机，给出了传导 EMI 频谱的测试结果，并根据最恶劣频谱设计了 EMI 滤波器，实验结果验证了本章理论分析的正确性。

4.1 平均电流控制 Boost PFC 变换器的工作模式

图 4.1 给出了平均电流控制 Boost PFC 变换器的主电路和控制框图。其中，

$D_1 \sim D_4$ 为整流二极管，L_b 为升压电感，Q_b 为开关管，D_b 为二极管，C_o 为输出电容，R_{Ld} 为负载电阻，C_{xdc} 和 C_{xac} 为抑制混合干扰的差模滤波电容。该变换器采用电压电流双闭环控制。采样输出电压 V_o 并与电压基准 V_{o_ref} 进行比较，其误差送入电压调节器 $G_v(s)$。为实现功率因数校正，电压调节器的输出信号与整流后的输入电压检测信号相乘，作为电感电流基准信号 i_{Lb_ref}。采样电感电流 i_{Lb} 并与 i_{Lb_ref} 进行比较，其误差送入电流调节器 $G_i(s)$。电流调节器的输出信号与三角载波进行比较，得到开关管 Q_b 的驱动信号。

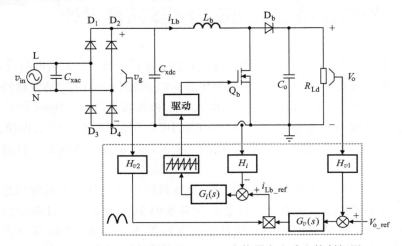

图 4.1　平均电流控制的 Boost PFC 变换器主电路和控制框图

在不同输入电压和负载条件下，变换器在半个工频周期内可以工作于全 CCM、部分 CCM/DCM 和全 DCM 模式，如图 4.2 所示，其中 T_{line} 为工频周期。

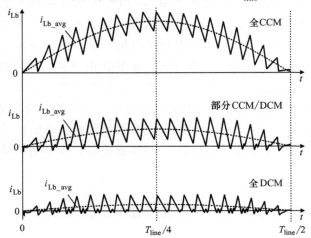

图 4.2　全 CCM、部分 CCM/DCM 和全 DCM 的电感电流波形

定义整流后的输入电压 $v_g(t)$ 为

$$v_g(t) = |v_{in}(t)| = \sqrt{2}\, V_{in}\, |\sin\omega_{in} t| \tag{4.1}$$

式中，v_{in} 为输入交流电压；V_{in} 为输入电压有效值；ω_{in} 为输入电压角频率。

当变换器工作于 CCM 时，占空比 D_{y_CCM} 和电感电流脉动的峰峰值 Δi 分别为

$$D_{y\_CCM}(t) = 1 - \frac{v_g(t)}{V_o} \tag{4.2}$$

$$\Delta i(t) = \frac{v_g(t) D_{y\_CCM}(t)}{L_b f_s} = \frac{v_g(t)}{L_b f_s}\left(1 - \frac{v_g(t)}{V_o}\right) \tag{4.3}$$

式中，V_o 为输出电压；f_s 为开关频率。

假设变换器的效率为 100%，为了使变换器工作在 CCM，电感电流平均值 i_{Lb_avg} 需满足

$$i_{Lb\_avg}(t) = \frac{\sqrt{2}\, P_o}{V_{in}} |\sin\omega_{in} t| \geqslant \frac{1}{2}\Delta i(t) \tag{4.4}$$

式中，P_o 为输出功率。

由式（4.1）~式（4.4），可得

$$1 - \frac{\sqrt{2}\, V_{in}}{V_o} |\sin\omega_{in} t| \leqslant \frac{2P_o L_b f_s}{V_{in}^2} \tag{4.5}$$

由式（4.5）可知，若电感电流在输入电压 v_{in} 过零处（此时 $|\sin\omega_{in} t| = 0$）连续，则变换器在半个工频周期内始终工作于 CCM。将 $|\sin\omega_{in} t| = 0$ 代入式（4.5），可得变换器在半个工频周期内工作于全 CCM 的输出功率为

$$P_{o\_CCM} \geqslant \frac{V_{in}^2}{2L_b f_s} \tag{4.6}$$

若不等式（4.5）不成立，则变换器工作于 DCM。若 $|\sin\omega_{in} t| = 1$ 时不等式（4.5）不成立，即在 $T_{line}/4$ 处变换器在工作于 DCM 时，则变换器在半个工频周期内均工作于全 DCM 模式。将 $|\sin\omega_{in} t| = 1$ 代入不等式（4.5），得到全 DCM 的输出功率为

$$P_{o\_DCM} < \frac{V_{in}^2(V_o - \sqrt{2}\, V_{in})}{2L_b f_s V_o} \tag{4.7}$$

在设计平均电流控制的 Boost PFC 变换器时，通常根据最低输入电压 V_{in_min} 和满载 P_{o_max} 条件下，在 $T_{line}/4$ 处，电感电流纹波 Δi 与平均值 i_{Lb_avg} 的比值 λ_i 确定升压电感 L_b 的电感量[5]。根据式（4.3）和式（4.4），有

$$\lambda_i = \frac{\Delta i}{i_{Lb\_avg}} = \frac{V_{in\_min}^2}{L_{b\_CCM} P_{o\_max} f_s} \cdot \left(1 - \frac{\sqrt{2}\, V_{in\_min}}{V_o}\right) \tag{4.8}$$

根据式（4.8），可得升压电感 L_b 的取值为

$$L_b = \frac{V_{in\_min}^2(1-\sqrt{2}\,V_{in\_min}/V_o)}{\lambda_i P_{o\_max} f_s} \tag{4.9}$$

将式（4.9）代入式（4.6）和式（4.7），可以推导出变换器工作于全 CCM 和全 DCM 模式的标幺化输出功率分别为

$$P_{o\_CCM}^* = \frac{P_{o\_CCM}}{P_{o\_max}} \geqslant \frac{\lambda_i V_{in}^2 V_o}{2V_{in\_min}^2(V_o-\sqrt{2}\,V_{in\_min})} \tag{4.10}$$

$$P_{o\_DCM}^* = \frac{P_{o\_DCM}}{P_{o\_max}} < \frac{\lambda_i V_{in}^2(V_o-\sqrt{2}\,V_{in})}{2V_{in\_min}^2(V_o-\sqrt{2}\,V_{in\_min})} \tag{4.11}$$

根据式（4.10）和式（4.11），可以画出输入电压范围为 $V_{in}=90\sim264\text{V}$，输出电压 $V_o=385\text{V}$，$\lambda_i=20\%$ 时，变换器工作在不同模式的条件区域，如图 4.3 所示，其中 V_{CCM_max} 为满载时工作于全 CCM 时的最高输入电压。

根据式（4.10），当 P_{o_CCM} 等于 P_{o_max} 时，V_{CCM_max} 的表达式为

$$V_{CCM\_max} = \sqrt{\frac{2V_{in\_min}^2(V_o-\sqrt{2}\,V_{in\_min})}{\lambda_i V_o}} \tag{4.12}$$

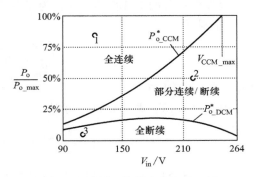

图 4.3 不同工作模式的条件区域

可以看出，在相同输入电压 V_{in} 的条件下，当 $P_o/P_{o\_max}>P_{o\_CCM}^*$ 时，变换器在半个工频周期内工作于全 CCM 模式；当 $P_{o\_DCM}^* \leqslant P_o/P_{o\_max\_} \leqslant P_{o\_CCM}^*$ 时，变换器工作于部分 CCM/DCM 模式；当 $P_o/P_{o\_max}<P_{o\_DCM}^*$ 时，变换器工作于全 DCM 模式。

4.2　不同工作模式下开关管漏源极电压波形

4.2.1　开关周期内开关管漏源极电压的波形

以输入电压正半周为例，图 4.4 给出了 Boost PFC 变换器在三种工作模式下包含的开关模态。在 CCM 模式，Q_b 导通时，其漏源极电压 v_{DS} 为 0，电感电流 i_{Lb} 上升，如图 4.4a 所示；Q_b 关断时，v_{DS} 等于 V_o，电感电流 i_{Lb} 下降，如图 4.4b 所示。图 4.5 给出了 Boost PFC 变换器工作于 CCM 时 i_{Lb} 和 v_{DS} 的波形。v_{DS} 的表达式为

$$v_{DS\_CCM}(t_s)=\begin{cases} 0 & t_s \in [\,0,\ D_{y\_CCM}T_s\,] \\ V_o & t_s \in (\,D_{y\_CCM}T_s,\ T_s\,] \end{cases} \tag{4.13}$$

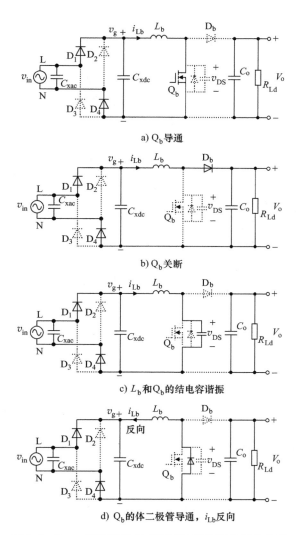

a) Q_b 导通

b) Q_b 关断

c) L_b 和 Q_b 的结电容谐振

d) Q_b 的体二极管导通，i_{Lb} 反向

图 4.4 Boost PFC 工作于 CCM 和 DCM 时的开关模态

图 4.6 给出了 Boost PFC 变换器工作于 DCM 时 i_{Lb} 和 v_{DS} 的波形，定义此时的占空比为 D_{y_DCM}。在 $[0, D_{y\_DCM}]$ 时段内，Q_b 导通，开关模态同图 4.4a，在 $[D_{y\_DCM}, t_d]$ 时段内，Q_b 关断，开关模态同图 4.4b。在 t_d 时刻，i_{Lb} 下降至 0，L_b 与 Q_b 的结电容 C_{DS} 开始谐振（假设 C_{DS} 远大于二极管 D_b 的结电容），如图 4.4c 所示。当 $2v_g \geqslant V_o$ 时，i_{Lb}

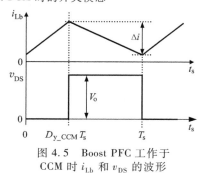

图 4.5 Boost PFC 工作于 CCM 时 i_{Lb} 和 v_{DS} 的波形

和 v_{DS} 的波形如图 4.6a 所示，L_b 与 C_{DS} 持续谐振，直至 Q_b 导通，v_{DS} 的最低电压为 $2v_g - V_o$；当 $2v_g < V_o$ 时，i_{Lb} 和 v_{DS} 的波形如图 4.6b 所示，其中 v_{DS} 在 t_1 时刻下降到 0，Q_b 的体二极管导通，如图 4.4d 所示，此时加在 L_b 上的电压为 v_g，i_{Lb} 线性上升。i_{Lb} 在 t_2 时刻上升至 0，L_b 与 C_{DS} 再次开始谐振，开关模态同图 4.4c，直至 Q_b 导通。在 $[t_2, T_s]$ 时段内，v_{DS} 电压的最大值为 $2v_g$。

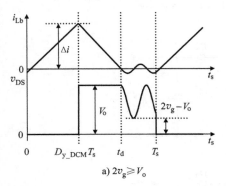
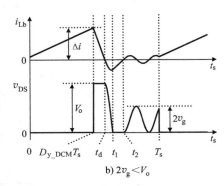

a) $2v_g \geqslant V_o$　　　　　　　　　　　　b) $2v_g < V_o$

图 4.6　Boost PFC 变换器工作于 DCM 时 i_{Lb} 和 v_{DS} 的波形

根据图 4.6，v_{DS} 可以表示为

$$v_{DS\_DCM\_a}(t_s) = \begin{cases} 0 & t_s \in [0, D_{y\_DCM}T_s] \\ V_o & t_s \in (D_{y\_DCM}T_s, t_d] \\ v_g + (V_o - v_g)\cos[\omega_r(t_s - t_d)] & t_s \in (t_d, T_s] \end{cases} \quad (4.14)$$

$$v_{DS\_DCM\_b}(t_s) = \begin{cases} 0 & t_s \in [0, D_{y\_DCM}T_s] \text{ 和 } t_s \in (t_1, t_2] \\ V_o & t_s \in (D_{y\_DCM}T_s, t_d] \\ v_g + (V_o - v_g)\cos[\omega_r(t_s - t_d)] & t_s \in (t_d, t_1] \\ v_g - v_g\cos[\omega_r(t_s - t_{o2})] & t_s \in (t_2, T_s] \end{cases} \quad (4.15)$$

其中，ω_r 为 L_b 和 C_{DS} 的谐振角频率；ω_r、t_d、t_1 和 t_2 的表达式分别为

$$\omega_r = 1 / \sqrt{L_b C_{DS}} \quad (4.16)$$

$$t_d = \frac{V_o}{V_o - v_g} D_{y\_DCM} T_s \quad (4.17)$$

$$t_1 = t_d + \frac{1}{\omega_r} \arccos\left(\frac{v_g}{v_g - V_o}\right) \quad (4.18)$$

$$t_2 = t_1 + \frac{1}{\omega_r v_g} \sqrt{(V_o - v_g)^2 - v_g^2} \quad (4.19)$$

当变换器工作于 DCM 时，电感电流在一个开关周期内的峰值表达式为

$$i_{peak\_DCM}(t) = \frac{v_g(t) D_{y\_DCM}(t)}{L_b f_s} \quad (4.20)$$

假设 DCM 时谐振电流对电感电流平均值的影响很小,那么根据式(4.17)和式(4.20)可以得到电感电流平均值的表达式为

$$i_{avg\_DCM}(t) = \frac{t_d}{2T_s} i_{peak\_DCM}(t) = \frac{1}{2} \frac{V_o}{V_o - v_g(t)} \frac{v_g(t)}{L_b f_s} D_{y\_DCM}^2(t) \qquad (4.21)$$

采用平均电流控制时,电感电流的平均值为

$$i_{avg\_DCM}(t) = \frac{\sqrt{2} P_o}{V_{in}} |\sin\omega_{in} t| \qquad (4.22)$$

将式(4.1)代入式(4.21),并结合式(4.22),可得 D_{y_DCM} 的表达式为

$$D_{y\_DCM}(t) = \sqrt{\frac{2P_o L_b f_s [V_o - v_g(t)]}{V_{in}^2 V_o}} \qquad (4.23)$$

定义 t_b 为 DCM 转为 CCM 的时刻,即电感电流临界连续时刻。根据式(4.5),有

$$t_b = \frac{1}{\omega_{in}} \arcsin\left(\frac{V_o}{\sqrt{2} V_{in}} - \frac{\sqrt{2} P_o V_o L_b f_s}{V_{in}^3}\right) \qquad t_b \in [0, T_{line}/4] \qquad (4.24)$$

4.2.2 工频周期内占空比与 v_{DS} 波形

根据式(4.2)、式(4.22)和式(4.23),可以绘出相同输入电压下,变换器工作于全 CCM、部分 CCM/DCM 和全 DCM 时,半个工频周期内的占空比 D_y 的曲线,如图 4.7 所示。其中,在部分 CCM/DCM 时,$[0, t_b]$ 时段内的占空比为 D_{y_DCM},$[t_b, T_{line}/4]$ 时段内的占空比为 D_{y_CCM}。结合式(4.2)和式(4.23)可知,在半个工频周期内,整流后的输入电压相同的时刻,有 $D_{y\_DCM} < D_{y\_CCM}$,且在 DCM 时,负载越轻,D_{y_DCM} 越小。

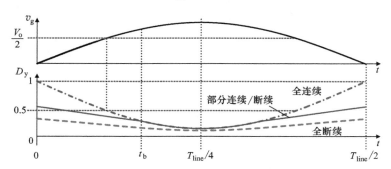

图 4.7 三种工作模式下 Boost PFC 变换器的占空比曲线

记 $[0, T_{line}/4]$ 时段内 $2v_g = V_o$ 的时刻为 $t_{2vg=Vo}$。根据式(4.1)、式(4.13)、式(4.14)、式(4.15)和式(4.24),可以作出三种工作模式下,半个工频周期内 v_g 和 v_{DS} 的波形,如图 4.8 所示。可以看出,它们在半个工频周期

内关于 $T_{line}/4$ 对称。

图 4.8a 给出了全 CCM 下 v_{DS} 在半个工频周期内的波形 $v_{DS\_all\text{-}CCM}$。可以看出，$v_{DS\_all\text{-}CCM}$ 在每个开关周期内为 v_{DS_CCM}，占空比为 D_{y_CCM}。其表达式为

$$v_{DS\_all\text{-}CCM}(t,t_s)=\begin{cases} 0 & t_s\in[0,D_{y\_CCM}(t)T_s] \\ V_o & t_s\in[D_{y\_CCM}(t)T_s,T_s] \end{cases} \quad (0\leqslant t\leqslant T_{line}/2) \quad (4.25)$$

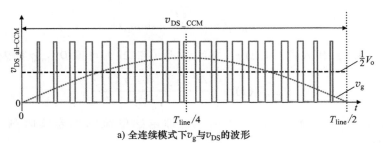

a) 全连续模式下 v_g 与 v_{DS} 的波形

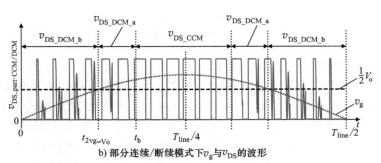

b) 部分连续/断续模式下 v_g 与 v_{DS} 的波形

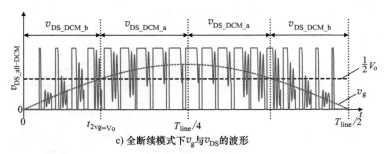

c) 全断续模式下 v_g 与 v_{DS} 的波形

图 4.8 三种工作模式下 v_g 与 v_{DS} 的波形

图 4.8b 给出了部分 CCM/DCM 下，$t_b \geqslant t_{2vg=Vo}$ 时 v_{DS} 在半个工频周期内的波形 $v_{DS\_part\text{-}CCM/DCM}$。在 $[0,t_{2vg=Vo}]$、$[t_{2vg=Vo},t_b]$ 和 $[t_b,T_{line}/4]$ 时间段内，$v_{DS\_part\text{-}CCM/DCM}$ 分别为 $v_{DS\_DCM\_b}$、$v_{DS\_DCM\_a}$ 和 v_{DS_CCM}，占空比在 $[0,t_b]$ 和 $[t_b,T_{line}/4]$ 时段内分别等于 D_{y_DCM} 和 D_{y_CCM}。当 $t_b<t_{2vg=Vo}$ 时，在 $[0,t_b]$ 时间段内 $v_{DS\_part\text{-}CCM/DCM}$ 为 $v_{DS\_DCM\_b}$，且半个工频周期内不存在 $v_{DS\_DCM\_a}$。$v_{DS\_part\text{-}CCM/DCM}$

的表达式为

$$v_{DS\_part\text{-}CCM/DCM}(t,t_s) = \begin{vmatrix} v_{DS\_DCM\_b}(t_s) & (0 \leqslant t \leqslant t_{2vg=Vo}) \\ v_{DS\_DCM\_a}(t_s) & (t_{2vg=Vo} \leqslant t \leqslant t_b) \\ v_{DS\_CCM}(t_s) & (t_b \leqslant t \leqslant T_{line}/2 - t_b) \\ v_{DS\_DCM\_a}(t_s) & (T_{line}/2 - t_b \leqslant t \leqslant T_{line}/2 - t_{2vg=Vo}) \\ v_{DS\_DCM\_b}(t_s) & (T_{line}/2 - t_{2vg=Vo} \leqslant t \leqslant T_{line}/2) \end{vmatrix}$$

$$(4.26)$$

图 4.8c 给出了全 DCM 下 v_{DS} 在半个工频周期内的波形 $v_{DS\_all\text{-}DCM}$。在 $[0, t_{2vg=Vo}]$ 和 $[t_{2vg=Vo}, T_{line}/4]$ 时间段内，$v_{DS\_all\text{-}DCM}$ 分别为 $v_{DS\_DCM\_b}$ 和 $v_{DS\_DCM\_a}$，占空比为 D_{y_DCM}。$v_{DS\_all\text{-}DCM}$ 的表达式为

$$v_{DS\_all\text{-}DCM}(t,t_s) = \begin{vmatrix} v_{DS\_DCM\_b}(t_s) & (0 \leqslant t \leqslant t_{2vg=Vo}) \\ v_{DS\_DCM\_a}(t_s) & (t_{2vg=Vo} \leqslant t \leqslant T_{line}/2 - t_{2vg=Vo}) \\ v_{DS\_DCM\_b}(t_s) & (T_{line}/2 - t_{2vg=Vo} \leqslant t \leqslant T_{line}/2) \end{vmatrix} \quad (4.27)$$

4.3 不同工作模式下变换器的传导 EMI 最恶劣频谱

4.3.1 平均电流控制 Boost PFC 变换器传导 EMI 频谱特性

采用短时傅里叶变换法[6]，将一个开关周期视为变换窗口，v_{DS} 的谐波幅值在半个工频周期内表示为

$$V_{DS\_k}(t) = \frac{2}{T_s} \left| \int_0^{T_s} v_{DS}(t,t_s) \cdot e^{-j2k\pi f_s t_s} dt_s \right| \quad (4.28)$$

式中，k 为谐波次数。

采用平均电流控制时，Boost PFC 变换器的占空比在半个工频周期内是变化的，因此 v_{DS} 的各次谐波幅值 $V_{DS\_k}(t)$ 在半个工频周期内也是变化的。由于开关频率恒定，传导 EMI 频谱分布在开关频率的谐波频率附近，各次谐波的频率不变。在全 CCM、部分 CCM/DCM 和全 DCM 模式下，v_{DS} 的波形分别为 $v_{DS\_all\text{-}CCM}$、$v_{DS\_part\text{-}CCM/DCM}$ 和 $v_{DS\_all\text{-}DCM}$。将式（4.25）、式（4.26）和式（4.27）分别代入式（4.28），三种工作模式下 v_{DS} 各次谐波幅值 V_{DS_k} 的表达式为

$$V_{DS\_k} = V_{DS\_k\_all\text{-}CCM} = \frac{2V_o}{k\pi} \left| \sin[k\pi(1 - D_{y\_CCM}(t))] \right| = \frac{2V_o}{k\pi} \left| \sin\left(k\pi \frac{v_g(t)}{V_o}\right) \right|$$

$$(4.29)$$

$$V_{DS\_k} = V_{DS\_k\_part\text{-}CCM/DCM}(t) = \frac{2}{T_s} \left| \int_0^{T_s} v_{DS\_part\text{-}CCM/DCM}(t,t_s) \cdot e^{-j2k\pi f_s t_s} dt_s \right|$$

$$(4.30)$$

$$V_{DS\_k} = V_{DS\_k\_all\text{-}DCM}(t) = \frac{2}{T_s}\left| \int_0^{T_s} v_{DS\_all\text{-}DCM}(t,t_s) \cdot e^{-j2k\pi f_s t_s} dt_s \right| \tag{4.31}$$

根据式（3.5），可以将 V_{DS_k} 乘以 Boost PFC 变换器的共模和差模电压的各次谐波传输增益 $|\mathrm{CMTG}(kf_s)|$ 和 $|\mathrm{DMTG}(kf_s)|$，得到共模和差模电压的各次谐波幅值 V_{CM_k} 和 V_{DM_k}，且它们只分布在开关频率及其倍数次频率处。当 EMI 接收机的等效 IF 滤波器中心频率 f_{IF} 等于 kf_s 时，IF 滤波器对 k 次谐波的增益为 1，因此包络信号等于 k 次谐波幅值。检波器检测出包络信号的 PK、QP 和 AV 值。

共模和差模干扰的 PK、QP 和 AV 值与 V_{CM_k} 和 V_{DM_k} 的时域特性有关。根据式（3.6）和式（3.7）可知，当变换器的主电路参数确定时，$|\mathrm{CMTG}(kf_s)|$ 和 $|\mathrm{DMTG}(kf_s)|$ 不随时间变化。因此，共模和差模干扰的 PK、QP 和 AV 值可以表示为

$$\begin{cases} V_{CM\_k\_PK/QP/AV} = |\mathrm{CMTG}(kf_s)| \cdot V_{DS\_k\_PK/QP/AV} \\ V_{DM\_k\_PK/QP/AV} = |\mathrm{DMTG}(kf_s)| \cdot V_{DS\_k\_PK/QP/AV} \end{cases} \tag{4.32}$$

式中，$V_{DS\_k\_PK/QP/AV}$ 为 V_{DS_k} 在半个工频周期内的 PK、QP 和 AV 值。$V_{DS\_k\_PK}$ 和 $V_{DS\_k\_AV}$ 可以表示为

$$V_{DS\_k\_PK} = \max\{V_{DS\_k}(t)\} \quad t \in [0, T_{line}/2] \tag{4.33}$$

$$V_{DS\_k\_AV} = \frac{2}{T_{line}} \int_0^{\frac{T_{line}}{2}} V_{DS\_k}(t)\,dt \tag{4.34}$$

QP 值通常由数值计算获得，因此 $V_{DS\_k\_QP}$ 无显式。由此可见，平均电流控制的 Boost PFC 变换器共模和差模干扰的 PK、QP 和 AV 值特性取决于开关管漏源极电压 v_{DS} 谐波幅值的时域特性。

在不同输入电压和负载条件下，v_{DS} 的波形不同。为了分析变换器传导 EMI 频谱特性，以下将分析变换器工作于全 CCM、部分 CCM/DCM 和全 DCM 模式时，v_{DS} 各次谐波幅值在半个工频周期内谐波幅值的时域特性，以及它的 PK 和 AV 值（由于 QP 与 PK 值很接近，此处 PK 视为 QP 的近似值）。

4.3.2 变换器工作于全连续模式时的传导 EMI 特性

根据式（4.29）可知，在全 CCM 时，v_{DS} 各次谐波幅值的大小仅与 v_g 和 V_o 有关，而与负载无关。根据式（4.29）可知，当 $k\pi v_g(t)/V_o = \pi/2$ 时，$V_{DS\_k\_CCM}$ 最大。结合式（4.1）可知，当 $V_{in} < V_o/(2\sqrt{2})$ 时，$\pi v_g(t)/V_o$ 总是小于 $\pi/2$，因此基波幅值的峰值 $V_{DS\_k\_PK\_all\text{-}CCM}$ 恒小于 $2V_o/\pi$；当 $V_o/(2\sqrt{2}) \leqslant V_{in} \leqslant V_{CCM\_max}$ 时，在半个工频周期内的某一时刻 $\pi v_g(t)/V_o = \pi/2$，此时 $V_{DS\_1\_PK\_CCM}$ 等于 $2V_o/\pi$。当 $k \geqslant 2$ 时，任意输入电压条件下，在半个工频周期内总存在某一时刻使 $k\pi v_g(t)/V_o = \pi/2$，因此有

$$V_{DS\_k\_PK\_all\text{-}CCM} = \frac{2V_o}{k\pi} \quad (k \geqslant 2) \tag{4.35}$$

根据以上分析，结合式（4.1）和式（4.29），可以作出 $V_{in} = 90 \sim 264V$、$V_o = 385V$ 条件下 $V_{DS\_k\_PK\_all\text{-}CCM}$ 的 PK 值，如图4.9所示。它仅与 V_{in} 和 V_o 有关，与负载无关。当 $V_{in} < V_o/(2\sqrt{2})$ 时，$V_{DS\_k\_PK\_all\text{-}CCM}$ 小于 $2V_o/\pi$；当 $V_o/(2\sqrt{2}) \leqslant V_{in} \leqslant V_{CCM\_max}$ 时，$V_{DS\_k\_PK\_all\text{-}CCM} = 2V_o/\pi$。当 $k \geqslant 2$ 时，k 次谐波的 PK 值不随输入电压变化。当 $V_{in} > V_{CCM\_max}$ 时，结合图4.3可知，变换器不存在全连续模式。

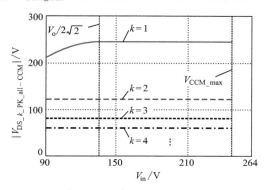

图4.9 变换器工作于全连续模式时 v_{DS} 各次谐波幅值的 PK 值

可以看出，在全 CCM 下，v_{DS} 的 k 次谐波幅值 PK 值的最大值为 $2V_o/(k\pi)$，它随着频率的升高以 $-20dB/dec$ 斜率衰减。如3.1.2节中所述，Boost PFC 变换器的共模电压传输增益 $|CMTG(f)|$ 随着频率的升高以 $20dB/dec$ 斜率增大，差模以 $-40dB/dec$ 斜率衰减，因此结合式（4.35）可知，变换器工作于全 CCM 时，共模和差模干扰在 kf_s 频率处的最大 PK 值衰减斜率分别为 $0dB/dec$ 和 $-60dB/dec$，如图4.10所示。

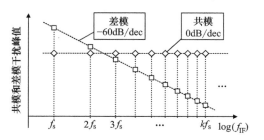

图4.10 全连续模式下共模和差模干扰的峰值衰减

将式（4.1）和式（4.29）代入式（4.34），可得全 CCM 时 v_{DS} 各次谐波幅值的 AV 值表达式为

$$V_{DS\_k\_AV\_all\text{-}CCM} = \frac{2V_o}{k\pi^2}\int_0^\pi \left| \sin\left(\sqrt{2}\,\pi\,\frac{kV_{in}}{V_o}\sin\omega_{in}t\right) \right| d\omega_{in}t = \frac{2V_o}{k\pi}F_{AV}(kV_{in}/V_o)$$

(4.36)

其中，$F_{AV}(kV_{in}/V_o)$ 为 AV 值特征函数，即

$$F_{AV}(kV_{in}/V_o) = \frac{1}{\pi}\int_0^\pi \left| \sin\left(\sqrt{2}\,\pi\,\frac{kV_{in}}{V_o}\sin\omega_{in}t\right) \right| d\omega_{in}t \qquad (4.37)$$

$F_{AV}(kV_{in}/V_o)$ 的数值计算曲线是唯一的，如图 4.11 所示，表 4.1 给出了其极值点。kV_{in}/V_o 的取值范围为 $[kV_{in\_min}/V_o$，$kV_{CCM\_max}/V_o]$。为了确定 k 次谐波幅值的 AV 值最大时的输入电压大小，可以对比 $F_{AV}(kV_{in}/V_o)$ 在 kV_{in_min}/V_o 和 kV_{CCM_max}/V_o 处的函数值以及 $[kV_{in\_min}/V_o$，$kV_{CCM\_max}/V_o]$ 区间内的极值。以 $V_{in}=90\sim264V$、$V_o=385V$、$\lambda_i=0.2$ 时的基波为例，当 $k=1$ 时，根据图 4.11 和表 4.1 可知，

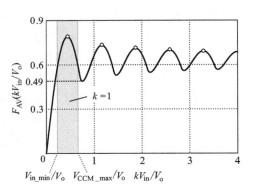

图 4.11 函数 $F_{AV}(kV_{in}/V_o)$ 的数值计算曲线

在 $[0.234，0.647]$ 内，当 $kV_{in}/V_o = 0.45$ 时，$F_{AV}(kV_{in}/V_o)$ 的取值最大。因此，当 $V_{in}/V_o = 0.45$，即 $V_{in} = 173V$ 时，在半个工频周期内 v_{DS} 基波幅值的 AV 值最大。

表 4.1 函数 $F_{AV}(kV_{in}/V_o)$ 的极值

kV_{in}/V_o	0.45	1.17	1.87	2.58	3.28	…
$F_{AV}(kV_{in}/V_o)$	0.79	0.73	0.71	0.70	0.69	…

根据式（4.36），可以作出变换器工作于全 CCM 时，不同输入电压条件下，v_{DS} 各次谐波幅值的 AV 值，如图 4.12 所示。对比图 4.11 和图 4.12 可见，k 谐波幅值随 V_{in} 变化的特性与函数 $F_{AV}(kV_{in}/V_o)$ 在 $[kV_{in\_min}/V_o$，$kV_{CCM\_max}/V_o]$ 内的特性对应。其中，最低输入电压 $V_{in\_min}=90V$ 处，二次谐波幅值的 AV 值最大；当 $3V_{in}/V_o = 1.17$，即 $V_{in} = 150V$ 时，三次谐波幅值的 AV 值最大。

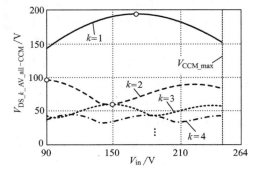

图 4.12 全 CCM 时 v_{DS} 各次谐波幅值的 AV 值

此外，注意到图 4.11 中横坐标取值大于 V_{in_min}/V_o 时，$F_{AV}(kV_{in}/V_o)$ 大于 0.49（即 -6.2dB）。因此，结合式（4.35）和式（4.36）可知，v_{DS} 各次谐波幅值的 PK 值大于其 AV 值，且其差值小于 10dB（EN 55022 B 类中传导 EMI 的 QP 限值比 AV 限值高 10dB）。

4.3.3 部分 CCM/DCM 和全 DCM 模式时的传导 EMI 特性

当变换器工作于部分 CCM/DCM 和全 DCM 模式时，电感 L_b 和开关管结电容 C_{DS} 之间的谐振会影响半个工频周期内 v_{DS} 谐波幅值的 PK 和 AV 值。由于 v_{DS} 波

形较为复杂，下面采用数值计算获取 v_{DS} 谐波幅值，PK 和 AV 值。

　　根据式（4.2）和式（4.23），可以作出变换器工作在全 CCM、部分 CCM/DCM 和全 DCM 模式下，v_g 不同时的占空比 D_y 情况，如图 4.13 所示。其中，变换器工作于部分 CCM/DCM 时，D_y 在 DCM 和 CCM 下分别等于 D_{y_DCM} 和 D_{y_CCM}。根据式（4.23）可知，在 DCM 下，v_g 相同时，D_{y_DCM} 随着 V_{in} 的升高和 P_o 的减小而减小。

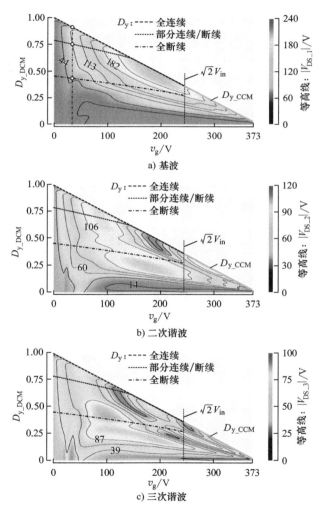

图 4.13　整流后输入电压不同时的占空比和 v_{DS} 的谐波幅值

　　根据式（4.29）、式（4.30）和式（4.31），在 $V_o = 385V$，$f_r = 4.2f_s$ 条件下，以等高线作出 v_{DS} 的基波、二次和三次谐波的幅值，即 V_{DS_1}、V_{DS_2} 和 V_{DS_3}，如图 4.13 所示。D_y 的取值区域上限为 D_{y_CCM}，因此在区域上限处 V_{DS_k} 等于 $V_{DS\_k\_all\text{-}CCM}$，而在

D_y 取值区域的其他位置，V_{DS_k} 等于 $V_{DS\_k\_part\text{-}CCM/DCM}$ 或 $V_{DS\_k\_all\text{-}DCM}$。

对于基波幅值而言，如图 4.13a 所示，在 D_y 的取值区域中，仅存在 V_{DS_1} 的一个极值点，它位于 $D_{y\_CCM} = 0.5$ 和 $v_g = V_o/2$ 位置处。对比相同 v_g 条件下，变换器工作于全 CCM、部分 CCM/DCM 和全 DCM 模式下的 V_{DS_1} 取值，可以发现随着 D_y 的减小，V_{DS_1} 先增大后减小。这意味着在相同 V_{in} 下，随着 P_o 的减小，当变换器刚从全 CCM 进入部分 CCM/DCM 模式时，D_{y_DCM} 与 D_{y_CCM} 比较接近，且此时部分 CCM/DCM 模式下 DCM 时间段内的 V_{DS_1} 大于全 CCM 下相应时间内的 V_{DS_1}；当进入全 DCM 时，D_{y_DCM} 很低，由图 4.13a 可见，V_{DS_1} 远小于全 CCM 和部分 CCM/DCM 模式时的大小。因此，在相同的输入电压条件下，基波的最恶劣情况出现在部分 CCM/DCM 模式。考虑到变换器工作于全 CCM 时，V_{DS_1} 的 AV 值在 $V_{in}/V_o = 0.45$ 处最大，可以推断 Boost PFC 变换器在所有的输入电压和负载条件区域中，V_{DS_1} 的 AV 值最恶劣情况出现在 $V_{in}/V_o = 0.45$，且使变换器工作于部分 CCM/DCM 模式的负载下。

根据式（4.29）、式（4.30）、式（4.31）和式（4.32），可以计算所有输入电压和负载条件下，v_{DS} 的基波、二次和三次谐波的 AV 值，如图 4.14 中等高线所示，其中虚线为不同模式的条件边界。

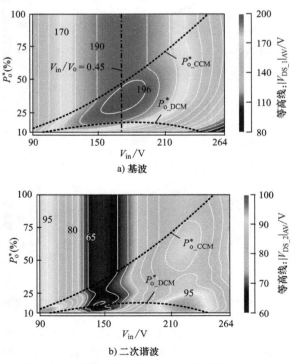

a) 基波

b) 二次谐波

图 4.14　不同工作条件下 v_{DS} 谐波幅值的 AV 值

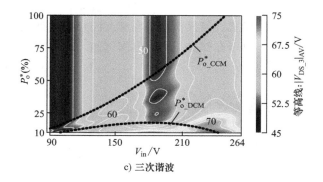

c）三次谐波

图 4.14　不同工作条件下 v_{DS} 谐波幅值的 AV 值（续）

对于基波而言，如图 4.14a 所示，变换器工作于全 CCM 时，AV 值仅与输入电压 V_{in} 有关，而与负载无关，且最大值出现在 $V_{in}/V_o = 0.45$ 处。工作于部分 CCM/DCM 时，基波的 AV 值在 $V_{in}/V_o = 0.45$ 处大于全 CCM 下的 AV 值。在最高输入电压和最轻负载（考虑到负载很轻或空载工作时，变换器可能处于间歇工作模式，此处考虑 10% 的最轻负载）条件下，基波的 AV 值很低。

图 4.13b 和 c 分别给出了不同 D_y 和 v_g 下 v_{DS} 的二次和三次谐波幅值，且它们的 AV 值如图 4.14b 和 c 所示。与基波不同的是，二次和三次谐波幅值 V_{DS_k} 在 D_y 和 v_g 的取值区域中存在多个极值点，且这些极值点高于 CCM 时 $V_{DS\_k\_CCM}$ 的最大值。当 D_y 的曲线穿过这些极值点时，谐波幅值最大。注意到这些极值点主要发生在 D_{y_DCM} 较小时，且随着 V_{in} 的升高和 P_o 的降低而减小，因此可以推断在高输入电压和轻载条件下且变换器工作于部分 CCM/DCM 或全 DCM 模式时，这些谐波出现最恶劣情况，如图 4.14b 和 c 所示。

根据式（4.29）、式（4.30）、式（4.31）和式（4.32），可以计算谐振频率 f_r 不同时，所有工作条件下 v_{DS} 各次谐波幅值在半个工频周期内 AV 值的最大值，如图 4.15 所示。

由图可见，DCM 时的谐振对基波 AV 值的最大值影响较小，而且基波 AV 值的最大值随着 f_r 的增高而减小，这意味着 f_r 越接近开关频率 f_s，基波 AV 值的最大值越大。当 f_r 远高于 f_s 时，谐振对其他谐波的影响比较明显，而且谐振频率处的谐波幅值在 DCM 时的最大值显著增大。

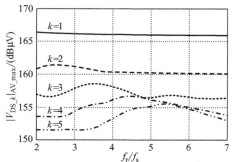

图 4.15　谐振频率对传导 EMI
各次谐波的影响

综上所述，对于平均电流控制的 Boost PFC 变换器，其 v_{DS} 基波的最恶劣情况出现在部分 CCM/DCM 模式，且其 AV 值在 $V_{in}/V_o = 0.45$ 处出现最大值。对于其他次谐波，最恶劣情况出现在部分 CCM/DCM 或全 DCM 模式，且输入电压较高和负载很轻的条件下。

4.4 变换器的 EMI 滤波器设计的关键谐波

在电磁兼容标准如 EN55022 中，在 150kHz ~ 30MHz 频段内定义了传导 EMI 的 QP 和 AV 限值，其中 AV 限值比 QP 限值低 10dB。在第 4.3.2 节已指出，平均电流控制的 Boost PFC 变换器传导 EMI 的 PK 值（作为 QP 值的近似）与 AV 值之间的差值小于 10dB，因此设计 EMI 滤波器时应根据变换器传导 EMI 的 AV 值频谱计算衰减要求。

如 3.1.2 节所述，Boost PFC 变换器的共模和差模电压传输增益的衰减斜率分别为 20dB/dec 和 -40dB/dec，且考虑到 v_{DS} 的各次谐波幅值随频率增高而衰减，根据式（4.32），变换器共模和差模干扰的衰减斜率分别小于 20dB/dec 和 -40dB/dec。标准限值在 [150kHz, 500kHz] 和 [500kHz, 1MHz] 频率范围内的斜率分别为 -20dB/dec 和 0dB/dec。因此，共模干扰的衰减要求在 [150kHz, 500kHz] 和 [500kHz, 1MHz] 频率范围内的斜率分别小于 40dB/dec 和 20dB/dec，差模干扰分别小于 -20dB/dec 和 -40dB/dec。二阶 LC 滤波器的电压插入增益斜率为 40dB/dec，它大于共模和差模干扰衰减要求的斜率，如图 4.16 所示。显然，频率大于 150kHz 的首个谐波为 EMI 滤波器设计的关键谐波。当开关频率 f_s 大于 150kHz 时，基波为关键谐波；且当 $75kHz \leq f_s < 150kHz$ 时，二次谐波为关键谐波，以此类推。

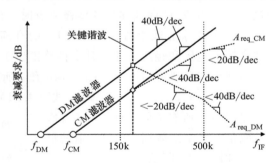

图 4.16　EMI 滤波器设计的关键谐波

然而，如 4.3.3 节所述，当谐振频率 f_r 远高于开关频率 f_s 时，部分 CCM/DCM 和全 DCM 模式下，谐振频率处的谐波大幅增大。考虑到滤波器元件在高频时的非理想特性，在加入 EMI 滤波器后，应该特别注意轻载条件下谐振频率附近的谐波是否满足标准限值的要求。

平均电流控制的 Boost PFC 变换器的 EMI 滤波器设计可以被总结为

1）测试或预测频率大于 150kHz 的首个共模和差模干扰谐波的最大 AV 值。若该谐波为基波，则最大 AV 值出现在部分 CCM/DCM 模式且 $V_{in}/V_o = 0.45$ 处；

若该谐波为其他次谐波，则最大 AV 值出现在高输入电压和轻载条件下。

2）计算关键谐波最恶劣时的共模和差模干扰衰减要求，并确定滤波器元件参数。

3）若谐振频率远高于开关频率，在加入 EMI 滤波器后应注意谐振频率处的谐波是否满足标准限值的要求。

由此，可以保证所设计的 EMI 滤波器使得平均电流控制的 Boost PFC 变换器在任意输入电压和负载条件下的传导 EMI 频谱都能够满足标准的要求。

4.5　实验验证和讨论

4.5.1　原理样机参数

为了验证本文所提出的平均电流控制的 Boost PFC 变换器在不同工作模式时的传导 EMI 特性，以及最恶劣传导 EMI 频谱的输入电压和负载条件，制作了一台 300W 的变换器样机，如图 4.17 所示。

变换器样机的参数如下：

● 输入交流电压有效值 V_{in}：90～264V/50Hz；

● 输出直流电压 V_o：385V；

● 开关频率 f_s：175kHz（为验证传导 EMI 基波特性，设计时使开关频率高于 150kHz）；

● 升压电感 L_b：580μH（根据式（4.9）设计，纹波系数 $\lambda_i = 0.18$）；

● 控制芯片：UC3854（Unitrode）。

图 4.17　300W 平均电流控制
Boost PFC 变换器样机

4.5.2　实验结果

图 4.18 给出了 220V 输入时的整流后输入电压、电感电流和开关管漏源极电压波形。可以看出，在半个工频周期内，变换器在满载条件时工作于全 CCM 模式，20% 负载时工作于部分 CCM/DCM 模式，10% 负载时工作于全 DCM 模式。

图 4.19 给出了 220V 输入、20% 负载时半个工频周期内，不同时刻的电感电流 i_{Lb} 和开关管漏源极电压 v_{DS} 出现的三种电压波形。图 4.19a 给出了变换器工作于 CCM 时的 i_{Lb} 和 v_{DS} 的波形，开关管开通时 i_{Lb} 上升，开关管关断时 i_{Lb} 下降。图 4.19b 给出了电感电流断续，且整流后的输入电压 v_g 大于 $V_o/2$ 时 i_{Lb} 和 v_{DS} 的波形。开关管关断时 i_{Lb} 下降，当 i_{Lb} 下降为 0 时，v_{DS} 出现谐振，且谐振

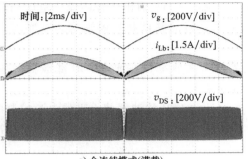

a) 全连续模式(满载)

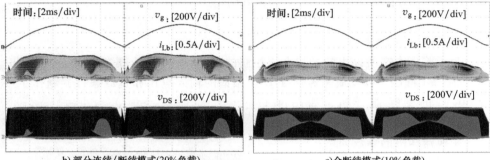

b) 部分连续/断续模式(20%负载)　　　　　　c)全断续模式(10%负载)

图 4.18　220V 输入时三种不同工作模式

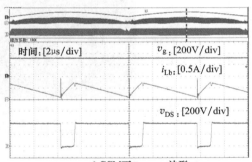

a) CCM下 $v_{\text{DS\_CCM}}$ 波形

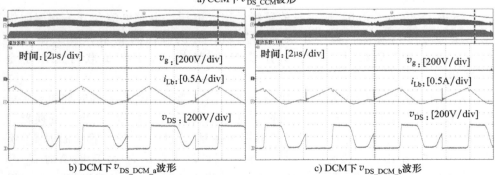

b) DCM下 $v_{\text{DS\_DCM\_a}}$ 波形　　　　　　c) DCM下 $v_{\text{DS\_DCM\_b}}$ 波形

图 4.19　部分连续/断续模式开关管漏源极电压波形

过程中 v_{DS} 大于 0，直至开关管导通；图 4.19c 给出了电感电流断续，且 v_g 小于 $V_o/2$ 时 i_{Lb} 和 v_{DS} 的波形，此时 v_{DS} 电压在一段时间内为 0。

　　表 4.2 和表 4.3 分别给出了变换器样机在不同输入电压和负载条件下，175kHz 处原始共模和差模干扰基波 AV 值的测试结果，其中不同工作模式以虚线和点画线分隔。图 4.20 给出了 175kHz 处原始共模和差模干扰基波 PK 和 AV 值的测试结果。由表 4.2、表 4.3 和图 4.20 可见，工作于全连续模式时变换器的传导 EMI 仅与输入电压有关，与负载无关，与 4.3.2 节中的分析相符。在 175kHz 频率处测得的共模与差模干扰最大值出现在变换器工作于部分连续/断续模式，且输入电压 $V_{in}=170V$ 和 180V（接近 $V_{in}/V_o=0.45$）的条件下，与 4.3.3 节中的分析相符。

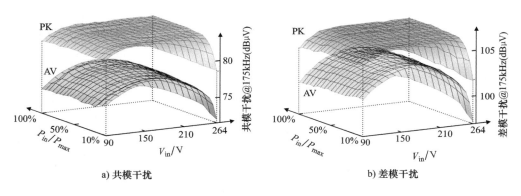

a) 共模干扰　　　　　　　　　　　　　　　b) 差模干扰

图 4.20　传导 EMI 基波 PK 和 AV 值测试结果

　　图 4.21 给出了原始共模和差模干扰二次谐波的 PK 和 AV 值测试结果。变换器工作于全连续模式时的传导 EMI 仅与输入电压有关，与负载无关，且全工作条件下的最恶劣情况出现在高输入电压和轻载条件下，与 4.3.2 节和 4.3.3 节中的分析相符。

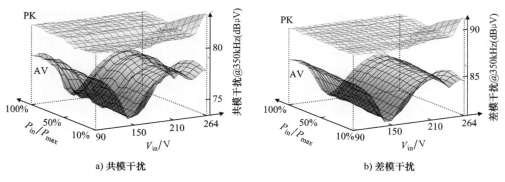

a) 共模干扰　　　　　　　　　　　　　　　b) 差模干扰

图 4.21　传导 EMI 二次谐波 PK 和 AV 值测试结果

表 4.2 共模干扰 AV 值@175kHz (dBμV)

P_o/W \ V_{in}/V	90	100	110	120	130	140	150	160	170	180	190	200	210	220	230	240	250	264
300	74.8	75.5	76.2	76.7	77.1	77.4	77.7	77.8	77.9	77.9	77.8	77.7	77.5	77.3	76.9	76.5	76	75.4
285	74.8	75.6	76	76.7	77.1	77.5	77.7	77.9	77.9	77.9	77.8	77.7	77.5	77.3	76.9	76.5	76	75.4
270	74.9	75.8	76.3	77.1	77.4	77.7	77.9	77.9	78	78	77.9	77.8	77.6	77.3	77	76.6	76.1	75.6
255	74.9	75.7	76.3	76.8	77.2	77.5	77.6	77.9	78	78	77.9	77.8	77.6	77.3	76.9	76.5	76	75.4
240	74.8	75.6	76.2	76.7	77.1	77.5	77.7	77.9	77.9	77.9	77.9	77.7	77.4	77.1	76.6	76.3	75.8	75.2
225	74.9	75.7	76.3	76.9	77.2	77.5	77.7	77.9	78	78	77.9	77.8	77.6	77.3	77	76.6	76.1	75.5
210	74.9	75.7	76.3	76.9	77.3	77.5	77.8	77.9	78	78	77.8	77.7	77.5	77.2	76.9	76.4	75.9	75.3
195	75	75.8	76.4	76.9	77.3	77.6	77.8	77.9	77.9	77.9	77.9	77.8	77.6	77.6	76.8	76.5	76	75.4
180	75.1	75.8	76.4	76.8	77.2	77.6	77.8	77.8	77.8	77.8	77.9	77.8	77.6	77.3	77	76.5	76	75.5
165	75	75.7	76.4	76.7	77.2	77.6	77.8	77.9	77.7	77.7	77.8	77.6	77.6	77.3	77	76.5	76	75.3
150	75	75.7	76.3	76.6	77	77.5	77.7	77.8	77.8	77.8	77.7	77.6	77.4	77.1	76.8	76.4	75.9	75.2
135	74.8	75.6	76.2	76.7	77	77.4	77.6	77.7	77.7	77.7	77.6	77.5	77.4	77.1	76.7	76.3	75.7	75.2
120	74.8	75.5	76.1	76.6	77.1	77.3	77.5	77.7	77.8	77.8	77.6	77.6	77.3	77	76.6	76	75.7	75.1
105	74.9	75.7	76.2	76.6	77	77.4	77.6	77.7	77.7	77.7	77.7	77.4	77.4	77.1	76.7	76.3	75.8	75.1
90	74.9	75.5	76.2	76.6	76.9	77.3	77.5	77.7	77.8	77.8	77.6	77.6	77.3	77	76.7	76.2	75.7	75
75	74.8	75.5	76.2	77	76.9	77.3	77.5	77.7	77.8	77.8	77.7	77.6	77.3	76.9	76.6	76	75.5	74.7
60	75.3	76	76.5	77	77.4	77.7	77.9	78	78.1	78.1	78	77.6	77.3	77	76.5	76	75.3	74.5
45	75.3	76	76.6	77	77.4	77.7	77.9	78	78	77.9	77.6	77.3	76.9	76.4	75.9	75.3	74.5	73.7
30	75.4	76.1	76.6	77.1	77.5	77.7	77.6	77.3	77.1	76.8	76.4	76	75.5	75.1	74.6	74	72.8	71.9

表 4.3　差模干扰 AV 值@175kHz（dBμV）

P_o/W ＼ V_{in}/V	90	100	110	120	130	140	150	160	170	180	190	200	210	220	230	240	250	264
300	100.5	101.3	101.9	102.5	102.9	103.2	103.4	103.6	103.7	103.7	103.6	103.5	103.3	103	102.7	102.3	101.8	101.2
285	100.6	101.4	102	102.5	103	103.3	103.5	103.7	103.8	103.8	103.7	103.6	103.4	103.1	102.8	102.3	101.8	101.2
270	100.6	101.4	102	102.5	102.9	103.2	103.5	103.6	103.6	103.7	103.6	103.5	103.3	103	102.7	102.3	101.8	101.2
255	100.7	101.4	102.1	102.6	103	103.3	103.5	103.7	103.7	103.7	103.7	103.5	103.3	103	102.7	102.2	101.8	101.1
240	100.6	101.4	102	102.5	103	103.3	103.5	103.7	103.7	103.7	103.7	103.5	103.4	103	102.8	102.4	101.8	101.1
225	100.8	101.4	102.1	102.6	103	103.3	103.5	103.7	103.7	103.7	103.7	103.5	103.4	103.2	102.8	102.4	101.9	101.3
210	100.8	101.5	102.1	102.7	103	103.3	103.6	103.7	103.8	103.8	103.7	103.6	103.3	103.1	102.7	102.3	101.8	101.2
195	100.8	101.5	102.2	102.7	103.1	103.3	103.6	103.7	103.8	103.8	103.7	103.6	103.4	103.1	102.7	102.3	101.8	101.2
180	100.8	101.6	102.2	102.7	103.1	103.4	103.6	103.8	103.8	103.8	103.8	103.6	103.3	103.2	102.8	102.3	101.8	101.2
165	100.8	101.6	102.2	102.6	103	103.3	103.6	103.7	103.8	103.8	103.7	103.5	103.3	103.1	102.7	102.3	101.8	101.2
150	100.9	101.6	102.2	102.7	103	103.3	103.6	103.7	103.7	103.7	103.7	103.5	103.3	103.1	102.7	102.3	101.8	101.2
135	100.8	101.6	102.1	102.7	103.1	103.3	103.5	103.6	103.7	103.7	103.6	103.5	103.2	103	102.7	102.2	101.7	101.1
120	100.8	101.6	102.2	102.7	103.1	103.2	103.5	103.7	103.7	103.7	103.7	103.5	103.3	103	102.7	102.2	101.7	101.1
105	100.8	101.6	102.2	102.7	103.1	103.3	103.5	103.7	103.8	103.8	103.7	103.5	103.3	103	102.6	102.2	101.7	101
90	100.9	101.6	102.3	102.8	103.1	103.4	103.6	103.7	103.8	103.8	103.7	103.5	103.3	103	102.7	102.1	101.6	100.9
75	101	101.7	102.3	102.8	103.2	103.4	103.6	103.8	103.9	103.9	103.8	103.5	103.3	102.9	102.5	102	101.4	100.6
60	101.1	101.8	102.4	102.8	103.2	103.5	103.7	103.8	103.8	103.9	103.8	103.5	103.1	102.7	102.2	101.6	101	100.2
45	101.1	101.8	102.3	102.8	103.2	103.4	103.6	103.8	103.5	103.5	103.2	102.9	102.4	102	101.4	100.8	100	99.2
30	101	101.7	102.3	102.7	103.1	103.3	103.1	102.9	102.5	102.2	101.8	101.4	101	100.5	100	99.4	98.2	97.2

表 4.4 和表 4.5 给出了 150kHz~1MHz 频率范围内共模和差模干扰谐波 PK 和 AV 值的最大值，以及出现最大值的输入电压和负载条件。

表 4.4　共模干扰 PK 和 AV 值的最大值

谐波次数 k		1	2	3	4	5
频率/Hz		175	350	525	700	875
PK	Max. (dBμV)	83.3	83.3	83.6	83.3	82.0
	V_{in}/V	160	264	264	264	250
	P_{in}/W	60	30	30	30	60
AV	Max. (dBμV)	78.1	79	78.9	78.4	78.1
	V_{in}/V	170	230	240	240	90
	P_{in}/W	60	30	30	30	75

表 4.5　差模干扰 PK 和 AV 值的最大值

谐波次数 k		1	2	3	4	5
频率/Hz		175	350	525	700	875
PK	Max. (dBμV)	106.4	91.2	81.3	74.9	69.7
	V_{in}/V	170	264	264	220	220
	P_{in}/W	195	30	30	45	45
AV	Max. (dBμV)	103.9	85.9	74.4	66.2	60.8
	V_{in}/V	170	230	240	240	90
	P_{in}/W	60	30	30	30	60

从表 4.4 和表 4.5 可以看出，PK 和 AV 之间的差值小于 10dB。共模和差模干扰基波的最恶劣情况出现在输入电压 $V_{in}=170$V，输出功率 $P_o=60$W 时，此时变换器工作于部分 CCM/DCM 模式，且输入电压条件与 $V_{in}/V_o=0.45$ 接近。此外，175kHz 处的共模和差模干扰最大 AV 值分别为 78.1dBμV 和 103.9dBμV。

EN55022 中 175kHz 处的 AV 限值为 54.7dBμV。在计算 EMI 滤波器的衰减要求时，考虑 6dB 裕量，可以得到共模和差模干扰的衰减要求分别为 29.4dB 和 55.2dB。根据 3.2 节中的 EMI 滤波器设计方法，采用图 3.12 中的典型 EMI 滤波器结构，并确定元件参数，如图 4.22 左侧所示，EMI 滤波器元件的参数取值分别为 $L_{CM}=5.6$mH，$C_y=2200$pF，$L_{lk}=50\mu$H 和 $C_{x1}=C_{x2}=2\mu$F。

图 4.23 给出了在 $V_{in}=170$V，$P_o=60$W 条件下，未加入 EMI 滤波器时的原始共模和差模干扰频谱，以及加入 EMI 滤波器后的共模和差模干扰频谱。加入 EMI 滤波器之后，共模和差模干扰在 175kHz 处的裕量分别为 6.1dB 和 6.3dB。

图 4.24 给出了在典型输入电压 $V_{in}=220$V、满载条件下，加入 EMI 滤波器前后的共模和差模干扰频谱的测试结果。加入 EMI 滤波器之后，它们在 175kHz 处的裕量分别为 7.1dB 和 7dB，大于 $V_{in}=170$V、$P_o=60$W 条件下，加入 EMI 滤波器后共模和差模干扰频谱的裕量。因此，如果依据 $V_{in}=220$V、满载条件下的传

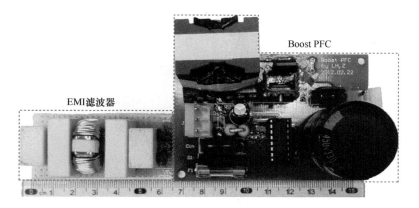

图 4.22 加入 EMI 滤波器的 Boost PFC 变换器

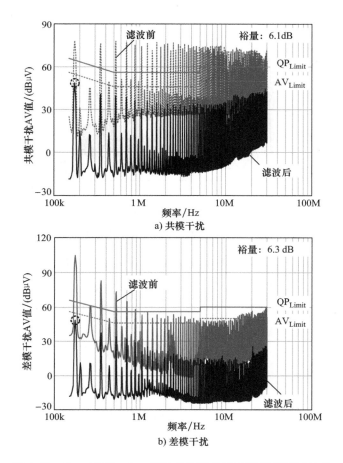

图 4.23 $V_{in} = 170V$，$P_o = 60W$ 条件下传导 EMI 频谱测试结果

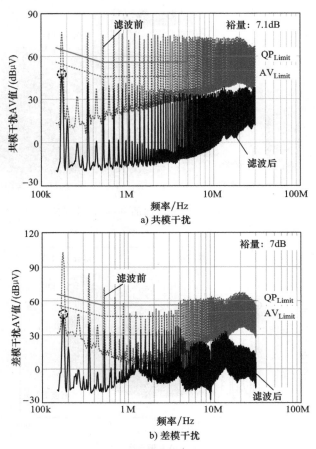

图 4.24　$V_{in} = 220V$，满载条件下传导 EMI 频谱测试结果

导 EMI 频谱设计 EMI 滤波器，则 $V_{in} = 170V$，$P_o = 60W$ 条件下的传导 EMI 频谱将不能满足标准要求。这意味着，$V_{in} = 170V$，$P_o = 60W$ 条件下的共模和差模干扰频谱是平均电流控制 Boost PFC 变换器的最恶劣频谱，与 4.3.3 节中的理论分析相符。

4.6　本章小结

在不同输入电压和负载条件下，平均电流控制的 Boost PFC 变换器可工作于全 CCM 续、部分 CCM/DCM 和全 DCM 三种模式。本章分析了变换器三种工作模式的输入电压和负载条件，分析了不同工作模式下的开关模态和开关管漏源极电压波形。接着，采用短时傅里叶变换法，分析了三种工作模式下变换器开关管漏源极电压在半个工频周期内的谐波幅值特性，结合 EMI 接收机的工作原理，进一步分析了不同工作模式下变换器的传导 EMI 特性。指出变换器工作于全 CCM 时，传导 EMI 各次谐波幅值仅与输入电压有关，而与负载无关；变换器工作于部分 CCM/DCM 和全 DCM 时，升压电感和开关管结电容的谐振影响变换器的传导 EMI 特性，且传导 EMI 谐波的峰值和平均值最大值大于电感电流全连续模式时的情况。然后，分析了平均电流控制的 Boost PFC 变换器传导 EMI 频谱最恶劣时的输入电压和负载条件，推导出传导 EMI 基波的最恶劣情况出现在部分 CCM/DCM 模式且 $V_{in}/V_o = 0.45$，其他次谐波的最恶劣情况出现在高输入电压和轻载条件下。在设计变换器的 EMI 滤波器时，应依据第一次进入 150kHz 频率范围的共模和差模干扰谐波的最大 AV 值计算 EMI 滤波器的衰减要求，并确定共模和差模滤波器的元件参数，这样可以保证变换器的传导 EMI 频谱在所有工作条件下都能通过标准。对于工作在 DCM 模式，采用定占空比控制的 Boost PFC 变换器，本章的分析方法同样适用于预测其传导 EMI 频谱并确定 EMI 滤波器的设计依据，这里不再赘述。

参 考 文 献

[1] TRIPATHI R, DAS S, DUBEY G. Mixed-mode operation of boost switch-mode rectifier for wide range of load variations [J]. IEEE Transactions on Power Electronics, 2002, 17 (6): 999-1009.

[2] SHIN J-W, CHO B-H. Digitally implemented average current-mode control in discontinuous conduction mode PFC rectifier [J]. IEEE Transactions on Power Electronics, 2012, 27 (7): 3363-3373.

[3] CLARK C, MUSAVI F, EBERLE W. Digital DCM detection and mixed conduction mode control for boost PFC converters [J]. IEEE Transactions on Power Electronics, 2014, 29 (1): 347-355.

[4] LOPEZ V, AZCONDO F, CASTRO A, et al. Universal digital controller for boost CCM power factor correction stages based on current rebuilding concept [J]. IEEE Transactions on Power Electronics, 2014, 29 (7): 3818-3829.

[5] SILVA C. UC3854 controlled power factor correction circuit design [Z]. Unitrode Corp., Application Note U-134, 1999.

[6] ALLEN J. Short term spectral analysis, synthesis, and modification by discrete Fourier transform [J]. IEEE Transactions on Acoustics, Speech and Signal Processing, 1977, 25 (3): 235-238.

CRM Boost PFC变换器的传导
EMI频谱预测及EMI滤波器设计

第 4 章讨论了平均电流控制 Boost PFC 变换器的传导 EMI 频谱预测及 EMI 滤波器设计。当采用不同的控制方式时，Boost PFC 变换器的传导 EMI 频谱特性将不相同。对于工作在 CRM 的 Boost PFC 变换器[1-4]，其开关频率在工频周期内是变化的，且与输入电压和负载条件有关，因此其传导 EMI 频谱在不同工作条件下差异很大。本章将介绍 CRM Boost PFC 变换器的工作原理，并采用短时傅里叶变换分析变换器的开关管漏源极电压以及共模和差模干扰电压谐波频谱。然后，结合 EMI 接收机的工作原理，分析变换器的 PK、QP 和 AV 干扰频谱特性，并揭示它们与共模和差模干扰谐波频谱之间的关系。在此基础上，将推导 CRM Boost PFC 变换器的共模和差模干扰频谱的最大边界，并以此给出 EMI 滤波器的设计方法。最后，在实验室搭建了一台 90W 的 CRM Boost PFC 变换器样机，对比了传导 EMI 频谱的测试结果，并根据最恶劣频谱设计了 EMI 滤波器，验证了本章理论分析的正确性。

5.1 CRM Boost PFC 变换器的传导 EMI 频谱

5.1.1 变换器的工作原理

图 5.1 给出了 CRM Boost PFC 变换器的主电路和控制框图。其中 $D_1 \sim D_4$ 为整流二极管，L_b 为升压电感，Q_b 为开关管，D_b 为二极管，C_o 为输出电容，R_{Ld} 为负载，C_{xac} 和 C_{xdc} 分别为整流桥前后的共模与差模解耦电容。与平均电流控制 Boost PFC 变换器类似，该变换器也采用电压电流双闭环控制。检测输出电压 V_o，并与电压基准 V_{o_ref} 进行比较，其误差送入电压调节器 $G_v(s)$。电压调节器的输出信号与整流后的输入电压检测信号相乘，作为电感电流峰值的基准。当电感电流上升至电流峰值基准时，关断 Q_b；当变换器的电感电流下降为零时，过零检测（Zero Crossing Detector，ZCD）电路输出高电平，使开关管 Q_b 导通。

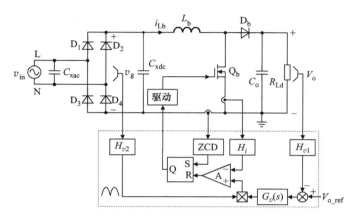

图 5.1 CRM Boost PFC 变换器

图 5.2 给出了半个工频周期内，CRM Boost PFC 变换器的电感电流 i_{Lb} 和开关管漏源极电压 v_{DS} 的波形。由于电感电流临界连续，一个开关周期内电感电流波形为三角波，因此一个开关周期内电感电流的平均值为其峰值的一半。那么，使电感电流的峰值基准在半个工频周期内为正弦形式，即可保证电感电流的平均值为正弦形式，实现功率因数校正。此外，Q_{b} 导通期间，v_{DS} 电压为零；Q_{b} 关断期间，v_{DS} 电压为 V_{o}。下面将推导开关管的占空比 D_{y} 和开关频率 f_{s} 的表达式。

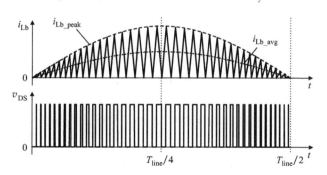

图 5.2 电感电流和开关管漏源极电压波形

整流后的输入电压为

$$v_{\mathrm{g}}(t) = |v_{\mathrm{in}}(t)| = \sqrt{2}\,V_{\mathrm{in}}\,|\sin\omega_{\mathrm{in}}t| \tag{5.1}$$

式中，v_{in} 为输入交流电压；V_{in} 为输入电压有效值；ω_{in} 为输入电压角频率。

开关管的占空比 D_{y} 为

$$D_{\mathrm{y}}(t) = 1 - \frac{v_{\mathrm{g}}(t)}{V_{\mathrm{o}}} = 1 - \frac{\sqrt{2}\,V_{\mathrm{in}}\,|\sin\omega_{\mathrm{in}}t|}{V_{\mathrm{o}}} \tag{5.2}$$

Q_{b} 导通时，加在电感上的电压为 v_{g}，使电感电流 i_{Lb} 线性增大，其峰值为

$$i_{Lb\_peak}(t) = \frac{v_g(t)D_y(t)}{L_b f_s(t)} \tag{5.3}$$

式中，f_s 为变换器的开关频率。

根据图 5.2，i_{Lb} 在一个开关周期内的平均值等于其峰值的一半，即

$$i_{Lb\_avg}(t) = \frac{1}{2}i_{Lb\_peak}(t) = \frac{v_g(t)D_y(t)}{2L_b f_s(t)} \tag{5.4}$$

当 PF 值为 1 时，电感电流的平均值为

$$i_{Lb\_avg}(t) = \sqrt{2}\frac{P_o}{V_{in}}|\sin\omega_{in}t| \tag{5.5}$$

式中，P_o 为输出功率。

将式（5.1）和式（5.2）代入式（5.4），并结合式（5.5），可以得到 CRM Boost PFC 变换器的开关频率 f_s 的表达式为

$$f_s(t) = \frac{1}{2}\frac{V_{in}^2}{P_o L_b}D_y(t) = \frac{1}{2}\frac{V_{in}^2}{P_o L_b}\left(1 - \frac{\sqrt{2}V_{in}|\sin\omega_{in}t|}{V_o}\right) \tag{5.6}$$

根据式（5.6）可知，半个工频周期内最低和最高开关频率分别出现在 $|\sin\omega_{in}t|=1$ 和 0 处，其表达式分别为

$$f_{s\_min} = \frac{1}{2}\frac{V_{in}^2}{P_o L_b}\left(1 - \frac{\sqrt{2}V_{in}}{V_o}\right) \tag{5.7}$$

$$f_{s\_max} = \frac{1}{2}\frac{V_{in}^2}{P_o L_b} \tag{5.8}$$

5.1.2 变换器的传导 EMI 电压源频谱

在 Boost PFC 变换器中，Q_b 的漏源极电压 v_{DS} 可视为变换器传导 EMI 的电压源。由于 D_y 和 f_s 在半个工频周期内是变化的，下面采用短时傅里叶变换对 v_{DS} 进行分析。

将 v_{DS} 在一个开关周期内进行傅里叶变换，则 v_{DS} 以开关频率 $f_s(t)$ 为基波频率的 $k(k=1,2,3,\cdots)$ 次谐波幅值 $V_{DS\_k}(t)$ 为

$$V_{DS\_k}(t) = \left|\frac{2}{T_s}\int_{D_y(t)T_s}^{T_s}V_o e^{-j2k\pi\frac{t_s}{T_s}}dt_s\right| = \frac{2V_o}{k\pi}|\sin[k\pi D_y(t)]| \qquad 0 \leq t \leq \frac{T_{line}}{2} \tag{5.9}$$

根据式（5.9），图 5.3 给出了半个工频周期内谐波幅值 $V_{DS\_k}(t)$ 随时间 t 的曲线图。

根据式（5.6）和式（5.8），有 $D_y(t) = f_s/f_{s\_max}$，将其代入式（5.9），可得谐波幅值在频率 $f=kf_s(t)$ 处的频域表达式为

$$V_{\mathrm{DS}\_k}(f) = \frac{2V_{\mathrm{o}}}{k\pi}\left|\sin\left(k\pi\frac{f_{\mathrm{s}}}{f_{\mathrm{s\_max}}}\right)\right| = \frac{2V_{\mathrm{o}}}{k\pi}\left|\sin\left(\pi\frac{f}{f_{\mathrm{s\_max}}}\right)\right| \qquad f = kf_{\mathrm{s}}(t) \quad (5.10)$$

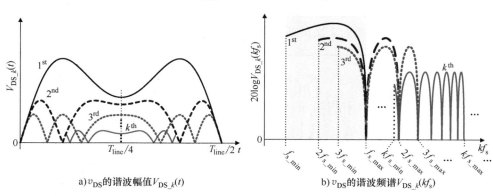

a) v_{DS} 的谐波幅值 $V_{\mathrm{DS}\_k}(t)$　　　　　　b) v_{DS} 的谐波频谱 $V_{\mathrm{DS}\_k}(kf_{\mathrm{s}})$

图 5.3　v_{DS} 的谐波幅值 $V_{\mathrm{DS}\_k}(t)$ 及谐波频谱 $V_{\mathrm{DS}\_k}(f)$

根据式（5.9），可以在半个工频周期 $[0, T_{\mathrm{line}}/2]$ 内作出 v_{DS} 的谐波幅值 $V_{\mathrm{DS}\_k}(t)$，如图 5.3a 所示。可以看出，$V_{\mathrm{DS}\_k}(t)$ 在 $[0, T_{\mathrm{line}}/2]$ 中以 $T_{\mathrm{line}}/4$ 对称。根据式（5.10），可以作出 v_{DS} 的谐波频谱 $V_{\mathrm{DS}\_k}(kf_{\mathrm{s}})$，如图 5.3b 所示。可以看出，$v_{\mathrm{DS}}$ 谐波频谱的特性如下：

1）对于 k 次谐波，$V_{\mathrm{DS}\_k}(kf_{\mathrm{s}})$ 分布在 $[f_{\mathrm{s\_min}}, f_{\mathrm{s\_max}}]$ 范围，且 $V_{\mathrm{DS}\_k}(kf_{\mathrm{s\_max}}) = 0$；

2）在 $[f_{\mathrm{s\_min}}, f_{\mathrm{s\_max}}]$ 范围内，v_{DS} 的基波幅值大于其他谐波的幅值；在 $[(k-1)f_{\mathrm{s\_max}}, kf_{\mathrm{s\_max}}]$（其中 $k \geqslant 2$）范围内，k 次谐波的幅值最大。

5.1.3　变换器的共模和差模干扰频谱

第 3 章已指出，变换器的共模和差模干扰谐波幅值 V_{CM_k} 和 V_{DM_k} 等于 v_{DS} 的谐波频谱 $V_{\mathrm{DS}\_k}(f)$ 分别乘以共模和差模电压的传递增益 $|\mathrm{CMTG}(f)|$ 和 $|\mathrm{DMTG}(f)|$，即

$$\begin{cases} V_{\mathrm{CM}\_k} = |\mathrm{CMTG}(f)| \cdot V_{\mathrm{DS}\_k}(f) = \pi f C_{\mathrm{p}} R_{\mathrm{LN}} \cdot V_{\mathrm{DS}\_k}(f) \\ V_{\mathrm{DM}\_k} = |\mathrm{DMTG}(f)| \cdot V_{\mathrm{DS}\_k}(f) = \dfrac{1}{8\pi^2 f^2 L_{\mathrm{b}} C_{\mathrm{x1}}} \cdot V_{\mathrm{DS}\_k}(f) \end{cases} \quad (5.11)$$

将式（5.10）代入式（5.11），可得到 V_{CM_k} 和 V_{DM_k} 的表达式为

$$\begin{cases} V_{\mathrm{CM}\_k} = 2V_{\mathrm{o}} f_{\mathrm{s}} C_{\mathrm{p}} R_{\mathrm{LN}} \left|\sin\left(k\pi\dfrac{f_{\mathrm{s}}}{f_{\mathrm{s\_max}}}\right)\right| \\ V_{\mathrm{DM}\_k} = \dfrac{V_{\mathrm{o}}}{4k\pi^3 (kf_{\mathrm{s}})^2 L_{\mathrm{b}} C_{\mathrm{x1}}} \left|\sin\left(k\pi\dfrac{f_{\mathrm{s}}}{f_{\mathrm{s\_max}}}\right)\right| \end{cases} \quad (5.12)$$

根据式（5.12），可以在对数坐标中作出 V_{CM_k} 和 V_{DM_k} 的谐波频谱，如图

5.4 所示。与 v_{DS} 谐波频谱的特性类似，当 $kf_s = nf_{s\_max}$（$n = 1$，2，$\cdots$，k）时，V_{CM_k} 和 V_{DM_k} 等于 0；在 $[f_{s\_min}, f_{s\_max}]$ 频率范围内，共模和差模干扰的基波幅值 V_{CM_1} 和 V_{DM_1} 大于其他谐波的幅值，且在 $[(k-1)f_{s\_max}, kf_{s\_max}]$（$k \geqslant 2$）范围内，共模和差模干扰的 k 次谐波幅值 V_{CM_k} 和 V_{DM_k} 最大。

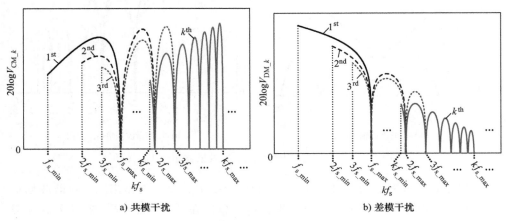

a) 共模干扰　　　　　　　　　　　　b) 差模干扰

图 5.4　共模和差模干扰的谐波频谱

5.1.4　变换器传导 EMI 的 PK、QP 和 AV 值频谱

结合图 2.7，在经过 EMI 接收机的 IF 滤波器后，CRM Boost PFC 变换器的共模和差模干扰各次谐波幅值可以表示为

$$\begin{cases} V'_{CM\_k} = |G_{IF}(kf_s)| \cdot V_{CM\_k} \\ V'_{DM\_k} = |G_{IF}(kf_s)| \cdot V_{DM\_k} \end{cases} \quad (5.13)$$

式中，G_{IF} 为中频滤波器的增益。

共模和差模干扰的包络检测器的输出 V_{CM_env} 和 V_{DM_env} 可以分别表示为

$$\begin{cases} V_{CM\_env} = \max\{V'_{CM\_1}, V'_{CM\_2}, \cdots, V'_{CM\_k}\} \\ V_{DM\_env} = \max\{V'_{DM\_1}, V'_{DM\_2}, \cdots, V'_{DM\_k}\} \end{cases} \quad (5.14)$$

根据式（5.6）、式（5.8）、式（5.12）和式（5.14），可以作出开关频率 f_s 及其谐波频率 kf_s、共模和差模干扰频谱和测试频率为 f_{IF}（$f_{IF} \in [f_{s\_min}, f_{s\_max}]$）时的共模和差模干扰包络信号 V_{CM_env} 和 V_{DM_env}（以对数坐标），如图 5.5 所示，其中 $t_{kfs=IF}$ 定义为 $[0, T_{line}/4]$ 内 $kf_s = f_{IF}$ 的时刻。由图可见，除了在 $t_{kfs=IF}$ 时刻以外，在 $[0, T_{line}/2]$ 内的大多数时间内，共模和差模干扰的包络信号 V_{CM_env} 和 V_{DM_env} 很小。

在 $t_{kfs=IF}$ 时刻，IF 滤波器对共模和差模干扰的 k 次谐波幅值的增益为 1，即 $|G_{IF}[kf_s(t_{kfs=IF})]| = 1$，而 IF 滤波器带宽外的谐波被大幅度衰减。因此，在 $t_{fs=IF}$ 时刻，根据式（5.13）和式（5.14），V_{CM_env} 和 V_{DM_env} 分别等于共模和差

模干扰的基波幅值，即 $V_{CM\_env} = V_{CM\_1}$ 和 $V_{DM\_env} = V_{DM\_1}$。同理，在 $t_{kfs=IF}$ 时刻，$V_{CM\_env} = V_{CM\_k}$ 和 $V_{DM\_env} = V_{DM\_k}$，如图5.5所示。

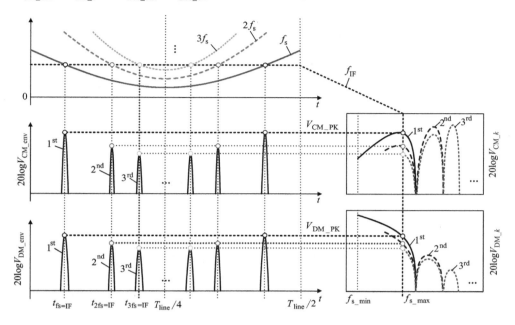

图5.5 共模和差模干扰频谱及包络信号

如5.1.3节中所述，在 $[f_{s\_min}, f_{s\_max}]$ 范围内，共模和差模干扰的基波幅值大于其他谐波幅值。由于PK检波器检测的是包络信号在 $[0, T_{line}/2]$ 内的最大值，因此在 $[f_{s\_min}, f_{s\_max}]$ 范围内，共模和差模干扰的PK值分别等于共模和差模干扰的基波幅值 V_{CM_1} 和 V_{DM_1}；在 $[(k-1)f_{s\_max}, kf_{s\_max}] (k \geq 2)$ 范围内，V_{CM_PK} 和 V_{DM_PK} 分别等于 V_{CM_k} 和 V_{DM_k}。

结合图2.8，当QP检波器的充电和放电进入稳态时，QP检波器的检波电容上的电压被记录为传导EMI的QP值。

图5.6给出了半个工频周期内的开关频率 f_s、包络信号 V_{CM_env}（或 V_{DM_env}）以及PK、QP和AV值的检波结果，其中 T_{BW} 为开关频率在IF滤波器9kHz带宽内的时长。QP检波器的充电时间略小于 T_{BW}，而且随 T_{BW} 的增大而增大。因此，T_{BW} 时间段越长，QP值越接近于PK值。当 f_s 在 $t_{fs=IF}$ 时刻的变化斜率 $|df_s(t)/dt|$ 越小时，T_{BW} 越大。因此，当 $f_{IF} = f_{s\_min}$ 时，T_{BW} 在半个工频周期内最大，此时共模和差模干扰的QP值与PK值最接近，如图5.6b所示。

共模和差模干扰的AV值为 V_{CM_env} 和 V_{DM_env} 在半个工频周期内的平均值，即

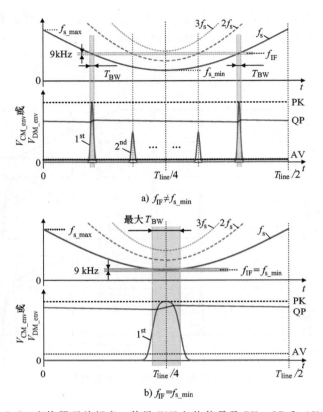

a) $f_{IF} \neq f_{s\_min}$

b) $f_{IF} = f_{s\_min}$

图 5.6 变换器开关频率、传导 EMI 包络信号及 PK、QP 和 AV 值

$$
\begin{cases}
V_{CM\_AV} = \dfrac{2}{T_{line}} \displaystyle\int_0^{\frac{T_{line}}{2}} V_{CM\_env}(t)\,dt \\[3mm]
V_{DM\_AV} = \dfrac{2}{T_{line}} \displaystyle\int_0^{\frac{T_{line}}{2}} V_{DM\_env}(t)\,dt
\end{cases}
\tag{5.15}
$$

图 5.7 给出了 CRM Boost PFC 变换器共模和差模干扰电压谐波幅值以及 PK、QP 和 AV 值频谱，其中，QP 值以参考文献 [5] 中提出的数值预测方法计算，AV 值根据式（5.15）计算。可以看出，PK 值曲线在 $[f_{s\_min}, f_{s\_max}]$ 频段与基波幅值曲线重合，在 $[(k-1)f_{s\_max}, kf_{s\_max}]$（其中 $k \geqslant 2$）频段与 k 次谐波幅值重合。注意到，谐波幅值在频率低于 f_{s_min} 时为 0，但 f_{IF} 低于 f_{s_min} 时 PK、QP 和 AV 值不为 0（即 $-\infty$ dBμV），这是由于 EMI 接收机的 IF 滤波器在通带以外的增益不为 0（即 $-\infty$ dB）。同样的，在 kf_{s_max} 频率附近，PK 值略高于对应的谐波幅值。

参照图 5.6 可知，包络信号中出现的所有谐波都会影响 AV 值，随着 f_{IF} 的

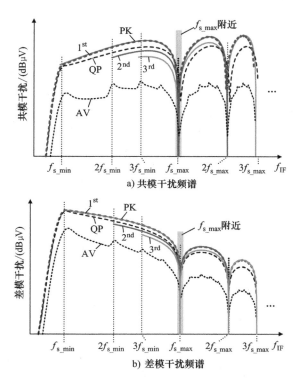

图 5.7　传导 EMI 谐波幅值及 PK、QP 和 AV 频谱

增高，k 次谐波从 $f_{IF} = k f_{s\_min}$ 处开始出现在包络信号中，这使得图 5.7 中 AV 值曲线在 $k f_{s\_min}$ 频率处出现凸起。CRM Boost PFC 变换器的开关频率在半个工频周期内变化，且变化范围远宽于 IF 滤波器的带宽，因此包络信号 V_{CM_env} 和 V_{DM_env} 在 $[0, T_{line}/2]$ 内的大部分时间很低，这使得传导 EMI 的 AV 值远低于 QP 和 PK 值（通常差值大于 10dB）[5]。

　　EN55022 Class B 中 QP 限值比 AV 限值高 10dB，因此变换器传导 EMI 的 QP 值对 EMI 滤波器衰减要求高于 AV 值的衰减要求。下面讨论要求最低共模和差模滤波器转折频率的最恶劣 QP 频谱。

5.2　CRM Boost PFC 变换器的传导 EMI 最恶劣频谱

5.2.1　PK 和 QP 值频谱的最大边界

　　如 5.1.4 节中所述，在 $[f_{s\_min}, f_{s\_max}]$ 的频段内，CRM Boost PFC 变换器共模和差模干扰的 PK 值 V_{CM_PK} 和 V_{DM_PK} 分别等于 V_{CM_1} 和 V_{DM_1}。

　　将 $k = 1$ 和 $f_s = f_{IF}$ 代入式（5.12），可以得到 $[f_{s\_min}, f_{s\_max}]$ 频率段内的 PK

值表达式为

$$\begin{cases} V_{CM\_PK} = 2V_o f_{IF} C_p R_{LN} \left| \sin\left(\pi \dfrac{f_{IF}}{f_{s\_max}} \right) \right| \\ V_{DM\_PK} = \dfrac{V_o}{4\pi^3 f_{IF}^2 L_b C_{x1}} \left| \sin\left(\pi \dfrac{f_{IF}}{f_{s\_max}} \right) \right| \end{cases} \quad f_{IF} \in [f_{s\_min}, f_{s\_max}] \quad (5.16)$$

由于 $|\sin(\pi f_{IF}/f_{s\_max})| \leqslant 1$，那么根据式（5.16），可得

$$\begin{cases} V_{CM\_PK} \leqslant 2V_o f_{IF} C_p R_{LN} \triangleq V_{CM\_mb} \\ V_{DM\_PK} \leqslant \dfrac{V_o}{4\pi^3 f_{IF}^2 L_b C_{x1}} \triangleq V_{DM\_mb} \end{cases} \quad (5.17)$$

式中，V_{CM_mb} 和 V_{DM_mb} 分别定义为共模和差模干扰的最大边界。根据式（5.16），当 $f_{IF} = f_{s\_max}/2$ 时，V_{CM_PK} 和 V_{DM_PK} 分别等于 V_{CM_mb} 和 V_{DM_mb}。

根据式（5.16），可以作出不同输入电压和负载条件下，共模和差模干扰的 PK 值频谱，如图 5.8 所示。

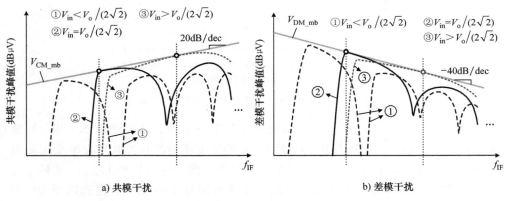

a) 共模干扰   b) 差模干扰

图 5.8 共模和差模干扰峰值频谱及最大边界

结合式（5.7）和式（5.8）可知：

1）当 $V_{in} < V_o/(2\sqrt{2})$ 时，有 $f_{s\_max}/2 < f_{s\_min}$，即 $f_{s\_max}/2$ 不在 $[f_{s\_min}, f_{s\_max}]$ 范围内。因此，根据式（5.16），共模和差模干扰的 PK 值分别小于 V_{CM_mb} 和 V_{DM_mb}；

2）当 $V_{in} = V_o/(2\sqrt{2})$ 时，有 $f_{s\_min} = f_{s\_max}/2$，f_{s_min} 频率处共模和差模干扰的 PK 值分别等于 V_{CM_mb} 和 V_{DM_mb}；

3）当 $V_{in} > V_o/(2\sqrt{2})$ 时，共模和差模干扰的 PK 值在 $f_{IF} = f_{s\_max}/2$ 频率处分别等于 V_{CM_mb} 和 V_{DM_mb}，且 $f_{s\_max}/2$ 随着 V_{in} 的升高和 P_o 的减小而增高。

由此，V_{CM_mb} 和 V_{DM_mb} 分别为共模和差模干扰 PK 值频谱的最大边界，如图

5.8所示。根据式（5.17），随着频率的增高，$V_{\text{CM\_mb}}$ 以 20dB/dec 斜率增大，而 $V_{\text{DM\_mb}}$ 以 -40dB/dec 斜率衰减。根据式（5.8），PK 值等于最大边界的频率可以表示为

$$f_{\text{PK=mb}} = \frac{1}{2} f_{\text{s\_max}} = \frac{1}{4} \frac{V_{\text{in}}^2}{P_o L_b} \qquad V_{\text{in}} \geqslant \frac{V_o}{2\sqrt{2}} \tag{5.18}$$

采用数值算法，通过数值迭代计算检波电容充放电电荷平衡时的电容电压，可以得到不同输入电压和负载条件下共模和差模干扰的 QP 值频谱，如图 5.9 所示。当 $V_{\text{in}} = V_o/(2\sqrt{2})$ 时，有 $f_{\text{s\_min}} = f_{\text{s\_max}}/2$，共模和差模干扰的 PK 值在 $f_{\text{s\_min}}$ 分别等于 $V_{\text{CM\_mb}}$ 和 $V_{\text{DM\_mb}}$。如 5.1.4 节所述，当 $f_{\text{IF}} = f_{\text{s\_min}}$ 时，传导 EMI 的 QP 值与 PK 值最接近，因此 QP 值在 $f_{\text{IF}} = f_{\text{s\_min}} = f_{\text{s\_max}}/2$ 处近似等于 $V_{\text{CM\_mb}}$ 和 $V_{\text{DM\_mb}}$。当 $V_{\text{in}} < V_o/(2\sqrt{2})$ 或 $V_{\text{in}} > V_o/(2\sqrt{2})$ 时，共模和差模干扰的 PK 值在 $f_{\text{s\_min}}$ 小于 $V_{\text{CM\_mb}}$ 和 $V_{\text{DM\_mb}}$，因此 QP 值分别低于 $V_{\text{CM\_mb}}$ 和 $V_{\text{DM\_mb}}$。

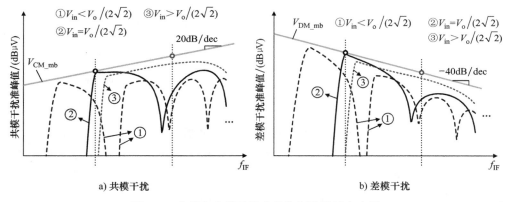

图 5.9　共模和差模干扰准峰值频谱及最大边界

将 $V_{\text{in}} = V_o/(2\sqrt{2})$ 代入式（5.18），可以推导出共模和差模干扰的准峰值近似等于最大边界 $V_{\text{CM\_mb}}$ 和 $V_{\text{DM\_mb}}$ 的频率为

$$f_{\text{QP=mb}} = \frac{1}{4} \frac{V_{\text{in}}^2}{P_o L_b} = \frac{1}{32} \frac{V_o^2}{P_o L_b} \tag{5.19}$$

由式（5.19）可知，$f_{\text{QP=mb}}$ 随着 P_o 的增大而降低，其最低值 $f_{\text{QP=mb\_min}}$ 为

$$f_{\text{QP=mb\_min}} = \frac{1}{32} \frac{V_o^2}{P_{o\_max} L_b} \tag{5.20}$$

CRM Boost PFC 变换器在负载很轻时的 f_s 很高，通常被控制芯片限制。频率高于 $f_{\text{QP=mb}}$ 最大值时，可依次针对二次谐波、三次谐波等谐波分析共模和差模干扰最大边界，方法与基波分析类似。显然，它们的最大边界低于 $V_{\text{CM\_mb}}$ 和

$V_{\text{DM\_mb}}$ 的延长线。根据式（5.16），可以画出 $V_{\text{in}}=V_{\text{o}}/(2\sqrt{2})$，$P_{\text{o}}$ 不同时的准峰值频谱，如图 5.10 所示。

结合以上分析，在低于 $f_{\text{QP}=\text{mb\_min}}$ 的频段，在所有输入电压和负载条件下，CRM Boost PFC 变换器的共模和差模干扰的 QP 值分别低于 $V_{\text{CM\_mb}}$ 和 $V_{\text{DM\_mb}}$，如图 5.10a 和 b 中左侧阴影部分所示。在 $f_{\text{QP}=\text{mb\_min}}$ 以上的频段，当输入电压 $V_{\text{in}}=V_{\text{o}}/(2\sqrt{2})$ 时，QP 值在 $f_{\text{s\_min}}$ 频率处近似等于 $V_{\text{CM\_mb}}$ 和 $V_{\text{DM\_mb}}$。因此，$V_{\text{CM\_mb}}$ 和 $V_{\text{DM\_mb}}$ 同样可以被看作是 CRM Boost PFC 变换器传导 EMI 的准峰值频谱的最大边界。

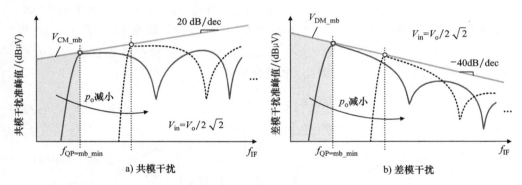

a) 共模干扰   b) 差模干扰

图 5.10　不同负载条件下的准峰值频谱及最大边界

5.2.2　依据 QP 值频谱的最大边界设计 EMI 滤波器

为了保证加入 EMI 滤波器后变换器的共模和差模干扰在所有工作条件下都能够满足标准的要求，应将变换器的准峰值频谱的最大边界减去标准限值，由此得到滤波器的衰减要求，然后确定滤波器元件取值。

图 5.11a 给出了 EN55022 Class B 中的 QP 限值[6]，以及 $f_{\text{QP}=\text{mb\_min}} \leqslant 150\text{kHz}$ 时共模和差模干扰 QP 值的最大边界。将 $V_{\text{CM\_mb}}$ 和 $V_{\text{DM\_mb}}$ 分别减去 QP 限值可以

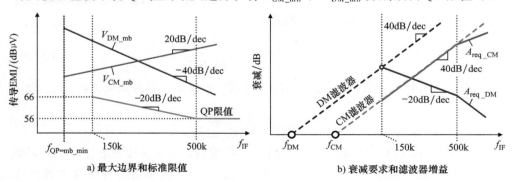

a) 最大边界和标准限值   b) 衰减要求和滤波器增益

图 5.11　$f_{\text{QP}=\text{mb\_min}} \leqslant 150\text{kHz}$ 时共模和差模滤波器设计

得到共模和差模干扰的衰减要求 $A_{\text{req\_CM}}$ 和 $A_{\text{req\_DM}}$，如图 5.11b 所示。标准限值在 ［150kHz，500kHz］ 频段以 -20dB/dec 斜率衰减，而 $V_{\text{CM\_mb}}$ 以 20dB/dec 斜率上升，$V_{\text{DM\_mb}}$ 以 -40dB/dec 斜率衰减。因此，$A_{\text{req\_CM}}$ 以 40dB/dec 斜率上升，而 $A_{\text{req\_DM}}$ 以 -20dB/dec 斜率衰减。

图 5.12 中共模和差模滤波器的衰减斜率为 40dB/dec，共模干扰在 ［150kHz，500kHz］ 频率段内的衰减要求与共模滤波器的电压插入增益重合，即根据其中任意一点计算的滤波器转折频率相同，而差模滤波器的最低转折频率由 150kHz 处的差模衰减要求决定。因此，在这种情况下，共模干扰在 ［150kHz，500kHz］ 频段内的最大 QP 值和差模干扰在 150kHz 处的最大 QP 值分别是最恶劣的共模和差模干扰频谱。因此，结合式 （5.19），可以推导出最恶劣共模和差模干扰频谱的输入电压和负载条件为

$$V_{\text{in\_ws\_CM}} = V_{\text{in\_ws\_DM}} = \frac{V_{\text{o}}}{2\sqrt{2}} \tag{5.21}$$

$$\frac{V_{\text{o}}^2}{32 L_{\text{b}} \times 500\text{kHz}} \leqslant P_{\text{o\_ws\_CM}} \leqslant \frac{V_{\text{o}}^2}{32 L_{\text{b}} \times 150\text{kHz}} \tag{5.22}$$

$$P_{\text{o\_ws\_DM}} = \frac{V_{\text{o}}^2}{32 L_{\text{b}} \times 150\text{kHz}} \tag{5.23}$$

图 5.12 给出了当 $150\text{kHz} \leqslant f_{\text{QP}=\text{mb\_min}} \leqslant 500\text{kHz}$ 时，共模和差模干扰最大边界和 EMI 滤波器的电压插入增益。其中，$V'_{\text{CM\_mb}}$ 和 $V'_{\text{DM\_mb}}$ 分别为频率低于 $f_{\text{QP}=\text{mb\_min}}$ 时共模和差模干扰的实际边界，根据式 （5.16）和式 （5.17），显然它们分别低于 $V_{\text{CM\_mb}}$ 和 $V_{\text{DM\_mb}}$ 的延长线。

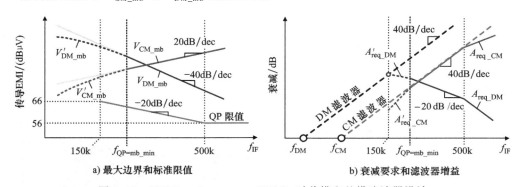

a) 最大边界和标准限值　　　　b) 衰减要求和滤波器增益

图 5.12　$150\text{kHz} \leqslant f_{\text{QP}=\text{mb\_min}} \leqslant 500\text{kHz}$ 时共模和差模滤波器设计

由图 5.12b 可见，此时共模滤波器最低转折频率由 ［$f_{\text{QP}=\text{mb\_min}}$，500kHz］ 频段内的衰减要求 $V_{\text{CM\_mb}}$ 决定，而差模滤波器的最低转折频率由 150kHz 处的衰减要求 $V'_{\text{DM\_mb}}$ 决定。在这种情况下，最恶劣共模干扰频谱出现在 $V_{\text{in\_ws\_CM}} = V_{\text{o}}/(2\sqrt{2})$

处；对差模干扰而言，将 $f_{IF}=f_{s\_min}=150\text{kHz}$、$V_{DM\_QP}=V_{DM\_PK}$、式（5.7）和式（5.8）代入式（5.12），可以得到 150kHz 处差模干扰 QP 值的最大值为

$$V_{DM\_QP\_150kHz}=\frac{2V_o}{\pi}\left|\sin\left[\pi\left(1-\frac{\sqrt{2}V_{in}}{V_o}\right)\right]\right|\cdot\frac{1}{8\pi^2 L_b C_{x1}(150\text{kHz})^2} \quad (5.24)$$

其中，$V_{in}<V_o/(2\sqrt{2})$。由于 V_{in} 越高，$(1-\sqrt{2}V_{in}/V_o)$ 越接近 0.5，因此 $V_{DM\_QP\_150kHz}$ 随着 V_{in} 的升高而增高。

根据式（5.7），在 $V_{in}<V_o/(2\sqrt{2})$ 条件下，当 $f_{s\_min}=150\text{kHz}$ 时，P_o 越大，V_{in} 越高。因此，$150\text{kHz}\leqslant f_{QP=mb\_min}\leqslant 500\text{kHz}$ 时，CRM Boost PFC 变换器的差模干扰在 150kHz 处最大时的工作条件为：输出功率 $P'_{o\_ws\_DM}=P_{o\_max}$，输入电压 $V'_{in\_ws\_DM}$ 满足：

$$\frac{1}{2}\frac{(V'_{in\_ws\_DM})^2}{P_{o\_max}L_b}\left(1-\frac{\sqrt{2}V'_{in\_ws\_DM}}{V_o}\right)=150\text{kHz} \quad (5.25)$$

$f_{QP=mb\_min}>500\text{kHz}$ 时的分析方法与上文类似，此处不再讨论。

设计 CRM Boost PFC 变换器的 EMI 滤波器时，可以直接通过预测或测试的方法获取共模干扰和差模干扰分别在频率 f_{req_CM} 和 f_{req_DM} 处（当 $f_{QP=mb\_min}\leqslant$ 150kHz 时，$f_{req\_CM}=f_{req\_DM}=150\text{kHz}$；当 $150\text{kHz}\leqslant f_{QP=mb\_min}\leqslant 500\text{kHz}$ 时，$f_{req\_CM}=f_{QP=mb\_min}$ 且 $f_{req\_DM}=150\text{kHz}$）的最大准峰值，再减去标准 EN55022 class B 中的准峰值限值，以得到共模和差模滤波器的衰减要求。然后，参照 3.2 节的 EMI 滤波器设计方法，确定 EMI 滤波器元件参数。采用这种方法设计的 EMI 滤波器，可以保证在所有工作条件下，加入 EMI 滤波器之后 CRM Boost PFC 变换器的传导 EMI 都能满足标准要求。

5.3 实验验证和讨论

5.3.1 样机参数

为了验证本章所揭示的 CRM Boost PFC 变换器共模和差模干扰频谱最恶劣时的输入电压和负载条件及其 EMI 滤波器设计方法，在实验室搭建了一台 90W 的 CRM Boost PFC 变换器样机，如图 5.13 所示，变换器样机参数如下：

- 输入交流电压有效值 V_{in}：90~264V/50Hz；
- 输出直流电压 V_o：380V；
- 满载输出功率 P_{o_max}：90W；
- 升压电感 L_b：800μH［结合

图 5.13 CRM Boost PFC 变换器样机

式（5.8），依据最低开关频率高于 20kHz 设计];

● 控制芯片：L6561（ST Microelectronics）。

5.3.2　实验结果

根据式（5.20），可以计算出 QP 干扰频谱最大边界的最低频率为 62.7kHz，它低于 150kHz。那么，根据式（5.21）、式（5.22）和式（5.23）计算的 150kHz 处的共模和差模干扰的最大 QP 值的条件为 134.4V 和 36.1W（根据实际效率为96%计算）。表 5.1 和表 5.2 分别给出了不同输入电压和负载条件下，在 150kHz 处的共模和差模干扰 QP 值测试结果。从这两个表中可以看出，共模和差模干扰的最大准峰值分别为 92.6dBμV 和 109.6dBμV，且它们都出现在条件 $V_{in} = 140V$ 和 $P_o = 30W$ 处。

可以看出，实际测试的最恶劣频谱的工作条件与理论计算值很接近。由于变换器线路中的压降导致占空比的误差，以及控制芯片 L6561 的电感电流过零检测导致的开关管开通信号延迟（开关频率误差），这些因素都会导致实际测试的工作条件与理论计算结果之间存在一定差异。

图 5.14 给出了输入电压有效值 $V_{in} = 140V$ 时，负载条件 $P_o = 15W$、20W 和 30W 条件下，[150kHz，1MHz] 频率段内共模和差模干扰准峰值频谱的测试结果。

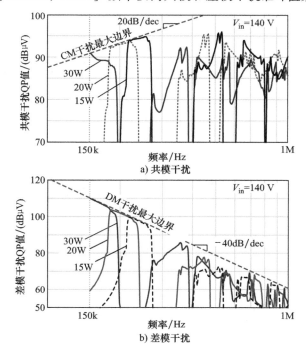

图 5.14　$V_{in} = 140V$、$P_o = 15W$、20W 和 30W 条件下传导 EMI 频谱测试结果

表 5.1 共模干扰 QP 值@150kHz（dBμV）

P_o/W ＼ V_{in}/V	90	110	120	125	130	135	138	140	142	145	150	160	180	200	220	240	265
90	79.7	75.7	80.9	83.3	83.5	85.7	84.6	84.0	83.1	81.4	77.6	66.2	80.5	86.8	89.4	88.4	87.6
80	78.3	77.4	83.9	85.5	85.2	83.0	80.5	79.8	78.3	74.6	67.5	76.3	86.2	89.7	89.2	87.9	87.1
70	81.3	82.8	86.0	84.3	81.4	76.7	71.0	68.7	69.1	70.6	75.7	57.7	87.9	89.9	88.8	87.3	86.5
60	77.5	86.3	82.6	78.3	70.8	65.1	66.9	67.7	68.5	49.7	35.0	87.0	90.3	89.7	88.2	86.4	85.7
50	68.4	83.3	67.2	66.6	36.9	36.9	35.6	35.0	62.1	81.9	87.7	90.5	90.5	89.3	87.5	85.3	84.8
40	86.6	65.9	43.0	36.0	69.9	88.1	89.8	90.0	90.0	91.1	91.4	91.6	90.7	89.0	86.7	84.0	83.9
35	85.7	67.5	34.9	85.4	88.7	90.8	91.1	91.3	91.4	91.4	91.6	91.6	90.7	88.8	86.1	83.1	83.1
32	72.9	39.2	81.9	88.8	90.9	91.4	91.6	91.8	91.8	92.0	92.0	92.0	91.2	89.2	86.1	82.7	82.8
30	70.3	35.2	88.7	91.1	91.8	92.1	92.5	92.6	92.5	92.5	92.4	92.0	83.3	89.9	86.0	82.3	82.4
28	68.3	39.1	90.6	91.5	92.0	92.3	92.4	92.5	92.4	92.2	87.4	39.0	35.9	63.1	86.0	81.6	81.7
20	35.3	92.4	75.2	75.9	53.6	44.0	40.0	38.3	37.5	34.1	32.0	34.4	34.3	38.4	36.6	80.8	78.9
10	77.7	36.1	36.4	37.5	35.8	36.8	33.9	34.4	33.6	30.8	30.6	31.6	34.2	35.2	35.3	38.1	75.8

表 5.2 差模干扰 QP 值@150kHz（dBμV）

P_o/W ＼ V_{in}/V	90	110	120	125	130	135	138	140	142	145	150	160	180	200	220	240	265
90	96.4	92.6	97.4	100.6	101.0	102.7	101.9	101.3	99.6	98.8	95.0	84.7	98.0	104.7	106.9	106.0	105.2
80	94.8	93.8	101.2	102.5	102.4	100.3	98.0	97.1	95.7	91.8	87.2	93.4	103.1	107.2	106.8	105.5	104.8
70	98.5	99.6	102.9	101.3	98.4	93.7	89.4	86.7	86.9	87.2	92.5	74.2	105.3	107.4	106.4	104.9	104.2
60	94.5	103.2	99.6	95.1	87.6	82.5	81.1	80.3	75.4	66.4	56.3	103.8	107.9	107.3	105.9	104.1	103.5
50	89.0	99.9	86.6	84.5	75.0	60.2	57.3	55.4	68.5	99.3	104.9	107.8	108.0	106.9	105.1	103.0	102.7
40	103.3	83.9	64.4	55.4	87.5	105.1	106.6	107.1	107.7	108.3	108.7	108.9	108.2	106.6	104.3	101.7	101.9
35	102.3	75.8	54.6	102.5	106.0	108.0	108.5	108.7	108.8	109.0	109.1	109.0	108.2	106.4	103.8	100.8	101.3
32	91.2	62.1	98.6	106.1	108.1	108.8	109.2	109.3	109.3	109.4	109.5	109.3	108.3	106.8	103.8	100.5	101.0
30	88.7	55.0	105.7	108.1	109.0	109.4	109.5	109.6	109.5	109.5	109.4	108.8	101.0	106.6	106.7	100.0	100.6
28	86.9	56.8	107.6	108.7	109.1	109.4	109.3	109.1	109.0	108.9	104.6	62.1	50.9	81.4	103.5	99.4	99.9
20	57.0	109.1	91.1	83.3	74.7	67.1	63.4	61.5	59.4	57.1	53.6	48.2	41.9	41.7	47.3	98.4	96.5
10	95.4	57.6	49.1	45.7	43.3	40.4	39.2	38.3	38.1	37.9	37.0	37.3	41.5	42.1	41.8	42.4	94.1

可以看出，共模干扰的最大边界以 20dB/dec 斜率上升，差模干扰的最大边界以
-40dB/dec 斜率衰减，与 5.2.1 节中的理论分析相符。

将图 5.14 中的准峰值干扰测试结果减去 EN 55022 中的准峰值限值，计算共
模和差模干扰对 EMI 滤波器的衰减要求，如图 5.15 所示。当共模和差模滤波器
的电压插入增益斜率为 40dB/dec 时，共模干扰频谱要求的最低共模滤波器转折
频率相同，而差模滤波器的最低转折频率取决于 150kHz 处差模干扰的最大值，
与理论分析相符。

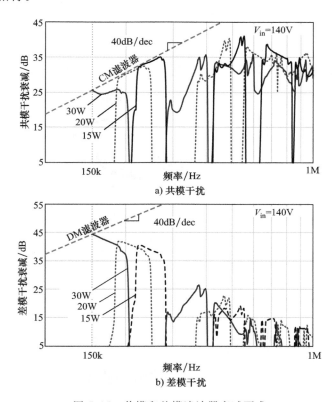

图 5.15　共模和差模滤波器衰减要求

将表 5.1 和表 5.2 中共模和差模干扰的最大 QP 值分别减去 60dBμV
（150kHz 处的标准限值为 66dBμV，考虑 6dB 裕量），得到 150kHz 处的共模和差
模干扰衰减要求分别为 32.6dB 和 49.6dB。采用图 3.12 的滤波器，设计元件的
参数取值为 $L_{CM} = 11mH$，$C_y = 2200pF$，$L_{lk} = 55.7\mu H$ 和 $C_{x1} = C_{x2} = 1.47\mu F$。
图 5.16 给出了加入 EMI 滤波器的 Boost PFC 变换器。

图 5.17 给出了 $V_{in} = 140V$ 和 $P_o = 30W$ 条件下加入 EMI 滤波器前后的共模和
差模干扰频谱。加入 EMI 滤波器后，150kHz 处共模和差模干扰的 QP 值分别为

图 5.16　加入 EMI 滤波器的 Boost PFC 变换器

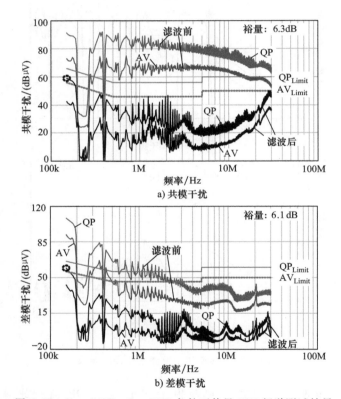

a) 共模干扰

b) 差模干扰

图 5.17　$V_{in}=140V$、$P_o=30W$ 条件下传导 EMI 频谱测试结果

59.7dBμV 和 59.9dBμV，它们的裕量分别为 6.3dB 和 6.1dB。

图 5.18 给出了 $V_{in}=110V$ 和 220V，满载条件下加入 EMI 滤波器之后的共模和差模干扰频谱测试结果，它们的裕量大于图 5.17 中的情况，验证了在 $V_{in}=140V$ 和 $P_o=30W$ 条件下变换器的传导 EMI 频谱比典型输入电压和负载条件下测得的传导 EMI 频谱更恶劣。

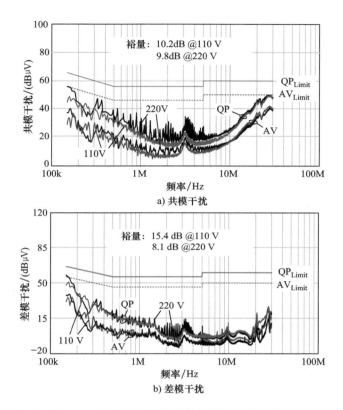

图 5.18　$V_{in} = 110V$ 和 220V，满载条件下传导 EMI 频谱测试结果

5.4　本章小结

  CRM Boost PFC 变换器的开关频率在半个工频周期内变化，其传导 EMI 特性比较复杂。本章采用短时傅里叶变换法，分析了 CRM Boost PFC 变换器的传导 EMI 电压源（开关管漏源极电压）谐波的时频特性。接着，结合共模和差模干扰等效电路，分析了变换器的共模和差模干扰谐波频谱特性。在此基础上，结合 EMI 接收机的测试原理，揭示了 CRM Boost PFC 变换器共模和差模干扰谐波幅值与传导 EMI 峰值频谱之间的关系，指出变换器传导 EMI 的准峰值与峰值在最低开关频率处最接近，而平均值频谱远低于峰值和准峰值频谱。然后，推导了变换器共模和差模干扰频谱最恶劣时的工作条件。在设计 CRM Boost PFC 变换器的 EMI 滤波器时，可以直接依据最恶劣频谱的衰减要求确定滤波器参数，这样可以保证变换器的传导 EMI 频谱在所有工作条件下都能满足标准要求。

参 考 文 献

[1] LAI J-S, CHEN D. Design consideration for power factor correction boost converter operating at the boundary of continuous conduction mode and discontinuous conduction mode [C]. Proc. IEEE Applied Power Electronics Conference and Exposition (APEC), 1993: 267-273.

[2] ZHANG J, SHAO J, XU P, et al. Evaluation of input current in the critical mode boost PFC converter for distributed power systems [C]. Proc. IEEE Applied Power Electronics Conference and Exposition (APEC), 2001: 130-136.

[3] MARVI M, FOTOWAT-AHMADY A. A fully ZVS critical conduction mode boost PFC [J]. IEEE Transactions on Power Electronics, 2012, 27 (4): 1958-1965.

[4] LIU K, LIN Y. Current waveform distortion in power factor correction circuits employing discontinuous-mode boost converters [C]. Proc. IEEE Power Electronics Specialists Conference (PESC), 1989: 825-829.

[5] WANG Z, WANG S, KONG P, et al. DM EMI noise prediction for constant on-time, critical mode power factor correction converters [J]. IEEE Transactions on Power Electronics, 2012, 27 (7): 3150-3157.

[6] EN 55022, Limits and Methods of Measurement of Radio Disturbance Characteristics of Information Technology Equipment [S]. European: European Norm Standard, 2006.

第 6 章

隔离型DC-DC变换器共模传导 干扰的建模

对于隔离型 DC-DC 变换器来说，其共模传导干扰的主要传递路径包括原边电路中电位高频跳变的节点到安全地的寄生电容，以及变压器原副边绕组间的分布电容。为了分析隔离型 DC-DC 变换器的共模传导干扰，需要建立其共模传导干扰模型。由于分布电容模型较为复杂，因此通常将其等效为集总电容。现有文献针对特定的变换器，给出了变压器为具体绕组结构时的集总电容，但不具有一般性。本章将建立一种不依赖变换器拓扑，且能够描述一般绕组结构的变压器集总电容模型。在此基础上，推导基本隔离型 DC-DC 变换器的共模干扰等效电路，并对其进行简化，由此提出等效干扰源的概念。等效干扰源综合了变压器绕组结构和副边整流滤波电路结构对共模传导干扰的影响，是分析隔离型 DC-DC 变换器共模传导干扰的有效方法。利用等效干扰源，指出了某些拓扑的共模干扰可通过合理设计变压器绕组结构而实现对消。最后，通过实验分别验证了变压器集总电容模型和隔离型 DC-DC 变换器的共模传导干扰模型的正确性。

6.1 隔离型变换器共模干扰的传递路径

隔离型变换器由原边电路、高频隔离变压器和副边整流滤波电路组成。图 6.1 给

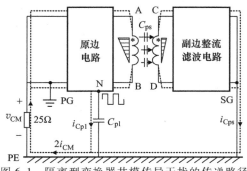

图 6.1 隔离型变换器共模传导干扰的传递路径

出了隔离型变换器共模传导干扰的主要传递路径，一个是原边电路中电位高频跳变的节点到安全地（Protective Earth，PE）的寄生电容 C_{p1}，另一个是变压器原副边绕组间的分布电容 C_{ps}。图中的 25Ω 电阻为 LISN 侧共模干扰的等效测试阻抗。

6.2　一种通用的变压器集总电容模型

从图 6.1 可以看出，隔离型变换器的共模干扰与流过寄生电容 C_{p1} 和变压器分布电容 C_{ps} 的位移电流有关。由于分布电容模型较为复杂，一般将其等效为集总电容。

6.2.1　变压器原副边绕组分布电容的特性

图 6.2 给出了一种典型的紧耦合变压器绕组结构，其中 W_{P1} 和 W_{P2} 为原边绕组，W_{S1} 和 W_{S2} 为副边绕组。由于相邻两层绕组 W_{P1} 与 W_{S1}、W_{S1} 与 W_{S2} 以及 W_{S2} 与 W_{P2} 之间存在分布电容，在变压器绕组电位的激励下，位移电流将流过这些相邻层之间的分布电容[1]。此外，最外层绕组 W_{P1} 到磁心和最里层绕组 W_{P2} 到磁心之间也存在分布电容。由于磁心的阻抗远小于绕组与磁心之间分布电容的阻抗，W_{P1} 和 W_{P2} 到磁心的分布电容等效串联，因此 W_{P1} 与 W_{P2} 之间也存在分布电容，位移电流将流过这两层绕组之间的分布电容[2]。在这些位移电流中，只有原副边绕组之间的位移电流会引起共模干扰。因此，

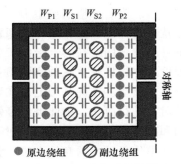

图 6.2　一种典型的紧耦合变压器绕组结构

流过 W_{P1} 与 W_{S1} 以及 W_{P2} 与 W_{S2} 之间的位移电流将引起共模干扰，而流过 W_{S1} 与 W_{S2} 以及 W_{P1} 与 W_{P2} 之间的位移电流不会引起共模干扰。

6.2.2　流过变压器原副边绕组分布电容的位移电流

在计算流过变压器原副边绕组之间分布电容的位移电流时，需要计算流过每对原副边绕组层之间的位移电流，然后将其相加，从而得到总位移电流。不失一般性，对于一般绕组结构的变压器，记存在电场耦合的原副边绕组共有 M 组。图 6.3 给出了存在电场耦合的第 i 组（$1 \leqslant i \leqslant M$）原副边绕组 W_{Pi} 和 W_{Si}

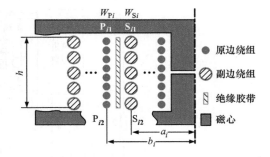

图 6.3　存在电场耦合的第 i 组原副边绕组

的示意图，流过这两层绕组的位移电流与绕组之间的分布电容以及两层绕组的电位分布有关。

在图 6.3 中，由于原副边绕组 W_{Pi} 和 W_{Si} 之间在空间上形成了同轴圆柱形电容，称该电容为 W_{Pi} 和 W_{Si} 的结构电容。W_{Pi} 和 W_{Si} 的结构电容 C_{0i} 与绕组层的尺寸和中间介质有关。在图 6.3 中，h 为绕组高度，b_i 和 a_i 分别为原边绕组和副边绕组到磁心中柱中心的距离。当 $b_i - a_i << h$ 时，结构电容的边缘电场可以忽略不计，那么 C_{0i} 为[3]

$$C_{0i} = \frac{2\pi\varepsilon_0\varepsilon_r h}{\ln(b_i/a_i)} \tag{6.1}$$

式中，ε_0 为真空中的介电常数，ε_r 为原副边绕组之间介质的相对介电常数。

在计算流过分布电容的总位移电流时，需考虑变压器绕组的电位分布。图 6.4a 给出了原边绕组 W_{Pi} 的示意图，其中 P_{i1} 为起点，P_{i2} 为终点，E 是绕组上的任意一点。忽略变压器漏磁通和线圈交流电阻，则绕组电位按照绕组的长度线性变化，如图 6.4b 所示。其中，v_{Pi1} 和 v_{Pi2} 分别为 P_{i1} 点和 P_{i2} 点相对于 PE 的电位，l_{WPi} 为 W_{Pi} 的绕组长度，l_E 为 E 点到 P_{i2} 点的绕组长度。根据图 6.4b，E 点电位的表达式为

$$v_E = \frac{v_{Pi1} - v_{Pi2}}{l_{WPi}} l_E + v_{Pi2} \tag{6.2}$$

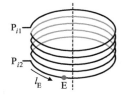
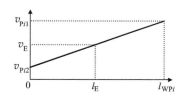

a) 原边绕组的空间结构　　　　b) 原边绕组上每点的电位

图 6.4　变压器绕组的空间结构及绕组上每点的电位

对于副边绕组 W_{Si}，记 S_{i1} 为起点，S_{i2} 为终点，F 是绕组上的任意一点。V_{Si1} 和 v_{Si2} 分别为 S_{i1} 点和 S_{i2} 点相对于安全地 PE 的电位，l_{WSi} 为 W_{Si} 的绕组长度，l_F 为 F 点到 S_{i2} 点的绕组长度。同理，F 点电位的表达式为

$$v_F = \frac{v_{Si1} - v_{Si2}}{l_{WSi}} l_F + v_{Si2} \tag{6.3}$$

采用叠加法来计算流过分布电容的总位移电流[4]。首先，将 W_{Si} 两端点的电位置零，计算 W_{Pi} 的电位分布对位移电流的贡献。然后，将 W_{Pi} 两端点的电位置零，计算 W_{Si} 的电位分布对位移电流的贡献。最后，将两者相加。假定绕组间的分布电容按绕组长度均匀分布，那么单位长度的原边绕组到副边绕组的分布电

容和副边绕组到原边绕组的分布电容分别为 $C_{0i}/l_{\mathrm{WP}i}$ 和 $C_{0i}/l_{\mathrm{WS}i}$。流过 $W_{\mathrm{P}i}$ 和 $W_{\mathrm{S}i}$ 的总位移电流为

$$i_{\mathrm{dis}\_i} = i_{\mathrm{pri}\_i} + i_{\mathrm{sec}\_i} = \int_0^{l_{\mathrm{WP}i}} \frac{C_{0i}}{l_{\mathrm{WP}i}} \frac{\mathrm{d}}{\mathrm{d}t}(v_{\mathrm{E}} - 0)\,\mathrm{d}l_{\mathrm{E}} + \int_0^{l_{\mathrm{WS}i}} \frac{C_{0i}}{l_{\mathrm{WS}i}} \frac{\mathrm{d}}{\mathrm{d}t}(0 - v_{\mathrm{F}})\,\mathrm{d}l_F$$

$$(6.4)$$

将式（6.2）和式（6.3）代入式（6.4），化简后可得

$$i_{\mathrm{dis}\_i} = C_{0i} \frac{\mathrm{d}}{\mathrm{d}t}\left(\frac{v_{\mathrm{P}i1}+v_{\mathrm{P}i2}}{2} - \frac{v_{\mathrm{S}i1}+v_{\mathrm{S}i2}}{2}\right) = C_{0i} \frac{\mathrm{d}}{\mathrm{d}t}(\bar{v}_{\mathrm{WP}i} - \bar{v}_{\mathrm{WS}i}) \qquad (6.5)$$

其中，$\bar{v}_{\mathrm{WP}i} = (v_{\mathrm{P}i1} + v_{\mathrm{P}i2})/2$，$\bar{v}_{\mathrm{WS}i} = (v_{\mathrm{S}i1} + v_{\mathrm{S}i2})/2$，分别为 $W_{\mathrm{P}i}$ 和 $W_{\mathrm{S}i}$ 的电位平均值。

根据式（6.5），流过 M 组相邻原副边绕组层的总位移电流 i_{dis} 的表达式为

$$i_{\mathrm{dis}} = \sum_{i=1}^{M} i_{\mathrm{dis}\_i} = \sum_{i=1}^{M} C_{0i} \frac{\mathrm{d}}{\mathrm{d}t}(\bar{v}_{\mathrm{WP}i} - \bar{v}_{\mathrm{WS}i}) \qquad (6.6)$$

记原边绕组的起点和终点为 A 和 B，$W_{\mathrm{P}i}$ 层绕组的两个端点 P_{i1} 和 P_{i2} 到原边绕组终点 B 的绕组匝数分别为 $N_{\mathrm{P}i1}$ 和 $N_{\mathrm{P}i2}$。同理，记副边绕组的起点和终点为 C 和 D，$W_{\mathrm{S}i}$ 层绕组的两个端点 S_{i1} 和 S_{i2} 到副边绕组终点 D 的绕组匝数分别为 $N_{\mathrm{S}i1}$ 和 $N_{\mathrm{S}i2}$。根据绕组电位随绕组长度呈线性变化的规律，各端点的电位表达式为

$$\begin{cases} v_{\mathrm{P}i1} = \dfrac{v_{\mathrm{A}} - v_{\mathrm{B}}}{N_{\mathrm{P}}} N_{\mathrm{P}i1} + v_{\mathrm{B}}, \quad v_{\mathrm{P}i2} = \dfrac{v_{\mathrm{A}} - v_{\mathrm{B}}}{N_{\mathrm{P}}} N_{\mathrm{P}i2} + v_{\mathrm{B}} \\[3mm] v_{\mathrm{S}i1} = \dfrac{v_{\mathrm{C}} - v_{\mathrm{D}}}{N_{\mathrm{S}}} N_{\mathrm{S}i1} + v_{\mathrm{D}}, \quad v_{\mathrm{S}i2} = \dfrac{v_{\mathrm{C}} - v_{\mathrm{D}}}{N_{\mathrm{S}}} N_{\mathrm{S}i2} + v_{\mathrm{D}} \end{cases} \qquad (6.7)$$

其中，N_{P} 和 N_{S} 分别为原副边绕组的总匝数，v_{B} 和 v_{D} 分别为绕组端点 B 和 D 的电位。

根据式（6.7），第 i 组原副边绕组层的电位平均值可整理为

$$\begin{cases} \bar{v}_{\mathrm{WP}i} = (v_{\mathrm{P}i\_1} + v_{\mathrm{P}i\_2})/2 = \lambda_{\mathrm{P}i} v_{\mathrm{A}} + (1 - \lambda_{\mathrm{P}i}) v_{\mathrm{B}} \\[2mm] \bar{v}_{\mathrm{WS}i} = (v_{\mathrm{S}i\_1} + v_{\mathrm{S}i\_2})/2 = \lambda_{\mathrm{S}i} v_{\mathrm{C}} + (1 - \lambda_{\mathrm{S}i}) v_{\mathrm{D}} \end{cases} \qquad (6.8)$$

其中，$\lambda_{\mathrm{P}i}$ 和 $\lambda_{\mathrm{S}i}$ 的表达式为

$$\begin{cases} \lambda_{\mathrm{P}i} = \dfrac{N_{\mathrm{P}i1} + N_{\mathrm{P}i2}}{2N_{\mathrm{P}}} \\[4mm] \lambda_{\mathrm{S}i} = \dfrac{N_{\mathrm{S}i1} + N_{\mathrm{S}i2}}{2N_{\mathrm{S}}} \end{cases} \qquad (6.9)$$

显然，$0 < \lambda_{\mathrm{P}i} < 1$，$0 < \lambda_{\mathrm{S}i} < 1$。

将式（6.8）代入式（6.6），总位移电流 i_{dis} 的表达式为

$$i_{\text{dis}} = C_0 \frac{\mathrm{d}}{\mathrm{d}t} \left[\lambda_P v_A + (1-\lambda_P) v_B \right] - C_0 \frac{\mathrm{d}}{\mathrm{d}t} \left[\lambda_S v_C + (1-\lambda_S) v_D \right] \tag{6.10}$$

式中，C_0、λ_P 和 λ_S 的表达式为

$$\begin{cases} C_0 = \displaystyle\sum_{i=1}^{M} C_{0i} \\[2mm] \lambda_P = \dfrac{1}{C_0} \displaystyle\sum_{i=1}^{M} \lambda_{Pi} C_{0i} \\[2mm] \lambda_S = \dfrac{1}{C_0} \displaystyle\sum_{i=1}^{M} \lambda_{Si} C_{0i} \end{cases} \tag{6.11}$$

在式（6.11）中，C_0 为变压器结构电容，等于存在电场耦合的原副边绕组间的结构电容之和；λ_P 和 λ_S 为变压器绕组结构参数，与变压器绕组结构有关。根据式（6.9）和式（6.11）可知，λ_P 和 λ_S 的取值范围在（0，1）。

6.2.3　变压器的通用集总电容模型

由于分布电容模型较为复杂，通常将其等效为集总电容，如图 6.5 所示。在变压器绕组的每两个端子之间存在 1 个集总电容，因此集总电容共包含 6 个。其中，C_{AB} 和 C_{CD} 对变压器原边流到副边的位移电流没有贡献，因此不予考虑。本节将推导集总电容（C_{AC}、C_{AD}、C_{BC} 和 C_{BD}）与式（6.11）中所推导参数之间的对应关系。

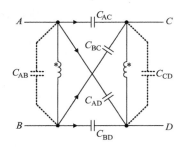

图 6.5　变压器的
等效集总电容

根据图 6.5，流过集总电容 C_{AC}、C_{AD}、C_{BC} 和 C_{BD} 的总位移电流 i_{dis} 为

$$i_{\text{dis}} = C_{AC} \frac{\mathrm{d}}{\mathrm{d}t}(v_A - v_C) + C_{AD} \frac{\mathrm{d}}{\mathrm{d}t}(v_A - v_D) + C_{BC} \frac{\mathrm{d}}{\mathrm{d}t}(v_B - v_C) + C_{BD} \frac{\mathrm{d}}{\mathrm{d}t}(v_B - v_D)$$

$$= (C_{AC} + C_{AD}) \frac{\mathrm{d}v_A}{\mathrm{d}t} + (C_{BC} + C_{BD}) \frac{\mathrm{d}v_B}{\mathrm{d}t} - (C_{AC} + C_{BC}) \frac{\mathrm{d}v_C}{\mathrm{d}t} - (C_{AD} + C_{BD}) \frac{\mathrm{d}v_D}{\mathrm{d}t} \tag{6.12}$$

式中，v_A、v_B、v_C 和 v_D 分别为变压器四个端子相对 PE 的电位。

根据式（6.10）和式（6.12），按照等效前后总位移电流守恒的原则，即流过分布电容的总位移电流等于流过集总电容的总位移电流，可得

$$\underbrace{\begin{pmatrix} 1 & 1 & 0 & 0 \\ 0 & 0 & 1 & 1 \\ 1 & 0 & 1 & 0 \\ 0 & 1 & 0 & 1 \end{pmatrix}}_{\boldsymbol{A}_N} \begin{pmatrix} C_{AC} \\ C_{AD} \\ C_{BC} \\ C_{BD} \end{pmatrix} = \underbrace{\begin{pmatrix} \lambda_P C_0 \\ (1-\lambda_P) C_0 \\ \lambda_S C_0 \\ (1-\lambda_S) C_0 \end{pmatrix}}_{\boldsymbol{D}(C_0)} \tag{6.13}$$

式中，A_N 为系数矩阵，$D(C_0)$ 为常数项，该线性方程组包含 4 个未知量。

根据式（6.13），该线性方程组的系数矩阵与增广矩阵的秩均为 3，小于未知量的个数，因此该方程组有无穷多解，其解的一般形式为

$$\begin{pmatrix} C_{AC} \\ C_{AD} \\ C_{BC} \\ C_{BD} \end{pmatrix} = \begin{pmatrix} C \\ \lambda_P C_0 - C \\ \lambda_S C_0 - C \\ (1 - \lambda_P - \lambda_S) C_0 + C \end{pmatrix} \quad (6.14)$$

其中，C 是一个自由变量。

6.3　基本隔离型 DC-DC 变换器的共模传导干扰模型

根据第 6.2 节的变压器集总电容模型，本节将推导反激、正激、推挽、半桥和全桥等基本隔离型 DC-DC 变换器的共模传导干扰模型。

6.3.1　反激变换器的共模传导干扰模型

图 6.6 给出了反激变换器的两种电路拓扑，其不同之处是输出整流二极管 D_o 的位置，一个位于高端，另一个位于低端（当副边采用同步整流时，此结构易于驱动同步整流管）。图中，C_{pB} 为开关管 Q 的漏极到安全地 PE 之间的寄生电容，L_m 为变压器励磁电感，i_p 为原边电流，i_s 为副边电流，i_{Lm} 为励磁电流。原边电流 $i_p = -n i_s + i_{Lm}$，其中 n 为变压器副边对原边的匝比。

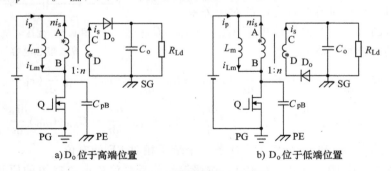

a) D_o 位于高端位置　　　　b) D_o 位于低端位置

图 6.6　反激变换器电路拓扑

下面应用替代定理，推导反激变换器的共模干扰等效电路。在替代过程中，应避免电路中出现纯电压源回路和纯电流源割集。此外，变压器原副边绕组间的分布电容将替代为集总电容。

首先，将开关管 Q 替代为与其漏源极电压波形一致的交流电压源 v_Q（开关管漏源极电压的直流分量不会引起共模干扰）。然后，根据变压器的特性，将变压器绕组替换为一对受控的电压/电流源。为避免电路中出现纯电压源回路，将

整流二极管 D_o 替代为与其电流波形一致的交流电流源 i_{Do}。由于输出电压近似为直流，其 dv/dt 很小，因此输出电容并联负载的支路视为短路。最后，将变压器原副边绕组间的分布电容用集总电容代替，并考虑 LISN 侧共模干扰的 25Ω 等效阻抗，由此得到反激变换器的共模干扰等效电路，如图 6.7 所示。

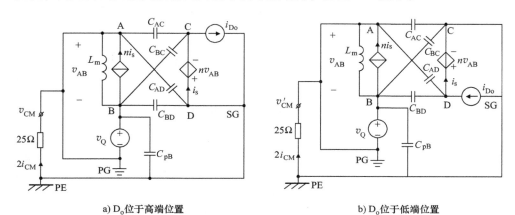

a) D_o 位于高端位置　　　　　　　　　　b) D_o 位于低端位置

图 6.7　反激变换器的共模干扰等效电路

下面对图 6.7a 中的共模干扰等效电路进行简化。首先应用叠加定理，仅单独考虑电流源的作用，将图 6.7a 中的电压源短路。由于此时 $v_{AB}=0$，电流源 i_{Do} 被短路，因此它对共模干扰没有影响。再单独考虑电压源的作用，将电流源开路，可以得到电压源单独作用时的子电路，如图 6.8a 所示。

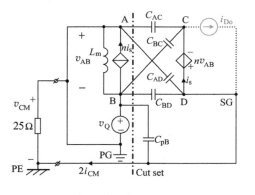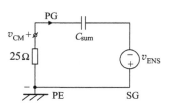

a) 电压源单独作用时的子电路　　　　　　b) 简化的等效电路

图 6.8　反激变换器共模干扰等效电路的简化

下面将图 6.8a 中的电路进行戴维南等效，得到如图 6.8b 所示的简化电路。其中，C_{sum} 为源阻抗，v_{ENS} 为等效干扰源（Equivalent Noise Source，ENS）。

首先计算源阻抗 C_{sum}，将干扰电压源 v_Q 短路，那么源阻抗为变压器集总电容 C_{AC}、C_{AD}、C_{BC} 和 C_{BD} 以及寄生电容 C_{pB} 的并联。根据式（6.14），可得变压器的集总电容之和为 C_0，因此源阻抗 $C_{sum} = C_0 + C_{pB}$。

然后计算等效干扰源 v_{ENS}，当 25Ω 电阻的右端网络开路时，从安全地 PE 返回的电流 $2i_{CM}$ 为零。在图 6.8a 中，从变压器集总电容到安全地 PE 之间做一个割集，由全电流连续性，有

$$C_{AC}\frac{d}{dt}(v_A - v_C) + C_{AD}\frac{d}{dt}(v_A - v_D) + C_{BC}\frac{d}{dt}(v_B - v_C) + (C_{BD} + C_{pB})\frac{d}{dt}(v_B - v_D) = 0$$

(6.15)

式中，v_A、v_B、v_C 和 v_D 为变压器绕组各端点的电位。

根据图 6.8b，端点 B 和 D 的电位表达式分别为

$$\begin{cases} v_B = v_Q + v_A \\ v_C = v_D - nv_{AB} = v_D + nv_Q \end{cases}$$

(6.16)

将式（6.16）代入式（6.15），得到 v_{ENS} 的表达式为

$$v_{ENS} = v_D - v_A = \frac{(C_{BC} + C_{BD} + C_{pB}) - n(C_{AC} + C_{BC})}{C_{AC} + C_{AD} + C_{BC} + C_{BD} + C_{pB}}v_Q$$

(6.17)

将式（6.14）代入式（6.17），可得 v_{ENS} 的具体表达式为

$$v_{ENS} = \frac{(1 - \lambda_P - n\lambda_S)C_0 + C_{pB}}{C_0 + C_{pB}}v_Q$$

(6.18)

在小功率场合，开关管 Q 上的散热器会连到原边功率地 PG，使得流过寄生电容 C_{pB} 的电流通过原边功率地返回，不会引起共模干扰，此时变压器的分布电容占主导作用。那么，反激变换器的共模干扰的源阻抗近似为 C_0，等效干扰源可以简化为

$$v_{ENS} \approx (1 - \lambda_P - n\lambda_S)v_Q$$

(6.19)

如果变压器的绕组结构参数满足 $1 - \lambda_P - n\lambda_S = 0$，则由式（6.19）可得 $v_{ENS} = 0$，变换器的共模传导干扰为零，变换器具有共模干扰自然对消特性。本章第 6.4 节将进一步讨论具有共模干扰自然对消特性的基本隔离型 DC-DC 变换器。

6.3.2 其他基本隔离型 DC-DC 变换器的共模传导干扰模型

1. 正激变换器

图 6.9 给出了输出整流二极管 D_{R1} 和滤波电感 L_f 分别位于高端和低端位置的正激变换器的电路拓扑，其中，C_{pB} 为开关管 Q 的漏极到安全地 PE 之间的寄生电容，i_p 为原边电流，i_s 为副边电流。忽略变压器励磁电流，那么原边电流 $i_p = ni_s$，其中 n 为变压器副边对原边的匝比。

下面推导正激变换器的共模干扰等效电路。首先，将开关管 Q 替代为与其漏源极电压波形一致的交流电压源 v_Q，变压器的原副边绕组等效为一对受控的

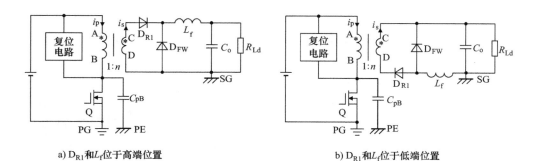

a) D_{R1} 和 L_f 位于高端位置　　　　　　　　　　b) D_{R1} 和 L_f 位于低端位置

图 6.9　正激变换器电路拓扑

电压/电流源。然后，为避免电路中出现纯电压源回路，将复位电路等效为与其电流波形相同的交流电流源，将整流二极管 D_{R1} 等效为与其电流波形相同的交流电流源，将滤波电感、输出电容及负载等效为与其电流波形相同的交流电流源；为避免出现纯电流源割集，将续流二极管 D_{FW} 等效为与其电压波形相同的交流电压源。最后，将变压器原副绕组间的分布电容用集总电容代替，得到如图 6.10 所示的共模干扰等效电路。

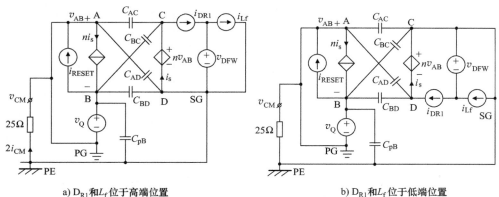

a) D_{R1} 和 L_f 位于高端位置　　　　　　　　　　b) D_{R1} 和 L_f 位于低端位置

图 6.10　正激变换器的共模干扰等效电路

2. 推挽变换器

图 6.11 给出了副边整流滤波电路结构不同的推挽变换器，其中 C_{pA} 和 C_{pB} 分别为开关管 Q_1 和 Q_2 的漏极到 PE 之间的寄生电容，i_{p1} 和 i_{p2} 分别为原边电流，i_{s1} 和 i_{s2} 分别为副边电流。忽略变压器励磁电流，那么 $i_{p1} = ni_{s1}$，$i_{p2} = ni_{s2}$，其中 n 为变压器匝比。

下面推导推挽变换器的共模干扰等效电路。首先，将开关管 Q_1 和 Q_2 分别用波形与其漏源极电压波形相同的交流电压源替代，将变压器的原副边绕组等效

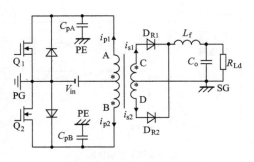
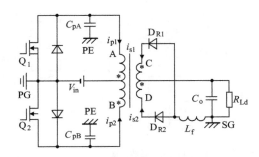

a) 中心抽头与输出电压负极相连　　　　　　b) 中心抽头与输出电压正极相连

图 6.11　推挽变换器的电路拓扑

为一对受控的电压/电流源。接着，为避免出现纯电压源回路，将整流二极管 D_{R1} 和 D_{R2} 替代为与其电流波形相同的交流电流源；为避免出现纯电流源割集，将滤波电感、输出电容和负载等效为与其电压波形相同的交流电压源。最后，将变压器原副边绕组间的分布电容用集总电容代替。由此，得到推挽变换器的共模干扰等效电路，如图 6.12 所示。

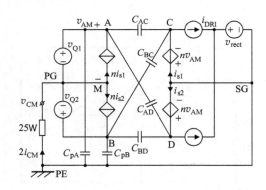
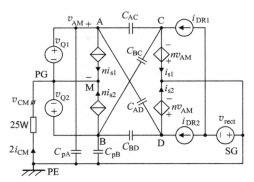

a) 中心抽头与输出电压负极相连　　　　　　b) 中心抽头与输出电压正极相连

图 6.12　推挽变换器的共模干扰等效电路

3. 半桥变换器

图 6.13 给出了副边整流滤波电路结构不同的半桥变换器的电路拓扑，其中 C_{pB} 为开关管 Q_2 的漏极到安全地 PE 之间的寄生电容。i_p 为原边电流，i_{s1} 和 i_{s2} 分别为副边电流。忽略变压器励磁电流，那么 $i_p = n(i_{s1} - i_{s2})$。

下面推导半桥变换器的共模干扰等效电路。首先，将开关管 Q_2 用波形与其漏源极电压波形相同的交流电压源替代，将变压器的原副边绕组等效为一对受控的电压/电流源。接着，为避免出现纯电压源回路，将开关管 Q_1 替代为与其电流波形相同的交流电流源，将整流二极管 D_{R1} 和 D_{R2} 替代为与其电流波形相同的

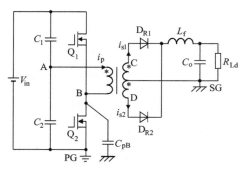 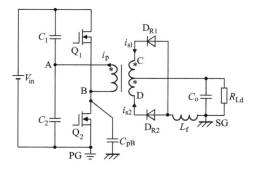

a) 中心抽头与输出电压负极相连　　　　　b) 中心抽头与输出电压正极相连

图 6.13　半桥变换器的电路拓扑

交流电流源；为避免出现纯电流源割集，将滤波电感、输出电容和负载等效为与其电压波形相同的交流电压源。由于分压电容 C_1 和 C_2 的电压变化率很小，在传导干扰频段可以认为 C_1 和 C_2 是短路的。最后，将变压器原副边绕组间的分布电容用集总电容代替，得到半桥变换器的共模干扰等效电路，如图 6.14 所示。

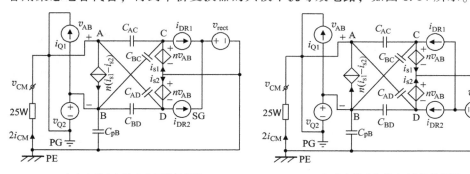

a) 中心抽头与输出电压负极相连　　　　　b) 中心抽头与输出电压正极相连

图 6.14　半桥变换器的共模干扰等效电路

4. 全桥变换器

图 6.15 给出了副边整流滤波电路结构不同的全桥变换器的电路拓扑，其中 C_{pA} 和 C_{pB} 分别为开关管 Q_3 和 Q_4 的漏极到安全地 PE 之间的寄生电容，i_p 为原边电流，i_{s1} 和 i_{s2} 分别为副边电流。忽略变压器励磁电流，那么 $i_p = n(i_{s1} - i_{s2})$。

下面推导全桥变换器的共模干扰等效电路。首先，将开关管 Q_3 和 Q_4 用波形与其漏源极电压波形相同的交流电压源替代，将谐振电感 L_r 用与其电压波形相同的电压源替代，将变压器的原副边绕组等效为一对受控的电压/电流源。接着，为避免电路中出现纯电压源回路，将开关管 Q_1 和 Q_2 替代为与其电流波形相同的交流电流源，将整流二极管 D_{R1} 和 D_{R2} 替代为与其电流波形相同的交流电流源；为避免副边电路出现纯电流源割集，将滤波电感、输出电容和负载等效为

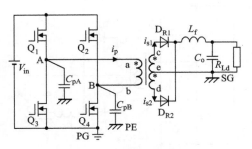
a) 中心抽头与输出电压负极相连

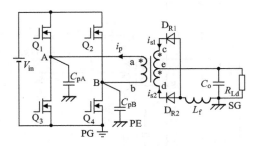
b) 中心抽头与输出电压正极相连

图 6.15　全桥变换器的电路拓扑

与其电压波形相同的交流电压源。再将变压器原副边绕组间的分布电容用集总电容代替。最终，得到全桥变换器的共模干扰等效电路，如图 6.16 所示。

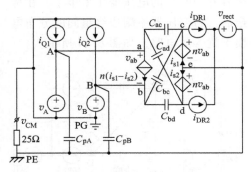
a) 中心抽头与输出电压负极相连

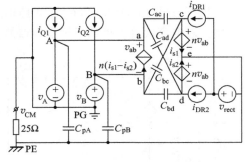
b) 中心抽头与输出电压正极相连

图 6.16　全桥变换器的共模干扰等效电路

5. 共模传导干扰模型的简化

　　类似地，将正激、推挽、半桥和全桥变换器的共模干扰电路进行简化，可以得到与图 6.8b 形式相同的简化等效电路，其源阻抗和等效干扰源的表达式在表 6.1 中给出。可以看出，对于反激和正激变换器来说，副边整流滤波电路的电路结构不同，其等效干扰源也不同；而对于推挽、半桥和全桥变换器来说，不同副边整流滤波电路结构下的等效干扰源的表达式是一致的，下面给出详细分析。

表 6.1　基本隔离型 DC-DC 变换器的共模干扰源阻抗及等效干扰源

拓扑	副边整流滤波电路	源阻抗	等效干扰源
反激	D_o 在高端（图 6.6a）	$C_0 + C_{pB}$	$v_{ENS\_FLY1} = \dfrac{(1 - \lambda_P - n\lambda_S) C_0 + C_{pB}}{C_0 + C_{pB}} v_Q$
	D_o 在低端（图 6.6b）		$v_{ENS\_FLY2} = \dfrac{[1 - \lambda_P + n(1 - \lambda_S)] C_0 + C_{pB}}{C_0 + C_{pB}} v_Q$

（续）

拓扑	副边整流滤波电路	源阻抗	等效干扰源
正激	D_{R1} 和 L_f 在高端（图 6.9a）	$C_0 + C_{pB}$	$v_{ENS\_FWD1} = \dfrac{(1 - \lambda_P + n\lambda_S)C_0 + C_{pB}}{C_0 + C_{pB}} v_Q$
	D_{R1} 和 L_f 在低端（图 6.9b）		$v_{ENS\_FWD2} = \dfrac{[1 - \lambda_P - n(1 - \lambda_S)]C_0 + C_{pB}}{C_0 + C_{pB}} v_Q$
推挽	结构 I（图 6.11a）	$C_0 + C_{pA} + C_{pB}$	$v_{ENS\_PP} = \dfrac{[2\lambda_P - 1 + n(2\lambda_S - 1)]C_0 + C_{pA} - C_{pB}}{C_0 + C_{pA} + C_{pB}} v_{Q1}$
	结构 II（图 6.11b）		
半桥	结构 I（图 6.13a）	$C_0 + C_{pB}$	$v_{ENS\_HB} = \dfrac{[1 - \lambda_P + n(2\lambda_S - 1)]C_0 + C_{pB}}{C_0 + C_{pB}} v_{Q2}$
	结构 II（图 6.13b）		
全桥	结构 I（图 6.15a）	$C_0 + C_{pA} + C_{pB}$	$v_{ENS\_FB} = \dfrac{[\lambda_P + n(1 - 2\lambda_S)]C_0 + C_{pA}}{C_0 + C_{pA} + C_{pB}} v_{Q3}$
	结构 II（图 6.15b）		$+ \dfrac{\{1 - [\lambda_P + n(1 - 2\lambda_S)]\}C_0 + C_{pB}}{C_0 + C_{pA} + C_{pB}} v_{Q4}$

　　以安全地 PE 为零电位参考点，对于反激变换器，其副边绕组的输出电压在不同的电路结构下都等于 v_{CD}。参照图 6.6a，当整流二极管 D_o 位于高端位置时，副边绕组 D 点的电位为 0，C 点的电位等于 v_{CD}。而对于图 6.6b，当 D_o 位于低端位置时，C 点的交流电位为 0，D 点的电位为 $-v_{CD}$。由于变压器副边绕组的电位发生变化，导致流过其分布电容的位移电流发生改变，因此反激变换器在两种电路结构下的等效干扰源不同。正激变换器可以做类似的分析。

　　对于推挽变换器，比较图 6.11a 和 b，在两种副边整流滤波电路的结构下，副边绕组中心抽头点的交流电位都为 0。由于副边绕组 CD 的输出电压在这两种电路结构下不变，因此副边绕组的电位保持不变，从而流过变压器分布电容的位移电流不变，即等效干扰源不变。半桥和全桥变换器的情形与之类似。可以看出，当改变副边整流滤波电路的结构时，若变压器副边绕组的电位不变（改变），则等效干扰源也不变（改变），隔离型变换器的共模传导干扰也不变（改变）。

6.4　具有共模干扰自然对消特性的基本隔离型 DC-DC 变换器

　　对于隔离型 DC-DC 变换器，若通过合理设计其变压器绕组结构可使其共模传导干扰为零，则称这样的隔离型 DC-DC 变换器具有共模干扰自然对消特性。本节将根据表 6.1 给出的等效干扰源表达式，分析并选出具有共模干扰自然对消特性的基本隔离型 DC-DC 变换器。

对于反激变换器，当整流二极管位于高端位置时，等效干扰源表达式中电压源前面的系数为 $[(1-\lambda_P-n\lambda_S)C_0+C_{pB}]/(C_0+C_{pB})$。由于 λ_P 和 λ_S 的取值范围在 $(0,1)$ 之间，因此该系数的取值范围在 $(-nC_0+C_{pB})/(C_0+C_{pB})$ 和 1 之间。类似地，对于整流二极管位于低端位置的反激变换器、正激和半桥变换器的等效干扰源表达式中电压源前面系数的取值范围在表 6.2 中给出。对于推挽变换器，其开关管 Q_1 和 Q_2 一般连接在同一个散热器上，且开关管到散热器之间通常采用相同厚度的同种绝缘材料，因此 C_{pA} 和 C_{pB} 大致相等，其等效干扰源表达式中电压源前面系数的取值范围在表 6.2 中给出。对于全桥变换器，C_{pA} 和 C_{pB} 也大致相等。当采用脉冲宽度调制（Pulse Width Modulation，PWM）控制时，其对角管同开同关，因此有 $v_{Q3}=-v_{Q4}$，表 6.2 相应给出了等效干扰源表达式中电压源前面系数的取值范围。

根据表 6.2，对于整流二极管位于低端位置的反激变换器，其等效干扰源表达式中电压源前面的系数总是大于零，因此该电路结构的共模传导干扰无法通过调整变压器绕组结构来减小到零，即不具有共模干扰自然对消特性。类似地，整流二极管和滤波电感都位于高端位置的正激变换器也不具有共模干扰自然对消特性。

对于整流二极管位于高端位置的反激变换器，其等效干扰源表达式中电压源前面的系数在 $(-nC_0+C_{pB})/(C_0+C_{pB})$ 和 1 之间。由于变压器结构电容 C_0 一般远大于 C_{pB}，因此 $(-nC_0+C_{pB})/(C_0+C_{pB})$ 一般为负数。由于该系数是关于 λ_P 和 λ_S 的连续函数，因此一定存在合适的 λ_P 和 λ_S，使得该系数为零，即等效干扰源为零。基于上述分析，整流二极管位于高端位置的反激变换器具有共模干扰自然对消特性。类似地，整流二极管和滤波电感位于低端位置的正激变换器、推挽、半桥和采用 PWM 控制的全桥变换器都具有共模干扰自然对消特性。

为了实现全桥变换器开关管的软开关，通常引入谐振电感 L_r 并采用移相控制。然而，此时 v_{Q3} 和 v_{Q4} 不再互补，变换器的共模传导干扰无法通过合理设计变压器绕组结构来完全抑制，即不具有共模干扰自然对消特性。此外，谐振电感电压也会影响移相控制全桥变换器的共模传导干扰。第 8 章将深入分析移相控制全桥变换器的共模干扰，并给出其共模干扰的抑制方法。

表 6.2 等效干扰源中电压源前面系数的取值范围

拓扑	电路结构	等效干扰源中电压源前面系数的范围	共模干扰自然对消特性
反激	D_o 在高端（图 6.7a）	$\left(\dfrac{-nC_0+C_{pB}}{C_0+C_{pB}},1\right)$	是
	D_o 在低端（图 6.7b）	$\left(\dfrac{C_{pB}}{C_0+C_{pB}},1+\dfrac{nC_0}{C_0+C_{pB}}\right)$	否

（续）

拓扑	电路结构	等效干扰源中电压源前面系数的范围	共模干扰自然对消特性
正激	D_{R1} 与 L_f 都在高端（图6.9a）	$\left(\dfrac{C_{pB}}{C_0+C_{pB}}, 1+\dfrac{nC_0}{C_0+C_{pB}} \right)$	否
	D_{R1} 与 L_f 都在低端（图6.9b）	$\left(\dfrac{-nC_0+C_{pB}}{C_0+C_{pB}}, 1 \right)$	是
推挽	图6.11	$\left(-\dfrac{(1+n)\,C_0}{C_0+C_{pA}+C_{pB}}, \dfrac{(1+n)\,C_0}{C_0+C_{pA}+C_{pB}} \right)$	是
半桥	图6.13	$\left(\dfrac{-nC_0+C_{pB}}{C_0+C_{pB}}, 1+\dfrac{nC_0}{C_0+C_{pB}} \right)$	是
全桥	图6.15	$\left(-\dfrac{2nC_0}{C_0+C_{pA}+C_{pB}}, \dfrac{(1+2n)\,C_0}{C_0+C_{pA}+C_{pB}} \right)$	是

6.5　实验验证和讨论

本节将分别对变压器集总电容模型和隔离型 DC-DC 变换器的共模传导干扰模型进行实验验证。

6.5.1　变压器集总电容模型的实验验证

图 6.17a 和 b 给出了参考文献［5］提出的变压器集总电容模型的测试原理图。变压器原边绕组与网络分析仪的激励侧相连，变压器副边绕组端点 C 悬空，原副边绕组端点 B 和 D 之间接入阻值为 10kΩ 的电阻 R。电阻 R 将位移电流转化为电压 v_{DB}，送入网络分析仪的接收侧。其中，网络分析仪激励侧的等效电路为扫频信号源 v_{ac} 与 50Ω 电阻的串联，接收侧所用探头的等效输入阻抗为 10MΩ 电阻与 8pF 电容的并联。

参照图 6.17b，根据全电流连续定律，流过变压器分布电容的位移电流 i_{dis} 等于流进接收侧（包含电阻 R）的电流。因此，该测试方法的原理是将电流转化成电压，从而间接测量流过变压器分布电容的位移电流。图 6.17a 给出了实际测试图，采用 Agilent E5061B 网络分析仪，在传导 EMI 标准规定的 150kHz ~ 30MHz 频率范围内测得 v_{AB} 到 v_{DB} 的幅频和相频特性曲线。

图 6.17c 给出了待测变压器的绕组结构，原边绕组为 29 匝，采用线径为 0.3mm 的单股漆包线。副边绕组为 11 匝，采用线径为 0.8mm 的单股漆包线。变压器采用 RM 10 磁心。变压器结构电容 C_0 由 LCR 表测得，在测试过程中，将变压器原边绕组和副边绕组的两端点分别短接，测得两短接点在 100kHz 测试频率下的电容为 38.23pF。由于该变压器原副边均为单层绕组，则绕组结构参数 $\lambda_p =$

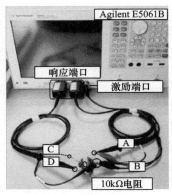

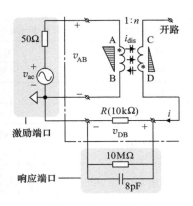

a) 测试原理图　　　　　　　　　　b) 测试示意图

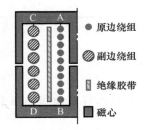

c) 待测变压器绕组结构

图 6.17　待测变压器结构及测试时的连接

$\lambda_S = 0.5$，将其代入式（6.14），可得相应的集总电容的解为

$$C_{AC} = C_{BD} = C, \quad C_{AD} = C_{BC} = \frac{C_0}{2} - C \tag{6.20}$$

　　将该变压器按照图 6.17b 的方式进行连接。记原边绕组电压为 v_{AB}，如果忽略变压器漏感，则副边绕组 CD 的电压为 nv_{AB}。参照式（6.20），代入集总电容的任意一个解（为了方便计算 v_{AB} 到 v_{DB} 的传递函数，取 $C_{AD} = C_{BC} = 0$，则 $C_{AC} = C_{BD} = C_0/2$），得到对应的计算模型，如图 6.18 所示。前面已提到，接收端所用探头的等效输入阻抗为 10MΩ 电阻与 8pF 电容的并联。由于 10MΩ 的电阻远大于 10kΩ 的测试端电阻，因此它对测试结果的影响可以忽略；而 8pF 的电容 C_{probe} 与待测变压器的结构电容处于同一数量级，所以将该电容考虑到计算模型中。

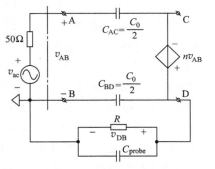

图 6.18　基于集总电容的
传递函数计算模型

根据图6.18，求出变压器的 v_{AB} 到 v_{DB} 的传递函数 $G_{TR}(s)$ 为

$$G_{TR}(s) = \frac{v_{DB}(s)}{v_{AB}(s)} = \frac{1+n}{2} \cdot \frac{sRC_0}{sR(C_0 + C_{probe}) + 1} \qquad (6.21)$$

图6.19给出了变压器 $G_{TR}(s)$ 的幅频和相频特性曲线的理论计算结果和实测结果。可以看出，测试结果与理论计算结果在从 150kHz～30MHz 的频率范围内基本吻合，验证了变压器集总电容模型的正确性。

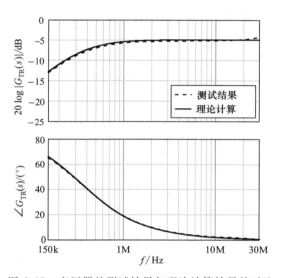

图 6.19　变压器的测试结果与理论计算结果的对比

6.5.2　共模传导干扰模型的实验验证

为了验证本章推导的共模干扰模型的正确性，在实验室搭建了一台反激变换器的原理样机，如图6.20a所示。图6.20b给出了反激变换器的电路拓扑。变换器的主要性能指标为：输入电压 $v_{ac} = 90 \sim 264V$，输出电压 $V_o = 19.5V$，满载功率 $P_o = 40W$。变换器采用 UC3843 控制，开关频率为 66.5kHz。

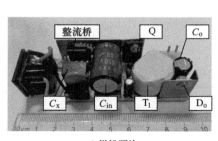

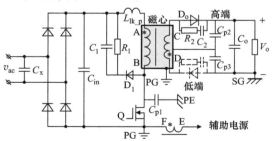

a) 样机照片　　　　　　　　　　b) 反激变换器的主电路图

图 6.20　样机照片与反激变换器的主电路图

表 6.3 列出了样机中所用的元件。整流桥前端接有 $0.22\mu F$ 的 X 电容，它用于滤除一定的输入高频脉动电流，并消除混合干扰[6]。此外，变压器磁心用铜箔包裹，铜箔接到原边功率地 PG。在图 6.20b 中，寄生电容 C_{p1}（开关管漏极到安全地）、C_{p2}（磁心上的铜箔与二极管 D_o 的散热器，其中二极管的阴极与散热器直接相连）和 C_{p3}（磁心上的铜箔到副边输出地）的大小分别用 LCR 测量表在 100kHz 频率下测量得到，测量结果在表 6.3 中给出。

表 6.3　变换器中关键元件参数及寄生电容的测量值

主电路		吸收电路		寄生电容	
C_x	$0.22\mu F$	R_1	$94k\Omega$	C_{p1}	$11.00pF$
C_{in}	$68\mu F$	C_1	$2200pF$	C_{p2}	$5.5pF$
C_o	$680\mu F$	D_1	S1PM-E3/84A	C_{p3}	$14.67pF$
Q	AOTF10N60（10A/600V）	R_2	47Ω		
D_o	STPS20120CT（20A/120V）	C_2	$220pF$		

图 6.21 给出了反激变换器的变压器绕组结构图。变压器采用 RM 8 磁心，绕组均采用单股漆包线。表 6.4 给出了变压器各绕组匝数和导线线径，其中原边绕组的总匝数 $N_P = 54$，副边绕组的总匝数 $N_S = 10$。表 6.5 给出了变压器电气参数的实测结果，其中 L_{mp} 为原边励磁电感，L_{lk_p} 为原边漏感。由于 W_{P1} 和 W_{P2} 层绕组紧密绕制，因此存在电场耦合的原副边绕组为 W_{P1} 和 W_S、W_{P2} 和 W_S，它们之间的结构电容分别记为 C_{01} 和 C_{02}。当绕好 W_{P1} 和 W_S 时，由 LCR 表测得原副边绕组之间的结构电容为

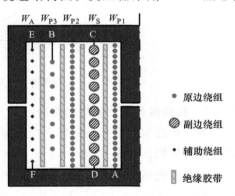

图 6.21　变压器的绕组结构

C_{01}。在此基础上，在绕好 W_{P2} 之后，由 LCR 表测得原副边绕组之间的结构电容为 $C_{01}+C_{02}$，由此可推算 C_{02}。

表 6.4　变压器的各绕组匝数和导线线径

匝数		线径
原边绕组 AB	$N_{P1} = 23(W_{P1})$	0.3mm
	$N_{P2} = 23(W_{P2})$	
	$N_{P3} = 8(W_{P3})$	

（续）

匝数		线径
副边绕组 CD	$N_S = 10(W_S)$	0.5mm
辅助绕组 EF	$N_A = 11(W_A)$	0.2mm

表 6.5　变压器的电气参数

原边励磁电感 L_{mp}	715μH	结构电容 C_{01}	25.50pF
原边漏感 L_{lk_p}	6.17μH	结构电容 C_{02}	25.70pF

参照式（6.9）和式（6.11），可以计算出该变压器绕组的结构电容 C_0 和绕组结构参数 λ_P 和 λ_S 分别为

$$\begin{cases} C_0 = C_{01} + C_{02} = 51.2\text{pF} \\ \lambda_P = \dfrac{1}{C_0}\left(\dfrac{2N_P - N_{P1}}{2N_P}C_{01} + \dfrac{2N_P - 3N_{P1}}{2N_P}C_{02}\right) = 0.573 \\ \lambda_S = \dfrac{1}{C_0}\left(\dfrac{N_S + 0}{2N_S}C_{01} + \dfrac{0 + N_S}{2N_S}C_{02}\right) = 0.5 \end{cases} \tag{6.22}$$

在电磁屏蔽室内对反激变换器的传导 EMI 进行了测试，测试中使用的 LISN 为 R&S ENV216，共模噪声分离器为 Mini-Circuit ZSC-2-2，EMI 接收机为 Schaffner SCR3502。测试时，变换器的输入电压为 220V，输出为满载，其副边地 SG 和散热器都接至安全地 PE。

为了验证共模干扰模型的正确性，下面将反激变换器共模干扰的仿真结果和实测结果进行对比。仿真电路中的主电路为图 6.20b。其中，变压器漏感和集总电容的分布如图 6.22 所示，其中所代入的变压器集总电容的解为（C_{AC}，C_{AD}，C_{BC}，C_{BD}）＝（0，$\lambda_P C_0$，$\lambda_S C_0$，$(1-\lambda_P-\lambda_S) C_0$）。图 6.23 给出了共模干扰的仿真包络（用直线连接每相邻的干扰峰值点）与实验结果（峰值干扰）的对比，可以看出：共模干扰的仿真包络与实验结果在 2MHz 以内符合较好；

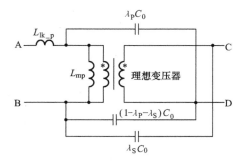

图 6.22　用于仿真的变压器寄生元件的分布

在高于 2MHz 的频段，两者差异逐步明显，这是由于在高频段，电路中其他的寄生参数对共模传导干扰的影响越来越突出。

下面采用等效干扰源计算反激变换器在整流二极管位置不同时的共模干扰的差异。参照第 6.3 节的推导过程，考虑变压器集总电容和电路中的寄生电容

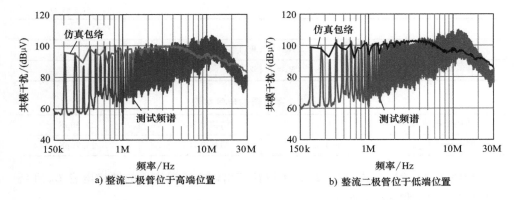

a) 整流二极管位于高端位置　　　　　　b) 整流二极管位于低端位置

图 6.23　共模干扰的仿真包络与测试频谱的对比（峰值）

C_{p1}、C_{p2} 和 C_{p3}，整流二极管分别位于高端和低端位置时，反激变换器的等效干扰源表达式 v_{ENS_FLY1} 和 v_{ENS_FLY2} 分别为

$$v_{ENS\_FLY1} = \frac{(1-\lambda_P - n\lambda_S)C_0 + C_{p1}}{C_0 + C_{p1} + C_{p2} + C_{p3}} v_Q \quad (6.23)$$

$$v_{ENS\_FLY2} = \frac{[1-\lambda_P + n(1-\lambda_S)]C_0 + C_{p1} + nC_{p2}}{C_0 + C_{p1} + C_{p2} + C_{p3}} v_Q \quad (6.24)$$

根据图 6.8b 给出的共模干扰模型，共模干扰 v_{CM} 与源阻抗和等效干扰源有关，由于两种电路结构的源阻抗均为 $(C_0 + C_{p1} + C_{p2} + C_{p3})$，因此 v_{CM} 的频谱与式（6.23）和式（6.24）中 v_Q 前面的系数成正比。根据式（6.23）和式（6.24），可以算出共模干扰频谱的理论差值 Δ_{FLY} 为

$$\Delta_{FLY} = 20\lg\left|\frac{v_{ENS\_FLY1}}{v_{ENS\_FLY2}}\right| = 20\lg\left|\frac{(1-\lambda_P - n\lambda_S)C_0 + C_{p1}}{[1-\lambda_P + n(1-\lambda_S)]C_0 + C_{p1} + nC_{p2}}\right| \quad (6.25)$$

将相应参数 λ_P、λ_S、C_0、C_{p1}、C_{p2} 和 n 代入式（6.25），可得 $\Delta_{FLY} = -2.75\text{dB}$，这表明整流二极管位于高端位置时的共模干扰要比整流二极管位于低端位置时的共模干扰低 2.75dB。

图 6.24a 给出了整流二极管位置不同时的共模干扰测试结果对比。可以看出，整流二极管位置不同时，反激变换器的共模传导干扰频谱具有相同的变化规律。并且，整流二极管位于高端位置时的共模传导干扰整体上低于整流二极管位于低端位置时的共模传导干扰约 2~3dB。

将整流管位于高端位置对应的共模传导干扰频谱向上平移 2.75dB，可以发现与整流管位于低端位置对应的测试曲线在 150kHz~1MHz 频率内完全重合，如图 6.24b 所示，这说明了整流二极管在不同位置的共模传导干扰频谱的差异与理论计算结果吻合，验证了等效干扰源在低频段的正确性。

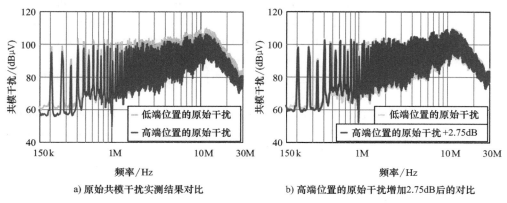

a) 原始共模干扰实测结果对比　　　　　　　b) 高端位置的原始干扰增加2.75dB后的对比

图6.24　不同二极管位置的共模干扰实测结果对比（峰值）（见彩插）

6.6　本章小结

本章提出了变压器的通用集总电容模型，该集总电容模型适用于一般绕组结构的变压器，且不依赖于变换器拓扑。在此基础上，建立了基本隔离型变换器共模传导干扰的模型，并将共模干扰等效电路简化为戴维南电路的形式，提出了等效干扰源的概念。等效干扰源是共模干扰简化电路中的电压源，它综合了变压器绕组结构和副边整流滤波电路的结构对共模传导干扰的影响，是分析隔离型变换器共模传导干扰的有效方法。采用等效干扰源，分析了基本隔离型变换器采用不同副边整流滤波电路结构时的共模传导干扰，并揭示了基本隔离型变换器拓扑中，整流二极管位于高端位置的反激变换器、整流二极管和输出滤波电感都位于低端位置的正激变换器，以及推挽、半桥和采用PWM控制的全桥变换器具有共模干扰自然对消的特性，而移相控制全桥变换器不具有共模干扰自然对消特性。最后，分别对变压器集总电容模型和隔离型DC-DC变换器共模传导干扰模型进行了实验验证，实验结果表明了变压器集总电容模型和隔离型DC-DC变换器共模传导干扰模型的正确性。

参 考 文 献

［1］ CHU Y，WANG S. A generalized common mode current cancellation approach for power con-verters ［J］. IEEE Transactions on Industrial Electronics，2015，62（7）：4130-4140.

［2］ KONG P，LEE F C. Transformer structure and its effects on common mode EMI noise in isola-ted power converters ［C］. Proc. IEEE Applied Power Electronics Conference and Exposition（APEC），2010：1424-1429.

［3］ COLLINS J. An accurate method for modeling transformer winding capacitance ［C］. Proc.

Annual Conference of IEEE Industrial Electronics Society（IECON），1990：1094-1099.

［4］ MENG P，ZHANG J，CHEN H，et al. Characterizing noise source and coupilng path in flyback converter for common-mode noise prediction ［C］. Proc. IEEE Applied Power Electronics Conference and Exposition（APEC），2011：1704-1709.

［5］ 陈庆彬，陈为. 开关电源中变压器共模传导噪声抑制能力的评估方法 ［J］. 中国电机工程学报，2012，32（18）：73-79.

［6］ HSIEH H-I，CHEN D-Y. EMI filter design method incorporating mix-mode conducted noise for off-line applications ［C］. Proc. IEEE Vehicle Power and Propulsion Conference（VPPC），2008：1617-1622.

第7章

基于屏蔽技术的隔离型DC-DC变换器共模传导干扰的抑制方法

在隔离型 DC-DC 变换器中，变压器原副边绕组间的分布电容是共模传导干扰的主要传递路径之一。为了阻断原副边绕组间的电场耦合，抑制变换器的共模传导干扰，通常在原副边绕组之间加入屏蔽层。然而屏蔽层到与之相邻的绕组之间存在分布电容，流过该分布电容的位移电流仍然会引起共模传导干扰。本章将介绍消除该位移电流的两种方法，一种是基于屏蔽绕组的方法，另一种是基于屏蔽-平衡绕组的方法。除了变压器绕组间的分布电容，隔离型 DC-DC 变换器共模传导干扰的传递路径还包括原边电路中高频跳变节点通过对安全地之间的寄生电容。为了同时消除两条路径上的位移电流，本章将提出屏蔽绕组加对称电路，以及屏蔽-平衡绕组与无源对消方法相结合的复合抑制方法，从而进一步抑制隔离型 DC-DC 变换器的共模传导干扰。最后，搭建了绕线式变压器、平面变压器和 LLC 谐振变换器，分别对屏蔽绕组、屏蔽-平衡绕组以及复合屏蔽-无源对消法进行了实验验证，实验结果表明了所提出方法的有效性。

7.1 变压器屏蔽技术

屏蔽技术是抑制隔离型变换器共模传导干扰的有效方法之一，它是在变压器相邻的一、二次绕组之间加入屏蔽层，并将屏蔽层接到合适的接地点，以阻断原副边绕组之间的电场耦合，达到抑制隔离型变换器共模干扰的目的。本节将回顾变压器单层屏蔽和双层屏蔽技术。

7.1.1 单层屏蔽技术

图 7.1a 给出了加入单层屏蔽的变压器绕组结构，它是在原边绕组 W_{P2} 和副边绕组 W_S 之间插入一层屏蔽层 S_P，并将 S_P 与原边功率地（Primary Ground, PG）相连。由于屏蔽层的存在，W_{P2} 与 W_S 之间的电场耦合被阻断，因此这两层绕组之间不存在位移电流。但是，S_P 与 W_{P2} 和 W_S 之间均存在电场耦合，因此

仍然有位移电流流过 W_{P2} 与 S_P、W_S 与 S_P 之间的分布电容。

图 7.1b 给出了隔离型变换器的共模干扰路径示意图，其中 25Ω 电阻为 LISN 侧共模干扰的等效测试阻抗。从图中可以看出，原边绕组与屏蔽层 S_P 之间的位移电流经过原边功率地返回至原边电路，不会流进 LISN 造成共模干扰。但是流过屏蔽层 S_P 到副边绕组 W_S 之间的位移电流等于流过安全地（Protective Earth，PE）的电流。因此，屏蔽层 S_P 到副边绕组 W_S 之间仍然存在引起共模干扰的位移电流。

当屏蔽层 S_P 接至副边输出地（Seconary Ground，SG），流过副边绕组和屏蔽层之间的位移电流经过副边输出地返回至副边整流滤波电路，不会引起共模干扰。但是流过屏蔽层到原边绕组之间的位移电流将经安全地 PE 流入 LISN，产生共模干扰。

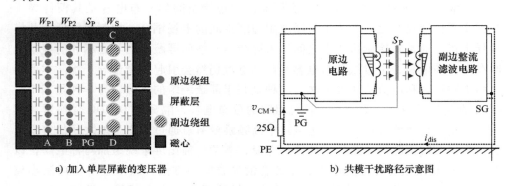

a) 加入单层屏蔽的变压器   b) 共模干扰路径示意图

图 7.1   加入单层屏蔽的变压器绕组结构及共模干扰路径示意图

7.1.2   双层屏蔽技术

为了消除流过屏蔽层 S_P 与副边绕组 W_S 的位移电流，可以在图 7.1a 的基础上，在 S_P 与 W_S 之间再增加一层屏蔽层 S_S，并将 S_S 接至副边地 SG，如图 7.2a 所示。这就是双层屏蔽方法。

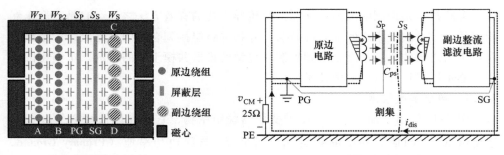

a) 加入双层屏蔽的变压器   b) 共模干扰路径示意图

图 7.2   加入双层屏蔽的变压器绕组结构及共模干扰路径示意图

图 7.2b 给出了共模干扰路径示意图，从 S_P 与 S_S 之间的分布电容到安全地的割集可以看出，流过安全地的电流 i_{dis} 与流过 S_P 与 S_S 之间的位移电流相等，因此变换器的共模干扰与流过 S_P 与 S_S 之间的位移电流有关。由于 S_P 与 S_S 之间分布电容的电压为 PG 和 SG 的电位差，因此 S_P 与 S_S 之间的分布电容可以等效为一个集总电容 C_{ps}。由于电路中不含激励源，即等效干扰源为零，因此共模干扰电压为零，PG 和 SG 的电位在传导 EMI 频段是相等的。因此，双层屏蔽方法可以理解为两个屏蔽层 S_P 和 S_S 之间分布电容的电压处处为零，两者之间不存在位移电流，从而流过 25Ω 测试电阻的电流为零，即共模干扰为零。

双层屏蔽可以有效抑制隔离型变换器的共模干扰[1]。然而，对于绕组交错绕制的变压器来说，需在所有相邻的原副边绕组层之间加入双层屏蔽 S_P 和 S_S，这会导致屏蔽层过多，占据大量的窗口，而且变压器绕制的复杂度也会显著增加，因此双层屏蔽在实际电路中应用很少。

7.2　消除位移电流的条件与方法

7.2.1　消除位移电流的条件

为了增强单层屏蔽技术对共模传导干扰的抑制效果，需要消除流过屏蔽层和与之相邻的副边绕组的位移电流。根据第 6 章第 6.2.2 节的推导，流过屏蔽层 S_P 和与其相邻的副边绕组 W_S 的位移电流 i_{dis} 的表达式为

$$i_{dis} = C_0 \frac{d}{dt}(\bar{v}_{SP} - \bar{v}_{WS}) \tag{7.1}$$

其中，C_0 为 S_P 与 W_S 之间的结构电容，$\bar{v}_{SP}$ 为屏蔽层相对安全地 PE 的平均电位，$\bar{v}_{WS}$ 为副边绕组相对安全地 PE 的平均电位。

根据式（7.1），使得位移电流 i_{dis} 为零的条件为

$$\bar{v}_{SP} = \bar{v}_{WS} \tag{7.2}$$

参照图 7.1b，若 i_{dis} 为零，此时原边功率地 PG、安全地 PE 和副边功率地 SG 的电位相等，此时屏蔽层相对 PG 的平均电位仍等于副边绕组相对 SG 的平均电位。为了便于后续讨论，屏蔽层和副边绕组的电位参考点分别选为 PG 和 SG。

7.2.2　副边绕组和屏蔽层平均电位的一般表达式

1. 副边绕组平均电位的一般表达式

变压器副边绕组可为绕线式和平面绕组形式，分别如图 7.3a 和 b 所示。记绕组端点 C 和 D 相对副边输出地 SG 的电位分别为 v_C 和 v_D，绕组匝数为 N_S。

根据第 6 章第 6.2.2 节的推导，绕线式绕组的平均电位为[4]

$$\bar{v}_{WS} = 0.5(v_C + v_D) \quad （绕线式） \tag{7.3}$$

对于平面绕组，其平均电位为[2]：

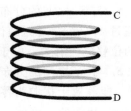
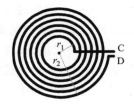

a) 绕线式绕组　　　　　　　　b)平面绕组

图 7.3　绕线式和平面变压器的绕组

$$\bar{v}_{WS} = \lambda_1 v_C + (1-\lambda_1) v_D \qquad （平面式） \tag{7.4}$$

其中，

$$\lambda_1 = \frac{\dfrac{2}{3}r_1 + \dfrac{1}{3}r_2 + \dfrac{r_2-r_1}{6N_S^2}}{r_1+r_2} \tag{7.5}$$

其中，r_1 和 r_2 分别为平面绕组的内径和外径。

记单匝绕组的电压为 v_{st}，则点 C 的电位 v_C 为

$$v_C = N_S v_{st} + v_D \tag{7.6}$$

将式（7.6）分别代入式（7.3）和式（7.4），可得

$$\begin{cases} \bar{v}_{WS} = 0.5 N_S v_{st} + v_D & （绕线式）\\ \bar{v}_{WS} = \lambda_1 N_S v_{st} + v_D & （平面式） \end{cases} \tag{7.7}$$

2. 屏蔽层平均电位的一般表达式

在绕线式变压器中，屏蔽层的侧面为圆柱形，其截面如图 7.4a 所示。而在平面变压器中，屏蔽层为单层的平面绕组，如图 7.4b 所示。假定屏蔽层上各点电位按顺时针方向线性增加，不失一般性，记屏蔽层上的 G 点至终点 H 的角度为 θ_0（$0 \leqslant \theta_0 \leqslant 2\pi$），G 点相对于 PG 的电位为 v_G，则 F、H 两点的电位表达式为

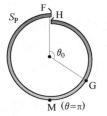
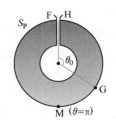

a) 绕线式变压器　　　　b) 平面变压器

图 7.4　平面变压器和绕线式变压器中的屏蔽层

$$v_F = v_G + \frac{2\pi-\theta_0}{2\pi} v_{st} \tag{7.8}$$

$$v_H = v_G - \frac{\theta_0}{2\pi} v_{st} \tag{7.9}$$

根据式（7.8）和式（7.9），可得屏蔽层的平均电位为

$$\bar{v}_{SP} = 0.5(v_F + v_H) = \frac{\pi - \theta_0}{2\pi}v_{st} + v_G \tag{7.10}$$

由于 $\theta_0 \in [0, 2\pi]$，那么根据式（7.10）可得

$$\bar{v}_{SP} \in [-0.5v_{st} + v_G, \ 0.5v_{st} + v_G] \tag{7.11}$$

通常将屏蔽层上的 G 点与原边功率地 PG 相连，那么有 $v_G = 0$，将其代入式（7.11）可得

$$\bar{v}_{SP} \in [-0.5v_{st}, 0.5v_{st}] \tag{7.12}$$

可以看出，屏蔽层的平均电位在 $[-0.5v_{st}, \ 0.5v_{st}]$ 之间。根据式（7.7），当副边绕组为多匝且 $v_D = 0$ 时，副边绕组的平均电位将超出 $[-0.5v_{st}, \ 0.5v_{st}]$。此时，屏蔽层与相邻副边绕组的平均电位不再相等，两者间的位移电流将引起共模传导干扰。

7.2.3　消除位移电流的方法

参照式（7.7），副边绕组的平均电位与匝数 N_S 和 v_D 有关，而根据式（7.8）和式（7.11），当屏蔽层接 PG 时，其平均电位只与 θ_0 有关。为了使屏蔽层和相邻副边绕组的平均电位相等，可以考虑调整屏蔽层的匝数或屏蔽层上点 G 的电位 v_G。

1. 调整屏蔽层的匝数

不失一般性，对于 N_S 匝的副边绕组 W_S，考虑将屏蔽层 S_P 的匝数调整为 N_{SP}。以绕线式变压器为例，图 7.5 的左半部分给出了将屏蔽层调整为屏蔽绕组的方式，该方法称为屏蔽绕组法。其中 S_P 的端点为 F 和 H，点 G 与 PG 相连，即 $v_G = 0$。

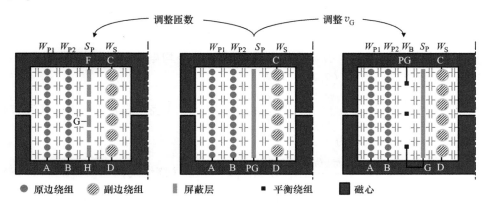

图 7.5　使得屏蔽层与相邻副边绕组平均电位相等的两种方法

假设屏蔽层 S_P 绕组电位从 v_H 线性增加，对于绕线式变压器和平面变压器，S_P 的平均电位表达式为

$$\begin{cases} \bar{v}_{SP} = 0.5(v_F + v_H) = 0.5\left[(v_H + N_{SP}v_{st}) + v_H\right] = 0.5N_{SP}v_{st} + v_H & \text{（绕线式）} \\ \bar{v}_{SP} = \lambda_1 v_F + (1-\lambda_1)v_H = \lambda_1(N_{SP}v_{st} + v_H) + (1-\lambda_1)v_H = \lambda_1 N_{SP}v_{st} + v_H & \text{（平面式）} \end{cases}$$
$$(7.13)$$

将式（7.7）和式（7.13）分别代入式（7.1），得到流过屏蔽层与副边绕组的位移电流 i_{dis} 为

$$\begin{cases} i_{dis} = C_0 \dfrac{d}{dt}\left[0.5v_{st}(N_{SP} - N_S) + (v_H - v_D)\right] & \text{（绕线式）} \\ i_{dis} = C_0 \dfrac{d}{dt}\left[\lambda_1 v_{st}(N_{SP} - N_S) + (v_H - v_D)\right] & \text{（平面式）} \end{cases}$$
$$(7.14)$$

根据式（7.14），为了消除位移电流 i_{dis}，可以使 $N_{SP} = N_S$ 且 $v_H = v_D$。这要求屏蔽层 S_P 和与其相邻的副边绕组 W_S 具有相同的匝数和绕向，且 S_P 和 W_S 的同侧端点 H 和 D 的电位也相等。因此，S_P 和 W_S 具有相同的电位分布。由于点 G 在 S_P 中且电位为零，因此副边绕组 W_S 上也应存在电位为零的点。根据该对消条件，本章第 7.3 节将进一步给出屏蔽绕组法在隔离型 DC-DC 变换器中的应用。

2. 调整屏蔽层上点 G 的电位 v_G

图 7.5 的右侧给出了增加平衡绕组 W_B 调整 v_G 的方法，称为屏蔽-平衡绕组法。其中，W_B 连接在屏蔽层中的点 G 和 PG 之间，并置于原边绕组 W_{P2} 和 S_P 之间，以阻断 W_B 和 W_S 间的位移电流。加入 W_B 之后，v_G 的表达式为

$$v_G = \pm N_b v_{st} \tag{7.15}$$

其中，N_b 为平衡绕组的匝数，其前面的符号与平衡绕组的相对绕向有关。

将式（7.15）代入式（7.10），可得加入平衡绕组后，屏蔽层的平均电位为

$$\bar{v}_{SP} = \left(\frac{\pi - \theta_0}{2\pi} \pm N_b\right)v_{st} \tag{7.16}$$

对于绕线式变压器，当屏蔽层与副边绕组的平均电位相等时，那么根据式（7.2）、式（7.7）和式（7.16）可得

$$0.5N_S v_{st} + v_D = \left(\frac{\pi - \theta_0}{2\pi} \pm N_b\right)v_{st} \qquad \text{（绕线式）} \tag{7.17}$$

式（7.17）可改写为

$$v_D = \left(\frac{\pi - \theta_0}{2\pi} \pm N_b - 0.5N_S\right)v_{st} \qquad \text{（绕线式）} \tag{7.18}$$

类似地，对于平面变压器，根据式（7.2）、式（7.7）和式（7.16）可得

$$\lambda_1 N_S v_{st} + v_D = \left(\frac{\pi - \theta_0}{2\pi} \pm N_b\right)v_{st} \qquad \text{（平面式）} \tag{7.19}$$

式（7.19）可改写为

$$v_{D} = \left(\frac{\pi - \theta_0}{2\pi} \pm N_b - \lambda_1 N_S \right) v_{st} \qquad （平面式） \tag{7.20}$$

根据式（7.18）和式（7.20）可以看出，为了使加入平衡绕组的屏蔽层与相邻二次绕组的平均电位相等，副边绕组端点 D 的电位 v_D 应与单匝绕组电压 v_{st} 成正比。根据该条件，本章第 7.4 节将进一步给出屏蔽-平衡绕组法在隔离型 DC-DC 变换器中的应用。

7.3 屏蔽绕组法

7.3.1 屏蔽绕组与副边绕组的结合

为了减小变压器的漏感和交流电阻，原副边绕组通常采用夹绕形式[3]。以屏蔽层与副边绕组构成绕组对消的情形为例，为了实现屏蔽-对消的效果，需要在所有相邻的原副边绕组之间插入一个屏蔽绕组，且将这些屏蔽层与原边功率地 PG 相连，如图 7.6a 所示。但是，这会导致变压器绕制变得比较复杂。注意到两个屏蔽绕组 S_{P1}、S_{P2} 与副边绕组 W_S 具有相同的匝数和一致的绕向，因此考虑将两个屏蔽绕组变形并与副边绕组进行组合，如图 7.6b 所示。组合后的绕线称为

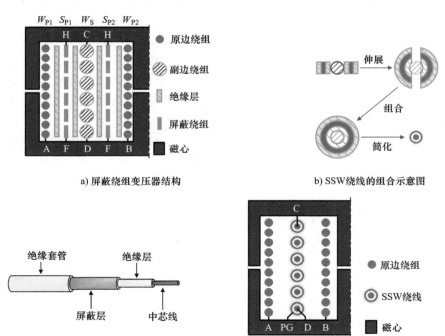

a) 屏蔽绕组变压器结构

b) SSW绕线的组合示意图

c) SSW绕线的实际结构

d) SSW绕线的实际结构

图 7.6 SSW 绕线的推导过程

屏蔽-副边绕组（Shielding-Secondary Winding），简称 SSW 绕线，如图 7.6c 所示。图 7.6d 给出了采用 SSW 绕线的变压器绕组结构。

由于 SSW 绕线中的屏蔽层包围在中芯线的外侧，因此它可以阻碍其他绕组到中芯线的电场耦合。此外，屏蔽层与中芯线具有相同的电位分布，因此它们自然形成干扰对消。当采用 SSW 绕线时，变压器绕制的复杂度低于加入单层屏蔽的变压器，便于变压器生产。另外，采用 SSW 绕线时，无需特别控制屏蔽层到中芯线的寄生电容的大小，因此其共模干扰抑制效果不会受到该寄生电容一致性误差的影响。SSW 绕线在实际应用需要注意以下几个问题：①与具有相同载流能力的漆包线相比，SSW 绕线会占据更多的变压器窗口；②与不带屏蔽层的变压器相比，采用 SSW 绕线的变压器的漏感要大一些；③SSW 绕线的中芯线流过主功率电路中的电流，其散热问题需要考虑。

7.3.2 屏蔽绕组法的应用

第 7.2.3 节中已指出，屏蔽绕组法的应用条件为副边绕组上存在电位为零的点。为了方便讨论，定义在传导 EMI 频段与 SG 的电位相等的点为电位静点（Static Electric Potential，SEP），其特征是该点的电位不受开关动作影响，即相对于 SG 不作高频跳变。副边整流电路中常见的电位静点有输出的正极和负极。本节将分析副边绕组中电位静点的存在性，并给出屏蔽绕组法在隔离型 DC-DC 变换器中的应用。

1. 变压器绕组上存在电位静点的判别条件

变压器绕组上存在电位静点的情形有两种，一种是变压器的端点与电位静点直接相连，此时该端点即为电位静点；另一种是电位静点位于绕组的非端点位置。第一种情形较为直观，可以根据变压器端点的电位特性直接判别。而第二种情形需要首先求出绕组上任意一点的电位，再加以判别。

在隔离型变换器电路拓扑及其工作模式确定的情况下，变压器副边绕组上两端点的电位便已确定。一般来说，变压器的漏磁通远小于主磁通，所以每匝线圈所匝链的磁通基本相同，并且每匝线圈的交流电阻远小于励磁感抗。因此，可以认为变压器绕组的电位按照绕组的长度呈线性变化[2]。参考图 7.7a，令 C 点为起点，D 点为终点，C 点到 D 点间绕组的长度为 l_{CD}。取绕组上任意一点 E，记 E 点到终点 D 所对应的绕组长度为 l_{ED}，那么 E 点电位 v_E 为

$$v_E = v_D + \frac{v_C - v_D}{l_{CD}} l_{ED} = \frac{l_{ED}}{l_{CD}} v_C + \left(1 - \frac{l_{ED}}{l_{CD}}\right) v_D \tag{7.21}$$

根据式（7.21），图 7.7b 画出了 v_E 随 l_{ED} 变化的曲线。

将式（7.21）等号两边对时间 t 求导，有

$$\frac{\partial v_E}{\partial t} = \frac{l_{ED}}{l_{CD}} \frac{\partial v_C}{\partial t} + \left(1 - \frac{l_{ED}}{l_{CD}}\right) \frac{\partial v_D}{\partial t} \tag{7.22}$$

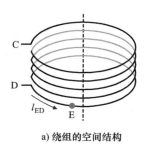

a) 绕组的空间结构

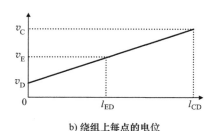

b) 绕组上每点的电位

图 7.7 变压器绕组的空间结构及绕组上每点的电位

若 E 点为电位静点，那么对于任意时刻 t，有 $\partial v_E / \partial t = 0$。将此条件代入式（7.22），整理后可得绕组上存在电位静点的判别条件为

$$\frac{\partial v_C}{\partial t} = \frac{l_{ED} - l_{CD}}{l_{ED}} \frac{\partial v_D}{\partial t} \qquad (7.23)$$

由于 $l_{ED} < l_{CD}$，那么根据式（7.23）可知，$\partial v_D / \partial t$ 前面的系数为负。这就是说，副边绕组上存在电位静点的条件是端点 C 和 D 的电位变化率的符号是相反的，且其比值满足式（7.23）。进一步地，根据式（7.23），可以求出与点 E 的相对位置为

$$l_{ED} = \frac{\dfrac{\partial v_D}{\partial t}}{\dfrac{\partial v_D}{\partial t} - \dfrac{\partial v_C}{\partial t}} l_{CD} \qquad (7.24)$$

2. 屏蔽绕组法在基本隔离型 DC-DC 变换器中的应用

图 7.8a 给出了 SSW 绕线在反激变换器副边绕组中的应用。由于副边绕组的 D 点为电位静点，因此副边绕组可以采用 SC 绕线，其中芯线作为副边绕组，并且将屏蔽层上与 D 点同侧的端点接至原边功率地 PG。与此情形类似的还有正激、推挽和半桥变换器，如图 7.8b～d 所示。

图 7.9a 给出了采用全波整流电路的 Buck 型全桥变换器的电路图，其副边整流电路还包括桥式整流电路和倍流整流电路，如图 7.9b 和 c 所示。如图 7.9a 所示，对于全波整流电路，由于副边绕组的中心抽头点与副边地 SG 直接相连，因此副边绕组上存在电位静点，副边绕组可以采用 SSW 绕线。

对于图 7.9b 中的桥式整流电路，图 7.10a 给出了其副边绕组端点 C 和 D 的电位及其变化率的波形。显然，端点 C 和 D 的电位变化率不存在线性关系，因此副边绕组上没有电位静点，副边绕组无法采用 SSW 绕线。对于图 7.9c 中的倍流整流电路，图 7.10b 给出了副边绕组端点 C 和 D 相对于副边功率地 SG 的电位

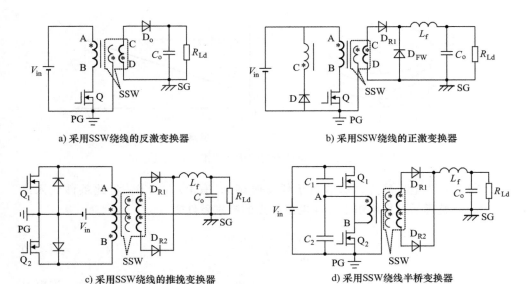

a) 采用SSW绕线的反激变换器　　　　　　b) 采用SSW绕线的正激变换器

c) 采用SSW绕线的推挽变换器　　　　　　d) 采用SSW绕线半桥变换器

图 7.8　变压器二次绕组存在电位静点的隔离型变换器

及其变化率的波形。显然，副边绕组端点 C 和 D 的电位变化率不存在线性关系，因此副边绕组上没有电位静点，副边绕组无法采用 SSW 绕线。

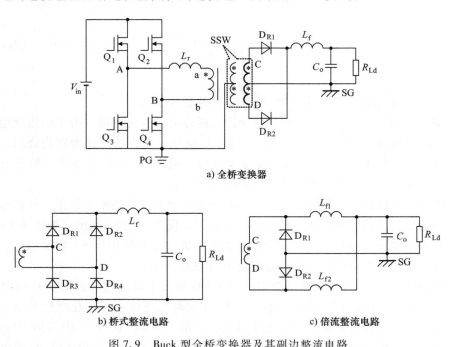

a) 全桥变换器

b) 桥式整流电路　　　　　　　　　　　c) 倍流整流电路

图 7.9　Buck 型全桥变换器及其副边整流电路

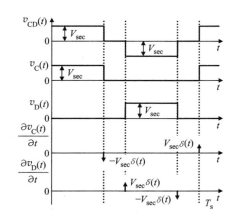

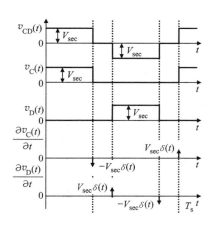

a) 桥式整流电路   b) 倍流整流电路

图 7.10 桥式及倍流整流电路的变压器副边绕组两端点的电位及其电位变化率

图 7.11 给出了 Boost 型全桥变换器及其副边整流电路，包括全波、全桥和倍压这三种电流源型整流电路。如图 7.11a 所示，对于全波整流电路，由于副边绕组与副边输出地直接相连，因此其副边绕组存在电位静点，副边绕组可以采用 SSW 绕线。如图 7.11b 所示，对于倍压整流电路，其副边绕组 D 点通过电容 C_2

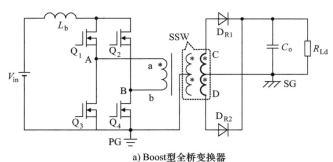

a) Boost型全桥变换器

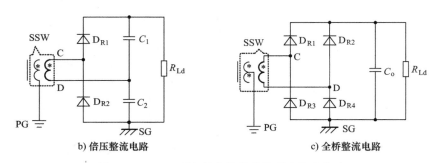

b) 倍压整流电路   c) 全桥整流电路

图 7.11 Boost 型全桥变换器及其副边整流电路

与 SG 相连，由于 C_2 的电压为一直流量，因此 D 点为电位静点，副边绕组可以采用 SSW 绕线。

对于图 7.11c 给出的全桥整流电路，图 7.12 给出了副边绕组端点 C 和 D 的电位及其变化率的波形。可以看出端点 C 和 D 的电位变化率满足 $\partial v_C/\partial t = -\partial v_D/\partial t$。根据式（7.23）可知，副边绕组上存在电位静点。将 $\partial v_C/\partial t = -\partial v_D/\partial t$ 代入式（7.24），求得 $l_{ED} = l_{CD}/2$，这说明副边绕组的中点为电位静点。如图 7.11c 所示，SSW 绕线的中芯线作为副边绕组，其屏蔽层的中点与原边功率地 PG 相连，使得 SSW 绕线的屏蔽层和中芯线的平均电位相等。

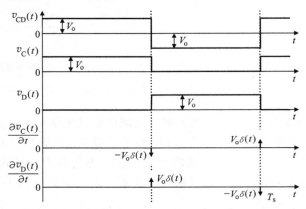

图 7.12 桥式整流电路的副边绕组两端点的电位及其电位变化率

基于上述讨论，表 7.1 列出了基本的隔离型变换器中变压器副边绕组电位静点的存在性。对于存在电位静点的绕组，电位静点的位置也相应地给出。当变压器的副边绕组存在电位静点时，该绕组就可以应用 SSW 绕线来抑制变换器的共模传导干扰。

表 7.1　基本的隔离型变换器中变压器副边绕组电位静点的存在性及其连接关系

变换器拓扑		是否存在电位静点
反　激		存在，该点与 SG 相连
正　激		存在，该点与 SG 相连
推　挽		存在，该点与中心抽头相连
半　桥		存在，该点与中心抽头相连
Buck 型全桥	全波整流	存在，该点与中心抽头相连
	桥式整流	不存在
	倍流整流	不存在
Boost 型全桥	全波整流	存在，该点与 SG 相连
	全桥整流	存在，该点与绕组中点相连
	倍压整流	存在，该点与 SG 相连

7.4　屏蔽-平衡绕组法的应用

7.4.1　屏蔽-平衡绕组法适用的副边整流电路

第 7.2.3 节已指出，屏蔽-平衡绕组的适用条件为副边绕组端点的电位 v_D 与变压器单匝绕组电压 v_{st} 成正比。值得注意的是，当副边绕组存在电位静点 E 时，v_D 满足：

$$v_D = v_{DE} + v_E = \pm N_{DE} v_{st} \tag{7.25}$$

其中，$v_E = 0$，N_{DE} 为端点 D 到点 E 的匝数，其前面的符号与绕组的相对绕向有关。

根据式（7.25），当副边绕组存在电位静点 E 时，v_D 与 v_{st} 成正比，因此屏蔽-平衡绕组在此适用。当副边绕组不存在电位静点时，如图 7.9b 和 c 所示的桥式整流电路和倍流整流电路，下面具体分析屏蔽-平衡绕组法的适用性：参照图 7.10，副边绕组电压 v_{CD} 包含三个电平，v_{st} 也具有三个电平。由于 v_D 只有两个电平，v_D 与 v_{st} 不存在比例关系，因此屏蔽-平衡绕组法在此不适用。

可以看出，屏蔽绕组法和屏蔽-平衡绕组法所适用的隔离型 DC-DC 变换器相同，因此屏蔽-平衡绕组法同样适用于表 7.1 中副边绕组存在电位静点的变换器。

7.4.2　平衡绕组匝数和屏蔽层 E 点角度的计算

将式（7.25）分别代入式（7.18）和式（7.20）并化简，得到

$$\frac{\pi - \theta_0}{2\pi} \pm N_b = 0.5 N_S \pm N_{DE} \qquad （绕线式） \tag{7.26}$$

$$\frac{\pi - \theta_0}{2\pi} \pm N_b = \lambda_1 N_S \pm N_{DE} \qquad （平面式） \tag{7.27}$$

注意到 $(\pi - \theta_0)/(2\pi) \in [-0.5,\ 0.5]$，而 N_b 为整数，因此 N_b 和 $(\pi - \theta_0)/2\pi$ 应分别取式（7.23）和式（7.27）中等号右边表达式的整数部分和小数部分，即

$$\begin{cases} N_b = \mathrm{floor}(\,|\,0.5 N_S \pm N_{DE}\,|\,) \\ \theta_0 = \pi - 2\pi(0.5 N_S \pm N_{DE} \pm N_b) \end{cases} \qquad （绕线式） \tag{7.28}$$

$$\begin{cases} N_b = \mathrm{floor}(\,|\,\lambda_1 N_S \pm N_{DE}\,|\,) \\ \theta_0 = \pi - 2\pi(\lambda_1 N_S \pm N_{DE} \pm N_b) \end{cases} \qquad （平面式） \tag{7.29}$$

式中，floor（ ）为取整函数。

对于绕线式变压器，根据式（7.28）可知，当单层副边绕组的匝数 N_S 为偶数时，$N_b = |\,0.5 N_S + N_{DE}\,|$，$\theta_0 = \pi$；而当 N_S 为奇数时，$N_b = |\,0.5(N_S - 1) + N_{DE}\,|$，

$\theta_0 = 0$。对于平面变压器，当 $N_S = 1$ 时，根据式（7.5）可得 $\lambda_1 = 0.5$，那么结合式（7.29）可解出 $N_b = N_{DE}$，$\theta_0 = 0$。当端点 D 为电位静点时，$N_b = N_{DE} = 0$，此即参考文献［3］提出的平面变压器的屏蔽技术。

7.5 复合屏蔽-无源对消法

隔离型 DC-DC 变换器的共模传导干扰的主要传递路径除了变压器原副边绕组之间的分布电容以外，还包括原边电路中电位高频跳变的节点到安全地的寄生电容。对于原边电路对称的隔离型 DC-DC 变换器，如双管反激变换器、双管正激变换器、推挽变换器、对角管同开同关的全桥变换器以及全桥 LLC 谐振变换器，其原边电路存在 dv/dt 符号相反的节点，当相应节点到安全地的寄生电容相等时，流过其寄生电容的位移电流可以相互抵消，因此只要采用屏蔽绕组法或屏蔽-平衡绕组法即可抑制其共模传导干扰。

对于原边电路不对称的隔离型 DC-DC 变换器，如反激变换器、正激变换器和半桥变换器，其原边电路不存在 dv/dt 符号相反的节点，流过相应寄生电容的位移电流无法相互抵消。本节讨论将屏蔽-平衡绕组法与无源对消法［4］相结合，即复合屏蔽-无源对消（Hybrid Passive Cancellation，HPC）法，以同时消除两条路径中的位移电流，从而有效抑制隔离型 DC-DC 变换器的共模传导干扰。

7.5.1 基本原理

为了抵消流过相应寄生电容的位移电流，可以引入补偿电压和补偿电容，产生与位移电流相反的补偿电流，这就是无源对消方法［4］。其中，补偿电压由外加补偿绕组获得。注意到平衡绕组与屏蔽层相连的 G 点电位是高频跳变的，若 G 点电位与原边电路中高频跳变节点的 dv/dt 符号相反，则可以将平衡绕组复用为补偿绕组，通过外加补偿电容产生位移电流 i_{com}，以抵消原边电路中流过相应寄生电容的位移电流。图 7.13 给出了相应的原理图，当 i_p 与 i_{com} 大小相等，方向相反时，有

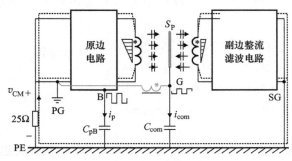

图 7.13 复合屏蔽-无源对消法的原理

$$C_{pB} \frac{dv_B}{dt} + C_{com} \frac{dv_G}{dt} = 0 \qquad (7.30)$$

可以看出，复合屏蔽-无源对消法的应用条件为

1）副边绕组外端点的电位是单匝绕组电压 v_{st} 的整数倍，以保证加入平衡绕组的屏蔽层能消除屏蔽层到相邻副边绕组的位移电流；

2）平衡绕组与屏蔽层相连的端点与原边电路中高频跳变节点的 dv/dt 符号相反，以保证平衡绕组能够复用为补偿绕组。

实际变压器通常具有多个屏蔽层，为了使各屏蔽层与相邻副边绕组的平均电位相等，需要加入多个平衡绕组。此时平衡绕组与相应屏蔽层相连的端点有多个，可以从中选择一个满足复合屏蔽-无源对消条件的连接点 G 接入补偿电容。此外，可以将屏蔽绕组法与无源对消法相结合，通过复用屏蔽绕组为补偿绕组，消除两条路径中的位移电流，这里不再赘述。

7.5.2　复合屏蔽-无源对消法的应用

1. 反激变换器

图 7.14 给出了反激变换器的电路图。当副边整流二极管放置在高端位置时，如图 7.14a 所示，变压器副边绕组的平均电位与 C 点的电位线性相关。为了使屏蔽层与二次绕组的平均电位相等，将平衡绕组的同名端与 PG 相连，此时 G 点和 C 点的 dv/dt 符号相同。由于开关管 Q 的漏极与平衡绕组 G 点的 dv/dt 符号相同，不满足复合屏蔽-无源对消的条件，因此无法将平衡绕组复用为补偿绕组。

当副边整流二极管放置在低端位置时，如图 7.14b 所示，变压器二次绕组的平均电位与 D 点的电位线性相关，将平衡绕组的异名端与 PG 相连，则 G 点和 D 点的 dv/dt 符号相同，可以使屏蔽层与副边绕组的平均电位相等。可以看出，开关管漏极与屏蔽层 G 点的 dv/dt 符号相反，满足复合屏蔽-无源对消的条件，平衡绕组可以复用为补偿绕组。记原边绕组的匝数为 N_P，平衡绕组的匝数为 N_b，忽略变压器漏感，有

$$\frac{dv_B}{dt} = -\frac{N_P}{N_b} \cdot \frac{dv_G}{dt} \qquad (7.31)$$

将式（7.31）代入式（7.30），得到补偿电容 C_{com} 为

$$C_{com} = \frac{N_P}{N_b} \cdot C_{pB} \qquad (7.32)$$

2. 正激变换器

图 7.14c 给出了采用复合屏蔽-无源对消法的正激变换器。为了使屏蔽层与副边绕组的平均电位能够相等，平衡绕组与 G 点相连的端点与副边绕组的 C 点为同名端，此时 CG 两点的 dv/dt 符号相同。此外，G 点与开关管 Q 的漏极的

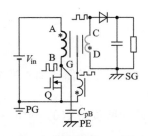

a) 二极管在高端位置的反激变换器

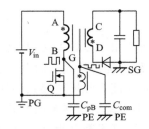

b) 二极管在低端位置的反激变换器

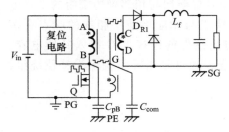

c) D_{R1}和L_f位于高端的正激变换器

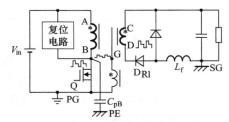

d) D_{R1}和L_f位于低端的正激变换器

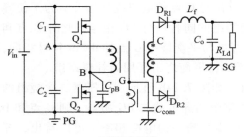

e) 半桥变换器

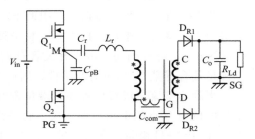

f) 半桥LLC谐振变换器

图 7.14　采用复合屏蔽-无源对消法的反激、正激、半桥和半桥 LLC 谐振变换器

dv/dt 符号相反，满足复合屏蔽-无源对消的条件。其补偿电容 C_{com} 的表达式与式（7.32）相同。

当副边整流二极管 D_{R1} 和输出滤波电感 L_f 位于低端位置时，如图 7.14d 所示，为了使屏蔽层和副边绕组的平均电位相等，平衡绕组的 G 点与副边绕组 D 点应为同名端，此时 DG 两点的 dv/dt 符号相同。然而开关管 Q 的漏极与平衡绕组 G 点的 dv/dt 符号相同，不满足复合屏蔽-无源对消的条件，因此无法将平衡绕组复用为补偿绕组。

3. 半桥变换器

图 7.14e 给出了采用复合屏蔽-无源对消法的半桥变换器，其中平衡绕组的端点 G 与 B 点为异名端，因此这两点 dv/dt 符号相反，C_{com} 的表达式与式（7.32）相同。

4. 半桥 LLC 谐振变换器

图 7.14f 给出了半桥 LLC 谐振变换器电路图，当开关频率接近谐振频率时，谐振电容和谐振电感所在串联支路的阻抗远小于变压器励磁电感的感抗，因此变压器原边绕组电压与桥臂中点到原边功率地的电压近似相等。由此，将平衡绕组复用为补偿绕组，补偿电容的表达式与式（7.32）相同。

7.6　实验验证

本节将对屏蔽绕组法、屏蔽-平衡绕组法和复合屏蔽-无源对消法进行实验验证。

7.6.1　屏蔽绕组法

为了验证屏蔽-对消技术的有效性，下面以反激变换器为例进行验证。图 7.15 给出了反激变换器拓扑及其变压器的连接。

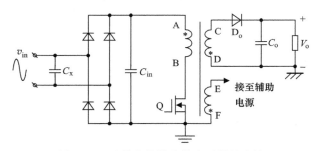

图 7.15　反激变换器及其变压器的连接

反激变换器的主要性能指标为：输入电压 v_{in} = 90 ~ 264V，输出电压 V_o = 19.5V，满载功率 P_o = 60W。所采用的主要元器件为：开关管 Q 为 AOTF10N65（电流定额 10A/电压定额 650V），输出整流二极管 D_o 为 V30120C（30A/120V），输入滤波电容 C_{in} 采用 100μF 的电解电容，输出滤波电容 C_o 为 1000μF。整流桥前端接有 0.47μF 的 X 电容，用来滤除输入高频脉动电流，并消除混合干扰[5]。变换器选用 FAIRCHILD 的 FAN6754MRMY 作为控制芯片，它具有抖频功能，可以将干扰源（开关管的漏源极电压）的频谱进行一定程度的衰减。

由于反激变换器的散热器与一次功率地相连，因此其共模干扰的主要传递路径为变压器原副边绕组之间的分布电容。图 7.16 给出了三种不同的变压器结构，即：无屏蔽层变压器 T_{1-1}、加入单层屏蔽的变压器 T_{1-2}，以及采用 SSW 绕线的变压器 T_{1-3}，以验证屏蔽绕组法能够有效抑制变换器的共模传导干扰。为了减小漏感，三种变压器的绕组均采用夹绕方式。变压器采用 PQ 32/30 的磁心，原边激磁电感为 460μH。

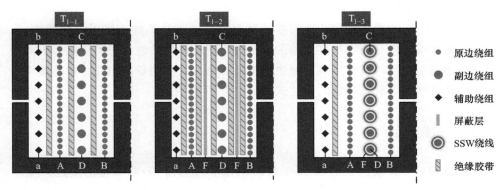

图 7.16　三种变压器绕组结构

表 7.2 给出了变压器绕组的线径及匝数,其中 T_{1-3} 的副边绕组采用 SSW 绕线。由于所需 SSW 绕线需特别定制,为了方便起见,这里 SSW 绕线采用同轴电缆,其直径为 2.4mm,屏蔽层的外径为 2mm,内径为 1.4mm,中芯线的直径为 0.45mm。

表 7.2　变压器各绕组线型、线径及匝数

	原边绕组	副边绕组	辅助绕组	屏蔽层
T_{1-1}	2 股 0.25mm 漆包线,分两层绕制,每层 18 匝	7 股 0.45mm 漆包线,共 7 匝	单股 0.3mm 漆包线,共 7 匝	宽 15.5mm,厚 0.1mm 的铜箔
T_{1-2}				
T_{1-3}		同轴线		

需要说明的是,考虑到同轴电缆的中芯线较细,因此在实验中以输入电压为 220V,负载为 20W 作为测试条件。为了合理对比,采用另外两种变压器时,变换器的测试条件与 T_{1-3} 的相同。此外,为保证对比结果的合理性,对变压器 T_{1-1} 和 T_{1-2} 的原副边绕组间的绝缘层厚度做了相应微调,使得这两种变压器原副边绕组的结构电容都和变压器 T_{1-3} 的结构电容较为接近。表 7.3 列出了三种变压器结构电容的实测值。

表 7.3　三种变压器结构电容的实测值

	T_{1-1}	T_{1-2}	T_{1-3}
结构电容/pF	43.03	49.71	48.83

在电磁屏蔽室内对反激变换器的传导 EMI 进行了测试,测试中使用的 LISN 的型号为 R&S ENV216,共模噪声分离器的型号为 Mini-Circuit ZSC-2-2,EMI 接收机的型号为 Schaffner SCR3502。测试时,变换器的副边地接安全地 PE,变压

器磁心用铜箔包裹并接到原边功率地，以阻断原边绕组通过磁心与安全地的电场耦合。图7.17给出了三种不同变压器下变换器的共模传导干扰的对比。可以看出，采用SSW绕线时，其共模传导干扰的准峰值（Quasi-Peak，QP）分别比不加屏蔽层和加屏蔽层的变压器低30dB和15dB左右。显然，屏蔽绕组技术能够有效抑制反激变换器的共模传导干扰。

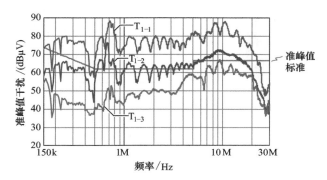

图7.17　采用不同变压器时的共模传导干扰对比（准峰值）

7.6.2　屏蔽-平衡绕组法

为了验证加入屏蔽-平衡绕组法的有效性，下面采用变压器测试电路[6]分别对不加屏蔽层、屏蔽层直接接安全地以及加入平衡绕组的屏蔽层的变压器进行实验对比。

图7.18a给出了待测变压器的连接方式，其原边绕组接在网络分析仪的激励端（扫频信号输出），此时变压器绕组产生电位分布，将有位移电流流过分布电容。将变压器副边绕组一端悬空，另一端通过电阻R（10kΩ）与信号地（变压器原边绕组端点B）相连[6]。变压器原边绕组电压v_{AB}以及电阻R上的电压v_R分别由探头接至网络分析仪（Agilent E5061B）的信号输入端，由网络分析仪计算出v_{AB}到v_R的传递函数$G_{TR}(s)$。

$$G_{TR}(s) = \frac{V_R(s)}{V_{AB}(s)} \qquad (7.33)$$

图7.18b给出了相应的等效电路，其中Z_{probe}为探头等效输入阻抗（10MΩ电阻与8pF电容的并联）。根据全电流连续性，流过屏蔽层到副边绕组的位移电流i_{shs}等于从地线返回的电流i_{dis}，而响应电压v_R与电流i_{dis}和R并联Z_{probe}的等效阻抗决定。因此通过比较不同变压器的传递函数$G_{TR}(s)$的幅频，可以间接反映流过屏蔽层到副边绕组位移电流的大小，验证屏蔽方法的有效性。

图7.19给出了三种待测的平面变压器，即不包含屏蔽层的变压器T_{2-1}、屏蔽层S_{P1}和S_{P2}上G_1和G_2点直接与信号地相连的变压器T_{2-2}以及屏蔽层通过平

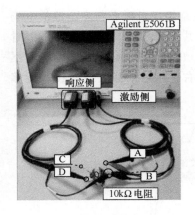

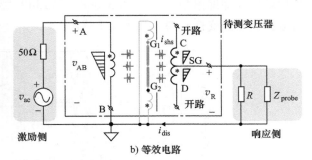

a) 待测变压器连接方式　　　　　　　　　　b) 等效电路

图 7.18　变压器测试及其等效电路

衡绕组与信号地相连的变压器 $T_{2\text{-}3}$。三种变压器均采用 PQI 50/33 磁心，原边绕组励磁电感为 $98\mu H$，表 7.4 给出了这三种变压器中相应绕组的匝数和线径，表 7.5 给出了三种变压器结构电容的测量值。

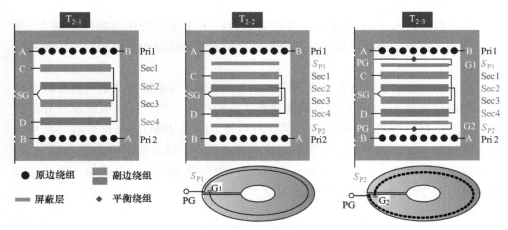

图 7.19　待测平面变压器绕组结构

表 7.4　平面变压器的绕组参数

	线型	线规	匝数	励磁电感
原边绕组	利兹线	0.1mm×80	W_{P1} : 8	98μH
			W_{P2} : 8	
副边绕组	PCB 绕组	4oz[①] , 9.75mm	4	
屏蔽层	铜箔	0.1mm		
平衡绕组	单股漆包线	0.25mm	1	

① 1oz = 28.35g。——编者注。

表 7.5　结构电容测量值

	$T_{2\text{-}1}$	$T_{2\text{-}2}$	$T_{2\text{-}3}$
Pri1 ~ Sec1	19pF		
Pri2 ~ Sec4	23pF		
S_{P1} ~ Sec1		37pF	37pF
S_{P2} ~ Sec4		34pF	34pF

图 7.20 给出了三种变压器的传递函数 $G_{TR}(s)$ 幅频的对比。可以看出,加入屏蔽后,$G_{TR}(s)$ 的幅频降低了约 15dB,而加入辅助绕制后,$G_{TR}(s)$ 的幅频进一步降低了约 5dB,这表明加入平衡绕组能够进一步减小流过屏蔽层到副边绕组的位移电流。

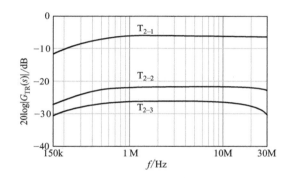

图 7.20　三种平面变压器的幅频测试对比

7.6.3　复合屏蔽-无源对消法

为了验证复合屏蔽-无源对消法的有效性,在实验室研制了一台半桥 LLC 谐振变换器原理样机,如图 7.21 所示。表 7.6 给出了变换器主电路的主要参数。

图 7.21　样机照片

主变压器为图 7.19 中的平面变压器。此外，谐振电感采用 150 股 0.1mm 利兹线绕制，共 10 匝，磁心为 PQ 26/20。

表 7.6　变换器主电路参数

输入电压 V_{in}	385V	谐振电感 L_r	13.5μH
输出电压 V_o	48V	谐振电容 C_r	57nF
输出功率 P_o	1kW	励磁电感 L_m	98μH
谐振频率 f_r	180kHz	输入电容 C_{in}	2.5μF
变压器匝比 n	1/4	输出电容 C_o	600μF

开关管 Q_1 和 Q_2 的漏极到散热器的寄生电容分别为 C_{pA} 和 C_{pB}，其测量值均为 17pF。在测试传导 EMI 时，散热器和 SG 与 PE 相连。LISN 采用 21115-50-TS-100-N（Solar Electronics），噪声分离器采用 ZSC-2-2（Mini-Circuit），EMI 接收机为 ESRP3（Rohde & Schwarz）。

图 7.22 给出了变换器满载工作时的共模传导干扰的测试结果对比。从图 7.22a 可以看出，加入屏蔽后，变换器的共模传导干扰降低了 10dB。从图 7.22b

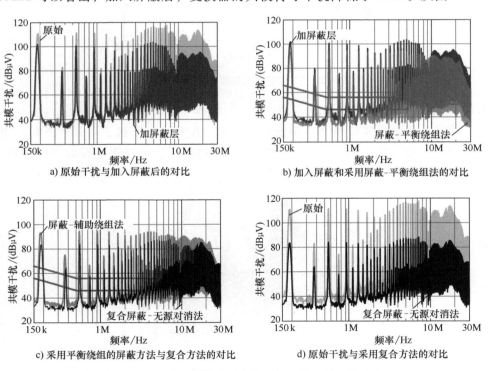

图 7.22　四种不同情形下变换器的共模传导干扰对比

可以看出，加入平衡绕组之后，变换器的共模传导干扰降低了 5dB。当采用复合屏蔽-无源对消法时，补偿电容连接在 PE 与屏蔽层 S_{P1} 的开路端。由于变压器原边绕组的匝数是等效补偿绕组匝数（平衡绕组加屏蔽层）的 4 倍，因此补偿电容的容值为 C_{pB} 的 4 倍，即 68pF。从图 7.22c 可以看出，通过调整补偿电容容值以获得最佳干扰对消结果（62pF），变换器的共模传导干扰进一步降低了 10dB。图 7.22d 给出了原始干扰与采用组合方法的干扰对比，表明所提出方法是有效的。

7.7 本章小结

变压器屏蔽技术可以阻断变压器中相邻的原副边绕组间的电场耦合，但屏蔽层和与之相邻的绕组之间仍然存在引起共模干扰的位移电流。本章指出，当屏蔽层和相邻副边绕组的平均电位相等时，流过屏蔽层和相邻副边绕组的位移电流为零。据此，本章分别提出了屏蔽绕组法和屏蔽-平衡绕组法，通过调整屏蔽层匝数和接地点的电位，使得屏蔽层与相邻副边绕组的平均电位相等。将屏蔽绕组法和屏蔽-平衡绕组法应用于隔离型变换器时，其条件是变压器副边绕组上存在电位静点。在基本的隔离型变换器中，反激、正激、推挽、半桥、boost 型全桥和采用全波整流电路的 buck 型全桥变换器的变压器副边绕组都存在电位静点，而采用倍流整流和桥式整流的 buck 型全桥变换器的变压器副边绕组不存在电位静点。在屏蔽-平衡绕组法的基础上，本章还推导了复合屏蔽-无源对消法，将平衡绕组复用为补偿绕组，能够同时消除流过变压器分布电容以及原边电路电位高频跳变节点到安全地的寄生电容的位移电流，从而进一步抑制隔离型变换器的共模传导干扰。搭建了一台 60W 的反激变换器和 1kW 的半桥 LLC 谐振变换器样机，以验证所提出的屏蔽绕组法、屏蔽-平衡绕组法和复合屏蔽-无源对消法，实验结果表明所提出的方法能够有效地抑制共模干扰。

参 考 文 献

[1] KNUREK D F. Reducing EMI in switch mode power supplies [C]. Proc. Telecommunication Energy Conference, 1988: 411-420.

[2] KONG P, WANG S, LEE F C, et al. Reducing common-mode noise in two-switch forward converter [J]. IEEE Transactions on Power Electronics, 2011, 26 (5): 1522-1533.

[3] YANG Y, HUANG D, LEE F C, et al. Transformer shielding technique for common mode noise reduction in isolated converters [C]. Proc. IEEE Energy Conversion Congress and Exposition (ECCE), 2013: 4149-4153.

[4] COCHRANE D, CHEN D-Y, BOROYEVIC D. Passive cancellation of common-mode noise in

power electronic circuits [J]. IEEE Transactions on Power Electronics, 2003, 18 (3): 756-763.

[5] QU S, CHEN D. Mixed-mode EMI noise and its implications to filter design in offline switching power supplies [J]. IEEE Transactions on Power Electronics, 2002, 17 (4): 502-507.

[6] CHEN Q, CHEN W, SONG Q, et al. An evaluation method of transformer behaviors on common-mode conduction noise in SMPS [C]. Proc. IEEE Power Electronics and Drive Systems (PEDS), 2011: 782-786.

第8章

移相控制全桥变换器的共模传导干扰抑制方法

移相控制全桥变换器具有开关管电压应力低、能够实现软开关等优点，已广泛应用于中大功率变换场合。全桥变换器具有对称的电路拓扑，但采用移相控制时，其两个桥臂的中点电位发生跳变的时刻不同，由桥臂中点通过相关寄生电容（包括桥臂中点对安全地的寄生电容和变压器一、二次绕组间的分布电容）引起的位移电流无法相互抵消，导致全桥变换器的共模传导干扰较为恶劣。此外，谐振电感两端的电压会影响变压器原边绕组端点的电位，进而影响移相控制全桥变换器的共模传导干扰。第6章和第7章已分别指出，移相控制全桥变换器不具备共模干扰自然对消特性，且采用屏蔽技术无法消除其共模传导干扰。因此，移相控制全桥变换器的共模传导干扰抑制问题相对复杂，单独采用现有的共模干扰抑制方法难以满足要求，将这些抑制方法相组合是一种自然的思路。本章将提出一种组合方法，为抑制移相控制全桥变换器的共模传导干扰提供简单有效的解决方案。

本章首先给出全桥变换器共模传导干扰的模型，并基于该模型，提出采用对称谐振电感加对称变压器的方式，以消除谐振电感电压引起的共模传导干扰。在此基础上，将无源对消方法应用到移相控制全桥变换器中，以进一步消除由两个桥臂中点对地电压引起的共模干扰。无源对消电路由补偿电压和补偿电容构成，本章给出了两种补偿电压的实现方式，并进行了对比分析。接着，分析了将对称电路和无源对消电路相结合的必要性分析。最后，在实验室搭建了一台1kW的移相控制全桥变换器原理样机，对所提出的组合方法抑制共模干扰的效果进行了实验验证。

8.1 移相控制全桥变换器的共模干扰模型

8.1.1 共模干扰模型的推导

图8.1a给出了全桥变换器的共模传导干扰测试原理以及共模传导干扰的主

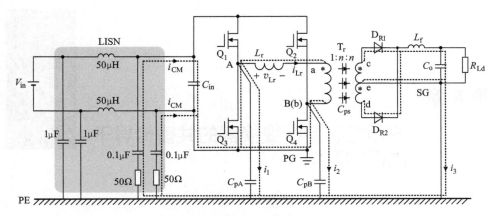

a) 全桥变换器共模传导干扰的主要传递路径

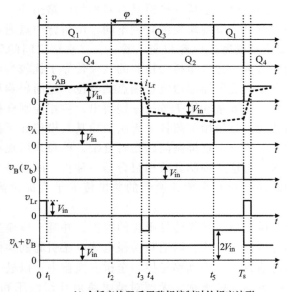

b) 全桥变换器采用移相控制时的相应波形

图 8.1　全桥变换器共模传导干扰的主要传递路径及采用移相控制时的主要波形

要传递路径，其中开关管 $Q_1 \sim Q_4$ 构成两个桥臂，L_r 为谐振电感，T_r 为高频隔离变压器，其匝比为 n，D_{R1} 和 D_{R2} 是输出整流二极管，L_f 和 C_o 分别为输出滤波电感和输出电容，R_{Ld} 是负载。测试时，全桥变换器的副边地 SG 与安全地 PE 相连，线性阻抗稳定网络 LISN 在传导干扰频段（150kHz～30MHz）为全桥变换器的传导干扰提供恒定的阻抗。图 8.1b 给出了采用移相控制时全桥变换器的主要工作波形，其中 v_A 和 v_B 分别是桥臂中点 A 和 B 相对于原边功率地 PG 的电压，v_{Lr} 是谐振电感电压。在 $[0, t_1]$ 和 $[t_3, t_4]$ 时段，D_{R1} 和 D_{R2} 同时导通，此时输入电压全部加在谐振电感 L_r 上；在其他时段，加在谐振电感 L_r 上的电压为输入电压与变压器副边折算至原边的电压之差，该电压近乎为零。因此，谐振电感电压呈现脉冲形式。

图 8.1a 中的虚线给出了全桥变换器的共模传导干扰的主要传递路径，包括桥臂中点 A 和 B 分别到安全地的寄生电容 C_{pA} 和 C_{pB}，以及变压器原副边绕组间的分布电容 C_{ps}。可以看出，流过 C_{pA} 与 C_{pB} 的位移电流分别与桥臂中点 A 和 B 的电位有关，而流过变压器原副边绕组分布电容 C_{ps} 的位移电流则与变压器各端点的电位相关。由于谐振电感的存在，其两端电压 v_{Lr} 会影响变压器原边绕组端点 a 的电位，进而引起共模传导干扰。因此，在移相控制全桥变换器中，v_A、v_B 和 v_{Lr} 可以视为引起共模传导干扰的电压源。

下面应用替代定理来推导全桥变换器的共模传导干扰模型。替代时应方便分析共模传导干扰，同时避免电路中出现纯电压源回路或纯电流源割集[1]。将图 8.1a 中的 Q_3、Q_4 和谐振电感 L_r 分别替代为与各自端电压波形相同的电压源。输入电容 C_{in} 两端电压基本为直流，因此 C_{in} 可以看成短路。在 150kHz ~ 30MHz 的传导干扰频段，LISN 的共模干扰等效阻抗为 25Ω 的电阻。忽略变压器漏感，将变压器替代为受控的电压/电流源。为避免电路中出现纯电压源回路，这里将 Q_1、Q_2、D_{R1}、D_{R2} 分别替代为与各自电流波形相同的电流源；为避免电路中出现纯电流源割集，将输出滤波器（包括电感和电容）和负载替代为与其电压波形相同的电压源。为了便于简化模型并直观地分析变换器的共模传导干扰，这里将变压器的分布电容用两个集总电容 C_{ae} 和 C_{be}[2] 替代。C_{ae} 和 C_{be} 的推导计算方法将在 8.1.2 节给出。基于上述考虑，可得到全桥变换器的共模传导干扰模型，如图 8.2 所示。

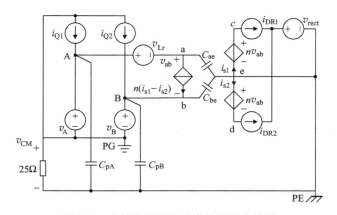

图 8.2　全桥变换器的共模传导干扰模型

8.1.2　两电容 C_{ae} 和 C_{be} 的推导过程

图 8.3a 和 b 分别是变压器的分布电容和两电容模型，两者等效的条件是流

过分布电容和两电容的总位移电流相等。参照式（6.10），流过分布电容的总位移电流 i_{dis} 为

$$i_{dis} = C_0 \frac{d}{dt} \{ \lambda_p v_a + (1-\lambda_p) v_b - [\lambda_s v_c + (1-\lambda_s) v_d] \}$$ (8.1)

式中，C_0 是变压器结构电容；λ_p 和 λ_s 是变压器绕组结构参数；v_a、v_b、v_c 和 v_d 分别是变压器绕组端点的电位。

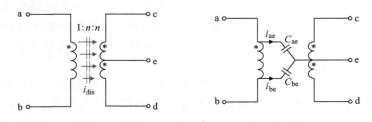

a) 分布电容模型   b) 两电容模型

图 8.3   变压器分布电容模型及两电容模型

根据图 8.3b，流过两电容的总位移电流表达式为

$$i_{ae} + i_{be} = C_{ae} \frac{d(v_a - v_e)}{dt} + C_{be} \frac{d(v_b - v_e)}{dt}$$ (8.2)

忽略变压器漏感，变压器的副边电位 v_c 和 v_d 的表达式为

$$\begin{cases} v_c = n(v_a - v_b) + v_e \\ v_d = -n(v_a - v_b) + v_e \end{cases}$$ (8.3)

将式（8.3）代入式（8.1）并整理，得到

$$i_{dis} = C_0 \frac{d}{dt} [m v_a + (1-m) v_b - v_e]$$ (8.4)

其中，m 的表达式为

$$m = \lambda_p + n(1 - 2\lambda_s)$$ (8.5)

式（8.4）可改写为

$$i_{dis} = C_0 \frac{d}{dt} [m v_a - m v_e + (1-m) v_b - (1-m) v_e] = m C_0 \frac{d}{dt} v_{ae} + (1-m) C_0 \frac{d}{dt} v_{be}$$ (8.6)

若图 8.3 中的两种模型等价，那么流过分布电容和两电容的总位移电流应相等。比较式（8.6）和式（8.2）表达式中 v_{ae} 和 v_{be} 前面的系数，可得

$$\begin{cases} C_{ae} = m C_0 \\ C_{be} = (1-m) C_0 \end{cases}$$ (8.7)

再将式（8.5）代入式（8.7），得到

$$\begin{cases} C_{ae} = \left[\lambda_p + n(1-2\lambda_s) \right] C_0 \\ C_{be} = \left\{ 1 - \left[\lambda_p + n(1-2\lambda_s) \right] \right\} C_0 \end{cases} \tag{8.8}$$

8.1.3　共模干扰模型的简化

下面应用叠加定理将图 8.2 所示电路进行简化。首先，只考虑电流源的影响，将图 8.2 中所有的独立电压源短路，如图 8.4a 所示。可以看出，该子电路中的所有电流源都被短路，因此电流源对共模传导干扰没有影响。然后，只考虑电压源的影响，将所有独立电流源开路，如图 8.4b 所示。可以看出，该子电路中变压器副边绕组电流 i_{s1} 和 i_{s2} 都为零，因此 ab 之间的受控电流源等效开路。将图 8.4b 中的电路进行整理，得到如图 8.5 所示的简化电路，该电路是分析和抑制全桥变换器共模传导干扰的基础。

从图 8.5 可以看出，为了抑制全桥变换器的共模传导干扰，需要消除 v_A、v_B 和 v_{Lr} 通过相应寄生电容和绕组分布电容产生的位移电流。

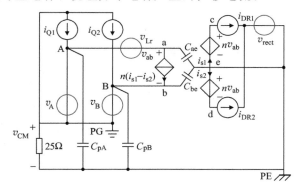

a) 电流源单独作用时的子电路

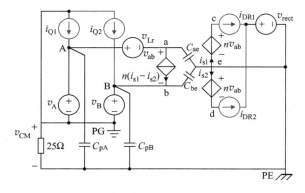

b) 电压源单独作用时的子电路

图 8.4　全桥变换器的共模干扰模型的简化

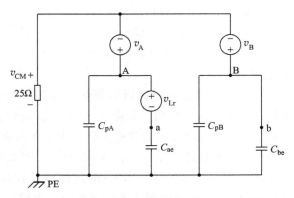

图 8.5　全桥变换器共模传导干扰的简化模型

8.2　消除谐振电感电压影响的对称电路方法

8.2.1　采用对称谐振电感

从图 8.5 可以看出，v_{Lr} 的作用路径仅为电容 C_{ae}。为了消除 v_{Lr} 的影响，可在电容 C_{be} 支路中串入一个与 v_{Lr} 的电压波形相反的补偿电压源 v'_{Lr}，并使 $C_{be} = C_{ae}$，如图 8.6 所示。图 8.7 给出了 v_{Lr} 和 v'_{Lr} 的实现方式：将原谐振电感 L_r 的绕组拆分，形成两个相互耦合的电感 L_{r1} 和 L_{r2}。从电路结构来看，L_{r1} 和 L_{r2} 是对称的，而且电感量相等，因此称它们为对称谐振电感。拆分后的谐振电感不影响全桥变换器的正常工作。

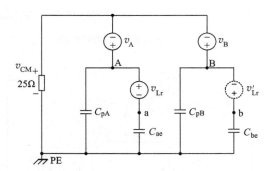

图 8.6　加入补偿电压源 v'_{Lr} 的共模传导干扰的简化模型

8.2.2　采用对称变压器

当 C_{ae} 与 C_{be} 相等时，变压器的集总电容在结构和数值上都是对称的，因此称这样的变压器为对称变压器。下面结合平面变压器分析并给出一种易于实现的对称变压器绕组结构。如图 8.8 所示，平面变压器 T_r 的原边采用扁平线圈绕组，

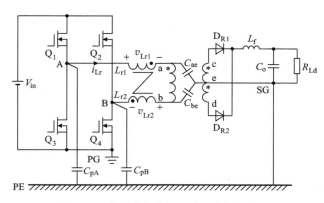

图 8.7 采用对称谐振电感的全桥变换器

副边采用 PCB 绕组。原边绕组 Pri1 与 Pri2 串联，其匝数均为 N_P，副边绕组 Sec1-1、Sec1-2、Sec2-1 和 Sec2-2 依次串联，其匝数均为 1。

由于扁平线圈每匝绕组的周长从内（靠近磁心中柱）向外逐渐增大，扁平线圈的原副边绕组间的分布电容从内向外也逐渐变大，即呈非均匀的分布[3]，因此绕组端部的连接方式会影响流过其分布电容的位移电流。图 8.8 给出了原边绕组的两种连接方式。当 Pri1 与 Pri2 密绕一层时，原副边绕组 Pri1 与 Sec1-1、Pri2 与 Sec2-2 之间存在电场耦合。记 Pri1 与 Sec1-1 间的寄生电容为 C_{01}，Pri2 与 Sec2-2 间的寄生电容为 C_{02}。参照参考文献 [4] 给出的流过扁平线圈绕组之间的位移电流表达式，以连接方式 I 为例，可以得到流过 Pri1 和 Sec1-1 的位移电流 i_{dis1} 以及流过 Pri2 和 Sec2-2 的位移电流 i_{dis2} 的表达式分别为

$$\begin{cases} i_{dis1} = C_{01} \dfrac{d}{dt}\left[\lambda_1 v_a + (1-\lambda_1) v_M - \left(\dfrac{7}{8} v_c + \dfrac{1}{8} v_d \right) \right] \\ i_{dis2} = C_{02} \dfrac{d}{dt}\left[\lambda_1 v_M + (1-\lambda_1) v_b - \left(\dfrac{1}{8} v_c + \dfrac{7}{8} v_d \right) \right] \end{cases} \quad (8.9)$$

其中，λ_1 与绕组尺寸及匝数有关，其表达式为

$$\lambda_1 = \frac{\dfrac{2}{3}r_1 + \dfrac{1}{3}r_2 + \dfrac{r_2 - r_1}{6N_P^2}}{r_1 + r_2} \quad (8.10)$$

式中，r_1 和 r_2 分别为绕组的内径和外径。

假设两个原边绕组的电位呈线性分布，那么 M 点的电位 v_M 为

$$v_M = \frac{v_a + v_b}{2} \quad (8.11)$$

将式（8.11）代入式（8.9），并将位移电流 i_{dis1} 与 i_{dis2} 相加，可以得到流过变压器一、二次绕组分布电容的总位移电流 i_{dis} 为

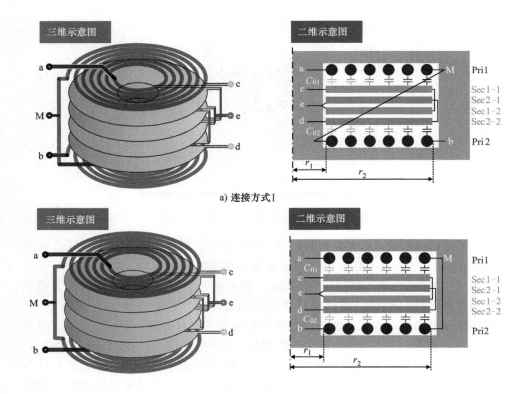

a) 连接方式 I

b) 连接方式 II

图 8.8 不同端部连接的变压器，对应绕组尺寸以及原副边寄生电容的分布

$$i_{dis} = i_{dis1} + i_{dis2}$$

$$= (C_{01} + C_{02})\frac{d}{dt}[\lambda_p v_a + (1-\lambda_p)v_b - \lambda_s v_c - (1-\lambda_s)v_d]$$

$$= C_0 \frac{d}{dt}[\lambda_p v_a + (1-\lambda_p)v_b - \lambda_s v_c - (1-\lambda_s)v_d] \quad (8.12)$$

其中，C_0 是变压器结构电容，λ_p 和 λ_s 的表达式为

$$\begin{cases} \lambda_p = \dfrac{(1+\lambda_1)C_{01} + \lambda_1 C_{02}}{2(C_{01}+C_{02})} \\[3mm] \lambda_s \doteq \dfrac{7C_{01}+C_{02}}{8(C_{01}+C_{02})} \end{cases} \quad (8.13)$$

类似地，也可以推导出采用连接方式 II 的流过变压器原副边绕组分布电容的总位移电流 i_{dis}，其表达式与式（8.12）相同，其 λ_p 和 λ_s 的表达式为

$$\begin{cases} \lambda_{\mathrm{p}} = \dfrac{(1+\lambda_1)C_{01}+(1-\lambda_1)C_{02}}{2(C_{01}+C_{02})} \\[3mm] \lambda_{\mathrm{s}} = \dfrac{7C_{01}+C_{02}}{8(C_{01}+C_{02})} \end{cases} \tag{8.14}$$

若变压器为对称变压器，有 $C_{\mathrm{ae}}=C_{\mathrm{be}}$。将此条件代入式（8.8），得到对称变压器绕组结构参数的约束条件为

$$\lambda_{\mathrm{p}} + n(1-2\lambda_{\mathrm{s}}) = \frac{1}{2} \tag{8.15}$$

将式（8.13）代入式（8.15），整理后可得采用连接方式 I 的变压器为对称变压器时的参数约束关系为

$$\frac{C_{01}}{C_{02}} = \frac{2-2\lambda_1-3n}{2\lambda_1-3n} \tag{8.16}$$

类似地，将式（8.14）代入式（8.15），整理后可得采用连接方式 II 的变压器为对称变压器时的参数约束关系为

$$2\lambda_1 - 3n = 0 \;\; \text{或} \;\; C_{01} = C_{02} \tag{8.17}$$

为满足式（8.16），需要调整 C_{01} 和 C_{02} 以达到给定的比例，这较为困难。而为了满足式（8.17），只要使 $C_{01}=C_{02}$ 即可，这只需在两层绕组之间使用相同厚度的同种绝缘材料就可以实现，因此采用连接方式 II 的变压器绕组结构更易于实现对称变压器。

8.3 消除两桥臂中点电压影响的无源对消方法

对于全桥变换器，$Q_1 \sim Q_4$ 与散热器之间通常采用相同厚度的同种绝缘材料，因此 C_{pA} 和 C_{pB} 基本相等，即有

$$C_{\mathrm{pA}} = C_{\mathrm{pB}} = C_{\mathrm{p}} \tag{8.18}$$

对于对称变压器，其绕组结构参数满足式（8.15），将其代入式（8.8），可得

$$C_{\mathrm{ae}} = C_{\mathrm{be}} = C_0/2 \tag{8.19}$$

当全桥变换器采用对称谐振电感和对称变压器时，谐振电感电压不会影响全桥变换器的共模传导干扰，因此可以将图 8.6 中的 v_{Lr} 和 v'_{Lr} 短路。然后，代入式（8.18）和式（8.19）给出的等效电容值，得到采用对称谐振电感和对称变压器的全桥变换器的共模传导干扰模型，如图 8.9a 所示。图 8.9a 可以进一步简化为图 8.9b。

参照图 8.9，根据共模传导干扰对消的基本思想，只要构建出一个与 $(v_{\mathrm{A}}+v_{\mathrm{B}})$

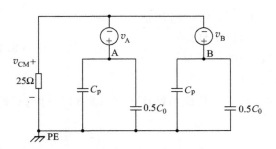

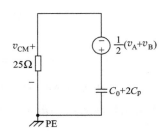

a) 对称全桥变换器的共模传导干扰模型　　　　　　b) 共模干扰简化电路

图 8.9　对称全桥变换器的共模传导干扰等效电路及其简化模型

反相的补偿电压 v_C，并将该补偿电压作用在合适大小的补偿电容 C_{com} 上，所产生的电流就可以抵消变换器的共模电流，如图 8.10 所示。

　　为了实现共模干扰对消，需满足以下条件：

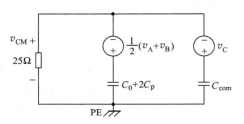

$$C_{com}\frac{d}{dt}v_C+(C_0+2C_p)\frac{d}{dt}\left(\frac{v_A+v_B}{2}\right)=0$$

（8.20）

图 8.10　加入对消支路的全桥变换器共模传导干扰模型

　　根据补偿电压 v_C 的构建方式，本章提出了两种实现方法，下面分别予以介绍。

8.3.1　实现方式 I

　　为了构建出与 (v_A+v_B) 反相的补偿电压，最直观的方式是分别采样桥臂中点到原边功率地的电压[5] 并反相相加，其实现方法如图 8.11 所示。其中，C_{b1}

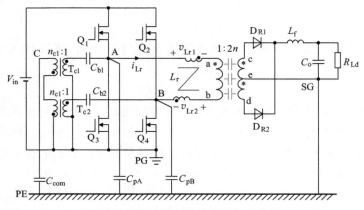

图 8.11　对消电路的实现方式 I

和 C_{b2} 是隔直电容，分别将 v_A 和 v_B 中的直流分量 $V_{in}/2$ 隔去，所得到的交流分量分别加到变压器 T_{c1} 和 T_{c2} 的原边。变压器 T_{c1} 和 T_{c2} 将 v_A 和 v_B 中的交流分量反相，其和即为补偿电压 v_C。记变压器 T_{c1} 和 T_{c2} 的匝比都为 n_{c1}，那么补偿电压 v_C 的表达式为

$$v_C = -n_{c1}(v_A + v_B - V_{in}) \tag{8.21}$$

将式（8.21）代入式（8.20），整理后可得补偿电容 C_{com} 的大小为

$$C_{com} = \frac{C_0 + 2C_p}{2n_{c1}} \tag{8.22}$$

8.3.2　实现方式 II

图 8.12 给出了另一种实现方式，在电路中直接取出与 $(v_A + v_B)$ 成正比的电压，再经变压器反相得到补偿电压 v_C。由于变压器绕组的电位按长度呈线性变化，原边绕组中点 M 的电位为

$$v_M = \frac{v_a + v_b}{2} \tag{8.23}$$

由图 8.12 可知，当采用对称谐振电感时，变压器端点 a 和 b 的电位以及谐振电感电压满足

$$\begin{cases} v_a = v_A - v_{Lr1} \\ v_b = v_B + v_{Lr2} \\ v_{Lr1} = v_{Lr2} \end{cases} \tag{8.24}$$

将式（8.24）代入式（8.23），可以得到 M 点电位为

$$v_M = \frac{v_A + v_B}{2} \tag{8.25}$$

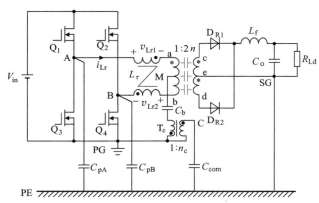

图 8.12　对消支路的实现方式 II

如图 8.12 所示，采用变压器 T_c 和隔直电容 C_b 采样变压器原边绕组中点 M 到原边功率地的电压，经 T_c 副边产生与 $(v_A + v_B)$ 反相的补偿电压。记变压器 T_c 的匝比为 n_c，那么补偿电压 v_C 的表达式为

$$v_C = -n_c \left(\frac{v_A + v_B}{2} - \frac{V_{in}}{2} \right) \tag{8.26}$$

将式 (8.26) 代入式 (8.20)，可得补偿电容 C_{com} 的值为

$$C_{com} = \frac{C_0 + 2C_p}{n_c} \tag{8.27}$$

与实现方式 I 相比，实现方式 II 不仅减少了一个隔直电容和隔离变压器，而且其隔离变压器的体积比前者中的单个变压器小［比较图 8.11 与图 8.12，作用在变压器 T_c 原边绕组的伏秒积小于作用在变压器 $T_{c1}(T_{c2})$ 原边绕组的伏秒积］。此外，为保证补偿电压 v_C 与 $(v_A + v_B)$ 在较宽的频率范围内成正比，应尽可能减小变压器 T_c 的漏感。

8.4 对称电路和无源对消电路相结合的必要性分析

本节分析对称电路和无源对消电路相结合的必要性。根据是否采用对称电路和无源对消电路的组合方式，表 8.1 给出了四种解决方案的定义。其中，S_00 是指既不采用对称谐振电感，也不加无源对消电路；S_11 是本章提出的组合方案，即采用对称谐振电感加无源对消电路。需要注意的是，所有的解决方案均采用对称变压器。

表 8.1 不同解决方案的定义

解决方案		定义
对称变压器	非对称谐振电感 不加无源对消电路	S_00
	非对称谐振电感 加入无源对消电路	S_01
	对称谐振电感 不加无源对消电路	S_10
	对称谐振电感 加入无源对消电路	S_11

下面采用第 6 章等效干扰源的概念，比较采用不同组合方案时移相控制全桥变换器的共模传导干扰。图 8.13 给出了变换器简化的共模干扰模型，其中等效干扰源 v_S 与电容 C_S 与具体的解决方案有关。表 8.2 给出了不同解决方案下，v_S 与 C_S 的表达式。对于 S_00，将式 (8.18) 和式 (8.19) 代入图 8.5 并将其简化为图 8.13 的形式，可以得到相应的 v_{S_00} 与 C_{S_00}；对于 S_10，v_{S_10} 与 C_{S_10} 直接参照图 8.9b 得出；对于 S_01，其电

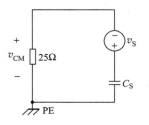

图 8.13 移相控制全桥变换器的简化共模干扰模型

路与图 8.12 相似，区别在于采用非对称谐振电感且 $v_{Lr2} = 0$。此外，补偿电容 C_{com} 由式（8.27）得出，以消除两桥臂中点电压产生的共模干扰；对于 S_11，v_{S_11} 与 C_{S_11} 可以根据图 8.10 推导得出。

表 8.2 不同组合方案下全桥变换器的等效干扰源及总电容的表达式

S_ij	v_{S_ij}	C_{S_ij}
S_00	$\dfrac{1}{2}(v_A + v_B) - \dfrac{1}{2}\dfrac{C_0}{C_0 + 2C_p}v_{Lr}$	$C_0 + 2C_p$
S_10	$\dfrac{1}{2}(v_A + v_B)$	$C_0 + 2C_p$
S_01	$\dfrac{n_c}{n_c + 1}\dfrac{2C_p}{C_0 + 2C_p}\dfrac{1}{2}v_{Lr}$	$\dfrac{n_c + 1}{n_c}(C_0 + 2C_p)$
S_11	0	$\dfrac{n_c + 1}{n_c}(C_0 + 2C_p)$

根据图 8.13，共模干扰电压 v_{CM} 与 v_S 和 C_S 的存在如下关系

$$\left| \dot{V}_{CM}(f) \right| = \left| \frac{\mathrm{j}2\pi f \cdot 25 \cdot C_S}{\mathrm{j}2\pi f \cdot 25 \cdot C_S + 1} \right| \cdot \left| \dot{V}_S(f) \right| \tag{8.28}$$

在图 8.13 中，25Ω 等效电阻与电容 C_S 形成高通网络，其转折频率 f_c 为 $1/(2\pi \cdot 25 \cdot C_S)$。通常，$C_S$ 为几百 pF，因此 f_c 在几十 MHz 范围。在远低于几十 MHz 的频段，$2\pi f \cdot 25 \cdot C_S \ll 1$，这样式（8.28）可简化为

$$\left| \dot{V}_{CM}(f) \right| \approx \left| 2\pi f \cdot 25 \cdot C_S \right| \cdot \left| \dot{V}_S(f) \right| \tag{8.29}$$

8.4.1 只采用对称电路

从表 8.2 中可以看出，对于解决方案 S_00 和 S_10，C_{S_00} 和 C_{S_10} 相等，因此共模干扰的差异与 v_{S_00} 和 v_{S_10} 的频谱差异有关。下面分析 $(v_A + v_B)$ 和 v_{Lr} 的频谱。图 8.1b 给出了 $(v_A + v_B)$ 和 v_{Lr} 的波形，将 $[0, T_s]$ 上的 $(v_A + v_B)$ 和 v_{Lr} 傅里叶进行展开，可得

$$\begin{cases} v_A + v_B = V_{in} + \displaystyle\sum_{k=1,3,5\ldots}^{\infty} \frac{4V_{in}}{k\pi}\sin\left(\frac{k\varphi}{2}\right)\cos\left(k\omega_s t + \frac{k\varphi}{2}\right) \\ v_{Lr} = \displaystyle\sum_{k=1,3,5\ldots}^{\infty} \frac{4V_{in}}{k\pi}\sin\left(\frac{k\psi}{2}\right)\cos\left(k\omega_s t - \frac{k\psi}{2}\right) \end{cases} \tag{8.30}$$

其中，k 是谐波次数，φ 和 ψ 的定义如下：

$$\varphi = 2\pi(t_3 - t_2)/T_s \tag{8.31}$$

$$\psi = 2\pi(t_4 - t_3)/T_s \qquad\qquad (8.32)$$

图 8.14 给出了采用解决方案 S_00 和 S_10 时，变换器等效干扰源的相量图。根据式（8.30），$\theta = k(\varphi + \psi)/2$。由图 8.14a 可以看出，当 θ 为钝角时，消除谐振电感电压 v_{Lr} 会减小变换器的共模干扰；而当 θ 为锐角时，消除谐振电感电压 v_{Lr} 反而会增大变换器的共模干扰。因此，只采用对称电路无法有效抑制移相控制全桥变换器的共模传导干扰。

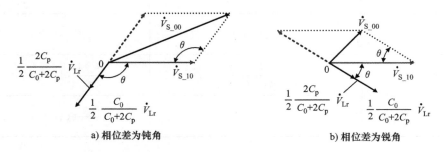

a) 相位差为钝角　　　　　　　　b) 相位差为锐角

图 8.14　移相控制全桥变换器的等效干扰源的相量图

8.4.2　只加无源对消电路

对于解决方案 S_00 和 S_01，将表 8.2 中的 $C_{\text{S\_00}}$、$C_{\text{S\_01}}$、$v_{\text{S\_00}}$ 和 $v_{\text{S\_01}}$ 代入式（8.29），可得两种解决方案下的共模干扰比值为

$$\frac{|\dot{V}_{\text{CM\_01}}(f)|}{|\dot{V}_{\text{CM\_00}}(f)|} = \frac{\left|\dfrac{1}{2}\dfrac{2C_{\text{p}}}{C_0 + 2C_{\text{p}}}\dot{V}_{\text{Lr}}(f)\right|}{|\dot{V}_{\text{S\_00}}(f)|} \qquad\qquad (8.33)$$

图 8.14 同时给出了相量 $\dfrac{1}{2}\dfrac{2C_{\text{p}}}{C_0 + 2C_{\text{p}}}\dot{V}_{\text{Lr}}$ 的示意图。由于平面变压器的原、副边绕组寄生电容通常较大，即 C_0 远大于 C_{p}，因此相量 $\dfrac{1}{2}\dfrac{2C_{\text{p}}}{C_0 + 2C_{\text{p}}}\dot{V}_{\text{Lr}}$ 的幅值远小于相量 $\dfrac{1}{2}\dfrac{C_0}{C_0 + 2C_{\text{p}}}\dot{V}_{\text{Lr}}$ 的幅值。从图 8.14 中可以看出，当只加入无源对消电路时，变换器的共模干扰可以得到一定衰减。

根据上述分析，只采用对称电路无法有效抑制变换器的共模传导干扰，而只加入无源对消电路可以在一定程度上抑制变换器的共模传导干扰，而将对称电路和无源对消电路相结合可以有效抑制变换器的共模传导干扰。

8.5 实验验证和讨论

8.5.1 样机参数

为了验证上述分析，在实验室搭建了一台移相控制全桥变换器样机，如图 8.15 所示，其主电路参数见表 8.3，其中容量为 2.5μF 的隔直电容 C_{block} 与变压器原边绕组串联，由于其两端电压的变化率远小于电路中干扰电压源 v_A、v_B 和 v_{Lr} 的电压变化率，因此在分析共模传导干扰时 C_{block} 可以看做短路。

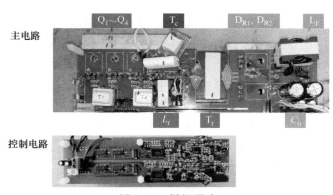

图 8.15 样机照片

表 8.3 全桥变换器的主电路参数

输入电压 V_{in}	380V	谐振电感 L_r	30μH
输出电压 V_o	48V	输入电容 C_{in}	2.5μF
输出功率 P_o	1kW	滤波电感 L_f	13μH
开关频率 f_s	100kHz	输出电容 C_o	2400μF
变压器匝比 n	1/6	隔直电容 C_{block}	2.5μF

主变压器采用 PQI 50/33 磁心，其相应参数见表 8.4。主变压器绕组结构如图 8.8b 所示，其中原边绕组 Pri1 和 Pri2 均密绕一层，且 Pri1 与 Sec1-1 和 Pri2 与 Sec2-2 之间采用了相同厚度的同种绝缘材料，因此这两层之间的结构电容 C_{01} 与 C_{02} 近似相等，那么主变压器为对称变压器。类似地，两桥臂中点到散热器的电容 C_{pA} 和 C_{pB} 也近似相等。实际测量的结果为 $C_{01} = C_{02} = 50\text{pF}$，$C_{\text{pA}} = C_{\text{pB}} = 36\text{pF}$。

表 8.4 主变压器参数

	线型	线规	匝数
原边绕组 ab	利兹线	0.1mm×140	Pri1:6
			Pri2:6
副边绕组 cd	PCB 绕组	113.4g(4oz),9.75mm	4

表 8.5 隔离变压器 T_c 的参数

基本参数		电气参数	
磁心	EP 13	励磁电感	3.9mH
线径	0.25mm	漏感	0.38μH
匝比	52:52	结构电容	198pF

谐振电感采用 PQ 26/20 磁心，其绕组采用线径为 0.1mm，共 140 股的利兹线。非对称谐振电感采用单个绕组，共 8 匝；对称谐振电感采用两个绕组，每个绕组 4 匝。无源对消电路采用图 8.12 给出的实现方式 Ⅱ，其中隔直电容 C_b 取 2μF，隔离变压器 T_c 的具体参数见表 8.5。T_c 的原副边绕组采用单股漆包线双线并绕，以减小 T_c 的漏感。此外，实验中加入的补偿电容 C_{com} 值为 176pF。

8.5.2 实验结果

图 8.16 给出了加入无源对消电路时，移相控制全桥变换器在满载时的主要工作波形，可以看出，变压器原边绕组中点到原边功率地的电压 v_M 与补偿电压 v_C 的波形是互补的。在图 8.16a 中，当采用对称谐振电感时，v_M 等于 $(v_A + v_B)/2$。在图 8.16b 中，当采用非对称谐振电感时，v_M 等于 $(v_A + v_B - v_{Lr})/2$。

图 8.17 给出了移相控制全桥变换器分别采用表 8.1 中的解决方案在满载工作时的主要波形。其中变换器的共模干扰电压 v_{CM} 通过将示波器的输入阻抗调整为 50Ω 测试得到。可以看出，在 t_1 和 t_2 时刻，当两桥臂中点 A 和 B 的电位发生跳变时，v_{CM} 中出现由寄生电容充放电引起的电压脉冲。在 t_3 时刻，当谐振电感电压发生跳变时，图 8.17a 和 c 中的 v_{CM} 出现电压脉冲，而图 8.17b 和 d 中的 v_{CM} 并未出现电压脉冲。这就说明，当采用对称谐振电感和对称变压器时，谐振电感电压对共模干扰的影响得到消除。

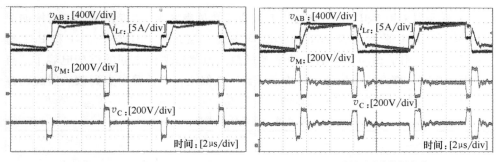

a) 采用对称谐振电感　　　　　　　　b) 采用不对称谐振电感

图 8.16 对消电路中，M 点和 C 点的主要波形

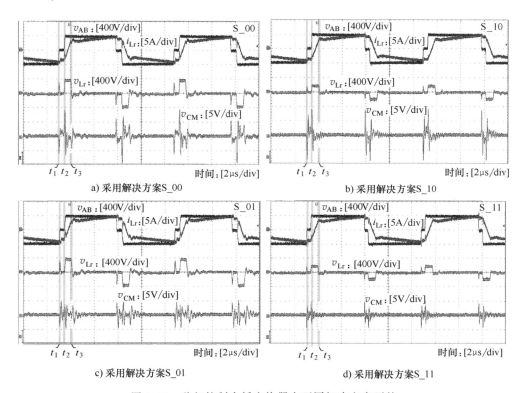

图 8.17　移相控制全桥变换器在不同解决方案下的
共模干扰电压波形

图 8.18 给出了移相控制全桥变换器满载工作时，采用不同解决方案对应的共模干扰的仿真和测试结果对比。为了清晰对比仿真与测试频谱，共模干扰的仿真频谱由包络表示，该包络由连接于两两相邻的干扰峰值点的直线组成。可以看出，在 150kHz 到 1MHz 的频段范围内，仿真与测试频谱是吻合的；而在高频段，仿真与测试结果的差异较大，这是由于仿真模型中未考虑电路中其他的寄生参数。需要说明的是，图 8.18d 中的实测频谱比仿真频谱高，这是因为实际电路的寄生电容容值并不完全匹配，影响了共模干扰抑制效果。

图 8.19 给出了变换器采用不同解决方案时的共模干扰实验结果的对比。图 8.19a 给出了采用 S_00（原始情形，即采用非对称谐振电感且不加入无源对消电路）和 S_10（采用对称谐振电感，但不加入无源对消电路）的共模干扰对比。可以看出，两者的频谱差异与频率有关。当采用对称谐振电感时，在某些频率处，变换器的共模干扰要比原始情形的低；而在其他频率处，变换器的共模干扰要比原始情形的要高。这说明只采用对称谐振电感无法有效消除变换器的共模干扰，这与 8.4 节中的分析是一致的。

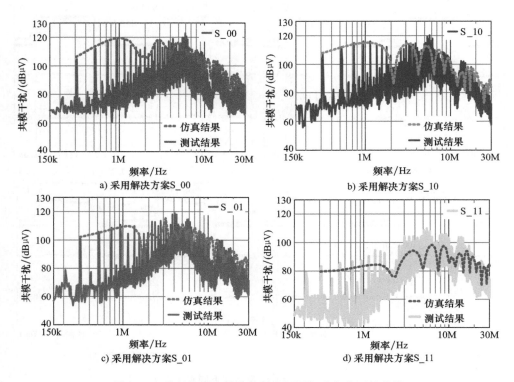

图 8.18　移相控制全桥变换器在不同解决方案下的共模
干扰测试结果与仿真结果对比

图 8.19b 给出了变换器采用 S_01，即只采用无源对消电路的共模干扰和原始情形的对比。可以看出，当只加入无源对消电路时，变换器的共模传导干扰在 1MHz 以内的低频段有一定的衰减，这与 8.4 节的分析是一致的。

图 8.19c 给出了变换器采用 S_11，即同时采用对称谐振电感和无源对消电路的共模干扰，以及原始情形的共模干扰对比。可以看出，采用 S_11 时，变换器的共模传导干扰得到有效降低。在 150kHz~3MHz 的频率范围内，共模干扰下降了约 20dB；在 3~10MHz 的频率范围内，共模干扰的下降量随着频率的升高而减小；在 10~30MHz 的频段，共模干扰几乎不变。这是由于在高频段，变压器 T_c 绕组的交流电阻增大，限制了对消电路提供的补偿电流。

图 8.19d 给出了变换器采用 S_10、S_01 和 S_11 时的共模干扰对比，可以看出，组合解决方案 S_11 实现了最好的共模干扰抑制效果，这说明了将对称电路和无源对消电路相结合，从而抑制移相控制全桥变换器的共模传导干扰的必要性。

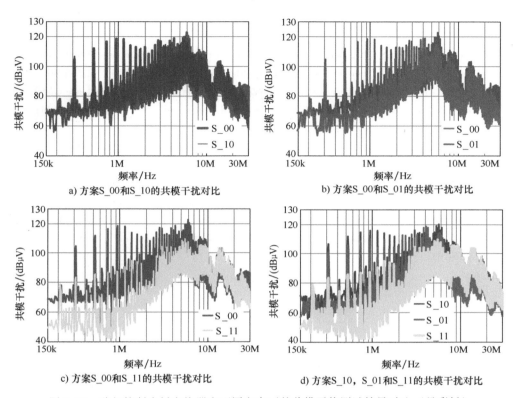

a) 方案S_00和S_10的共模干扰对比

b) 方案S_00和S_01的共模干扰对比

c) 方案S_00和S_11的共模干扰对比

d) 方案S_10，S_01和S_11的共模干扰对比

图 8.19　移相控制全桥变换器在不同方案下的共模干扰测试结果对比（见彩插）

8.6　本章小结

在移相控制全桥变换器中，两桥臂中点相对原边功率地的电位以及谐振电感电压是引起共模传导干扰的源头。本章推导了移相控制全桥变换器的共模干扰模型，并基于该模型提出了采用对称谐振电感加对称变压器的方式，以消除谐振电感电压对共模传导干扰的影响，并给出一种易于实现的对称变压器绕组结构。接着，将无源对消方法应用到移相控制全桥变换器中，以进一步消除由两个桥臂中点对地电压引起的共模干扰，并给出了两种补偿电压的实现方式。然后，论证了将对称电路和无源对消电路相结合的必要性。分析表明，为了有效抑制移相控制全桥变换器的共模干扰，对称电路和无源对消电路必须同时使用。最后，给出了采用四种解决方案时，移相控制全桥变换器的共模传导干扰实验结果和对比，验证了本章提出的组合方法的有效性。本章提出的方法为抑制移相控制全桥变换器的共模传导干扰提供了简单有效的解决方案。

参 考 文 献

［1］ CHU Y, WANG S. A generalized common mode current cancellation approach for power converters ［J］. IEEE Transactions on Industrial Electronics, 2015, 62（7）: 4130-4140.

［2］ ZHANG H, WANG S, LI Y, et al. Two-capacitor transformer winding capacitance models for common-mode EMI noise analysis in isolated dc-dc converters ［J］. IEEE Transactions on Power Electronics, 2017, 32（11）: 8458-8469.

［3］ 和军平, 陈为, 姜建国. 开关电源共模传导干扰模型的研究 ［J］. 中国电机工程学报, 2005, 25（8）: 50-55.

［4］ KONG P, WANG S, LEE F C. Reducing common-mode noise in two-switch forward converter ［J］. IEEE Transactions on Power Electronics, 2011, 26（5）: 1522-1533.

［5］ COCHRANE D, CHEN D-Y, BOROYEVIC D. Passive cancellation of common-mode noise in power electronic circuits ［J］. IEEE Transactions on Power Electronics, 2003, 18（3）: 756-763.

第9章

抑制直流变换器共模传导干扰的共模电压对消方法

Chapter **9**

现有的共模干扰对消方法，如无源对消和对称电路，其基本出发点都是并联补偿支路，产生补偿电流以抵消变换器产生的共模干扰电流。根据对偶性，也可以串联补偿支路产生补偿电压，用来抵消变换器产生的共模电压，这就是共模电压对消方法。本章将给出共模电压对消方法的推导过程，并分别给出其在非隔离和隔离型变换器中的应用。最后，以 Buck 变换器和半桥 LLC 谐振变换器为例，对所提出的共模电压对消方法进行实验验证，实验结果表明所提出的共模电压对消方法是有效的。

9.1 共模干扰对消方法的并联和串联实现方式

根据第 6 章的分析，电力电子变换器共模传导干扰的等效电路可以简化为寄生电容与等效干扰源（Equivalent Noise Source，ENS）[1] 相串联的形式，如图 9.1a 所示。在无源对消方法中[2]，补偿支路与共模干扰支路是并联的，如图 9.1b 所示。图中，25Ω 电阻为共模干扰等效测试阻抗，C_{sum} 和 v_{ENS} 分别是共模干扰模型中总的寄生电容和等效干扰源[1]。

在图 9.1b 中，变换器产生的共模电流由加入的并联支路来抵消。根据对偶性，可以在回路中串联一个等于 v_{ENS} 的补偿电压源 v_{com}，由此抵消变换器的共模

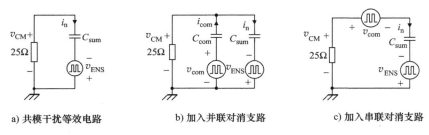

a) 共模干扰等效电路   b) 加入并联对消支路   c) 加入串联对消支路

图 9.1 共模干扰等效电路及共模干扰对消方法的并联和串联实现方式

电压，如图 9.1c 所示。此时，加在 25Ω 等效测试阻抗两端的电压为零，从而消除共模干扰。该方法抵消了变换器的共模电压，因此称之为共模电压对消（Common-Mode Voltage Cancellation，CMVC）方法。

图 9.1c 给出的共模电压对消方法与电动机驱动系统中的电压补偿方法[3]的原理类似。在电动机驱动系统中，逆变器产生的共模电压经电动机转子到定子的寄生电容产生漏电流，影响电动机的绝缘及使用寿命。为了减小该漏电流，需通过外加共模电压采样电路获得逆变器的共模电压，并经共模变压器将共模电压注入至逆变器交流输出的电源线中，以抵消逆变器的共模电压[3]。而应用在直流变换器中的共模电压对消方法，变换器的共模电压可从与变换器主磁件相耦合的绕组直接获得，下面给出具体分析。

在电力电子变换器中，等效干扰源 v_{ENS} 可表示为如下的一般形式[1]，即

$$v_{ENS} = k_C v_Q \tag{9.1}$$

其中，k_C 是电路中相应寄生电容的比值，v_Q 为开关管漏源极电压。由于 v_Q 通常与滤波电感或变压器绕组的电压（均记为 v_{mag}）具有相同的交流分量[2]，即

$$v_Q = v_{mag} \tag{9.2}$$

根据图 9.1c 中共模干扰对消的条件 $v_{com} = v_{ENS}$，结合式（9.1）和式（9.2），可得

$$v_{com} = k_C v_{mag} \tag{9.3}$$

由式（9.3）可知，所需补偿电压 v_{com} 的大小与 k_C 和 v_{mag} 有关。据此，可以在电感或变压器上绕制合适匝数的辅助绕组，用来提供所需的补偿电压，如图 9.2 所示。

根据图 9.2，为了获得所需的补偿电压，变换器的两根输入电源线都应注入补偿电压 $k_C v_{mag}$，使得 LISN 测试端到变换器电源输入侧的共模电压为 $k_C v_{mag}$，如图 9.3 所示。为了便于后续论述，称绕组 AB 和 CD 为共模电压对消绕组，其匝数 N_{AB} 与 N_{CD} 均为 $k_C N_{PQ}$，其中 N_{PQ} 为变换器中电压为 v_{mag} 的绕组匝数。如果忽略绕组漏感，有 $v_{BD} = V_{in} - v_{AB} + v_{CD} = V_{in}$，因此加入共模电压对消绕组不会影响变换器的正常工作。

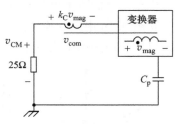

图 9.2　采用磁耦合实现的共模电压对消方法的原理

此外，为了减小共模电压对消绕组的铜损，输入滤波电容 C_{in} 应放在变换器和共模电压对消绕组之间，使得流过共模电压对消绕组的电流为直流。

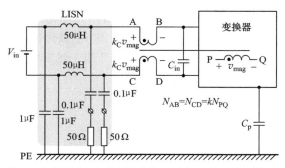

图 9.3　共模电压对消方法在实际电路中的实现方式

9.2　共模电压对消方法在非隔离型变换器中的应用

下面首先以 Buck 变换器为例，推导其共模干扰等效电路，然后根据等效干扰源表达式，给出其共模电压对消绕组和滤波电感绕组的匝比 k_{buck}。为了便于讨论，记电路中电位相对安全地高频跳变的节点（电位动点）到安全地的寄生电容为 $C_{\text{p}Di}$，电位相对安全地不高频跳变的节点（电位静点）到安全地的寄生电容为 $C_{\text{p}Sj}$，其中 i，$j=1$，2，$\cdots$。

图 9.4a 给出了 Buck 变换器的电路图，其中，$C_{\text{p}D1}$ 是开关节点 M 到安全地的寄生电容；$C_{\text{p}S1}$、$C_{\text{p}S2}$ 和 $C_{\text{p}S3}$ 分别是输出电压正极、功率地和开关管 Q 的漏极到安全地的寄生电容。下面应用替代定理推导 Buck 变换器的共模干扰模型。在 Buck 变换器中，开关节点 M 的电位是高频跳变的，其共模干扰主要由 $C_{\text{p}D1}$ 引起。为此，首先将续流二极管 D_{FW} 用波形与其两端电压波形一致的交流电压源代替。由于 $dv_o/dt \ll dv_{\text{DFW}}/dt$，因此输出电容可视为短路。为避免电路中出现纯电压源回路，将开关管 Q 和滤波电感 L_f 分别替代为与流过其电流波形一致的交流电流源。最后，考虑 LISN 侧共模干扰的 25Ω 等效测试阻抗，即可得到 Buck 变换器的共模干扰模型，如图 9.4b 所示。

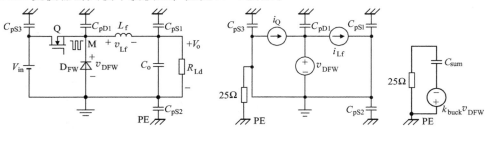

a) Buck 变换器　　　　　　　b) 共模干扰模型　　　　c) 简化电路

图 9.4　Buck 变换器及其共模干扰模型

利用叠加定理，将该模型中 25Ω 电阻的右端网络进行简化：仅考虑电流源的作用，将电压源 v_{DFW} 短路，那么电流源 i_Q 和 i_{Lf} 被短路，对共模干扰没有影响；仅考虑电压源的作用，将电流源 i_Q 和 i_{Lf} 开路，然后将此子电路进行戴维南等效，如图 9.4c 所示，其中：

$$C_{sum} = C_{pD1} + C_{pS1} + C_{pS2} + C_{pS3} \tag{9.4}$$

$$k_{buck} = \frac{C_{pD1}}{C_{pD1} + C_{pS1} + C_{pS2} + C_{pS3}} \tag{9.5}$$

从图 9.4a 可以看出，由于 v_{DFW} 与滤波电感电压 v_{Lf} 的交流分量相同，因此等效干扰源的表达式可以写成 $k_{buck}v_{Lf}$。根据 9.1 节的分析，图 9.5 给出了采用共模电压对消的 Buck 变换器的电路图，共模电压对消绕组 AB 和 CD 的匝数均为 $k_{buck}N_{Lf}$，其中 N_{Lf} 为滤波电感绕组的匝数。

与 Buck 变换器类似，Boost 变换器的共模干扰模型也可由图 9.4c 表示，区别在于等效干扰源的表达式为 $k_{bst}v_Q$，其中 $k_{bst} = C_{pD1}/(C_{pD1} + C_{pS1} + C_{pS2})$，$v_Q$ 为开关管 Q 的漏源极电压。参照 Buck 变换器的分析过

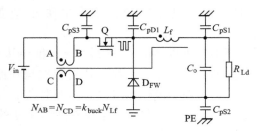

图 9.5 采用共模电压对消的 Buck 变换器

程，图 9.6a 给出了 Boost 变换器的共模电压对消电路。其中，升压电感 L_b 的匝数为 N_{Lb}，共模电压对消绕组 AB 和 CD 的匝数均为 $k_{bst}N_{Lb}$。

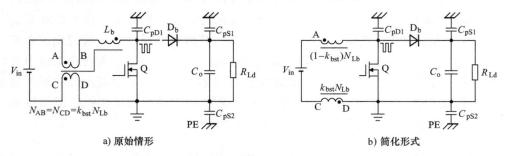

a) 原始情形 b) 简化形式

图 9.6 采用共模电压抵消的 Boost 变换器

注意到图 9.6a 中，升压电感 L_b 的右端和共模电压对消绕组 AB 的 A 端为同名端，因此这两个绕组可以合并成匝数为 $(1-k_{bst})N_{Lb}$ 的绕组，如图 9.6b 所示，这与参考文献 [4] 提出的抑制 Boost 变换器共模传导干扰的平衡电路方法是一致的。由于上下两个耦合电感等效串联，且匝数之和与原升压电感的匝数相等，因此该电路整体的体积成本和原 Boost 变换器相同。

图 9.7 给出了共模电压对消方法在其他基本非隔离型变换器中的应用。其

中，Buck-Boost 变换器中的共模电压对消绕组和与之耦合的绕组的匝比 $k_{bb} = C_{pD1}/(C_{pD1}+C_{pS1}+C_{pS2}+C_{pS3})$，而 Cuk 和 SEPIC 变换器中的共模电压对消绕组和与之耦合的绕组的匝比 k_{Cuk} 和 k_{SEPIC} 均为 $(C_{pD1}+C_{pD2})/(C_{pD1}+C_{pD2}+C_{pS1}+C_{pS2})$，Zeta 变换器相应的绕组匝比 k_{Zeta} 为 $(C_{pD1}+C_{pD2})/(C_{pD1}+C_{pD2}+C_{pS1}+C_{pS2}+C_{pS3})$。

可以看出，共模电压对消绕组和与之耦合的电感绕组的匝比 k_C 为电路中电位高频跳变点到安全地的寄生电容之和与到安全地寄生电容总和的比值，即

$$k_C = \frac{\sum C_{pDi}}{\sum C_{pDi} + \sum C_{pSj}} \tag{9.6}$$

从上面的分析可以看出，在非隔离型变换器中，为了实现共模电压对消，对于输入侧不含电感的 Buck、Buck-Boost 和 Zeta 变换器来说，需要在输入侧增加一个与电感相耦合的共模电压对消绕组；而对于输入侧包含电感的 Boost、Cuk 和 SEPIC 变换器来说，只需将与输入侧电感拆分为上下两个匝数合适且相互耦合的电感即可。

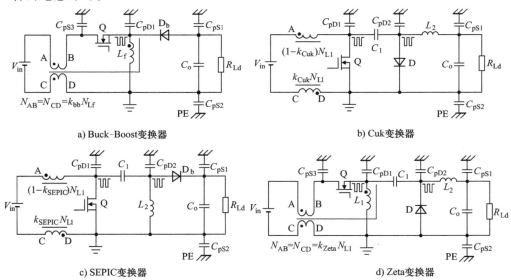

a) Buck-Boost变换器　　　　　　　　　　b) Cuk变换器

c) SEPIC变换器　　　　　　　　　　d) Zeta变换器

图 9.7　采用共模电压对消的基本非隔离型变换器

9.3　共模电压对消方法在隔离型变换器中的应用

在非隔离型变换器中，在其电感上绕制共模电压对消绕组，从而抵消共模电压。在隔离型变换器中，变压器是必有的磁件，因此考虑将共模电压对消绕组与变压器相耦合，以抵消共模电压。

图 9.8a 给出了采用共模电压对消方法的反激变换器的电路图。记开关管漏源极电压为 v_Q，变压器原边绕组 ab 的匝数为 N_p，匝比为 n，参考文献［5］提出了变压器等效两电容模型，以等效变压器的分布电容，如图 9.8b 所示。在此基础上，将开关管替代为电压源或电流源，可以方便推导隔离型变换器的等效干扰源表达式，为

$$v_{ENS\_FLY} = k_{FLY} v_Q \tag{9.7}$$

式中，k_{FLY} 的表达式为

$$k_{FLY} = \frac{C_{bd} + C_{pD1}}{C_{ad} + C_{bd} + C_{pD1}} \tag{9.8}$$

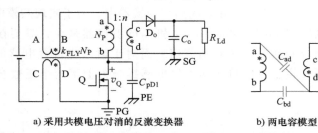

a) 采用共模电压对消的反激变换器   b) 两电容模型

图 9.8   采用共模电压对消的 Flyback 变换器

由于 v_Q 与变压器原边绕组电压 v_{ab} 的交流分量相同，根据式（9.3），将共模电感的两个绕组的匝数均选取为 $k_{FLY} N_P$，即可抵消共模电压。

需要注意的是，由于共模电压对消绕组位于原边电路，为了避免共模电压对消绕组和变压器的副边绕组之间产生电场耦合而引入额外的共模干扰路径，可以将变压器原边绕组置于共模电压对消组和变压器副边绕组之间，以起到屏蔽作用。此外，共模电压对消绕组不会影响原副边绕组的耦合。以如图 9.9 所示的变压器为例，变压器原边绕组为 Pri1、Pri2、Pri3 和 Pri4 相串联，副边绕组为 Sec；共模电压对消绕组为 CM1 和 CM2。由于副边绕组 Sec 与共模电压对消组 CM1 和 CM2 之间都存在紧密绕制的原边绕组，因此 Sec 与 CM1 和 CM2 之间都不存在电场耦合，即加入 CM1 与 CM2 不会引入新的共模干扰路径。

从图 9.8 可以看出，共模电压对消绕组 AB 与变压器原边绕组 ab 为同名端相串联。结合图 9.9 所示的变压器绕组结构，此时 CM1 与 Pri1 绕组可以相互消去（为了方便示意，这里考虑 CM1 与 Pri1 的匝数相等的情形），得到如图 9.10a 所示的变换器电路。图 9.10b 给出了相应的变压器绕组结构，此时绕组 Pri2、Pri3、Pri4 和 CM2

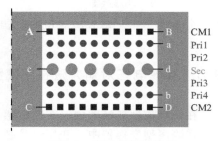

图 9.9   变压器绕组结构

相串联组成原边绕组，并且其匝数之和与图 9.9 中原边绕组的匝数相同，因此该方法不会增加变压器的体积。

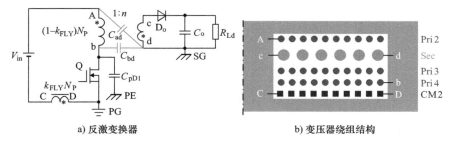

a) 反激变换器　　　　　　　b) 变压器绕组结构

图 9.10　采用共模电压对消的 Flyback 变换器的简化电路

图 9.11 给出了其他隔离型变换器的共模电压对消方法。下面进行说明。

图 9.11a 给出了采用共模电压对消方法的正激变换器，它与图 9.10a 中的反激变换器的实现方式类似。正激变换器的共模传导干扰的等效干扰源 $v_{\mathrm{ENS\_FWD}} = k_{\mathrm{FWD}} v_Q$，其中 v_Q 为开关管 Q 的漏源极电压，k_{FWD} 为

$$k_{\mathrm{FWD}} = \frac{C_{\mathrm{bd}} + C_{\mathrm{pD1}}}{C_{\mathrm{ad}} + C_{\mathrm{bd}} + C_{\mathrm{pD1}}} \tag{9.9}$$

图 9.11b 给出了采用共模电压对消方法的推挽变换器，其等效干扰源的表达式为 $v_{\mathrm{ENS\_PP}} = k_{\mathrm{PP}} v_{Q1}$。其中，$v_{Q1}$ 为 Q_1 的漏源极电压，k_{PP} 为

$$k_{\mathrm{PP}} = \frac{C_{\mathrm{ae}} - C_{\mathrm{be}} + C_{\mathrm{pD1}} - C_{\mathrm{pD2}}}{C_{\mathrm{ae}} + C_{\mathrm{be}} + C_{\mathrm{pD1}} + C_{\mathrm{pD2}}} \tag{9.10}$$

图 9.11c 给出了采用共模电压对消方法的半桥变换器，其等效干扰源的表达式为 $v_{\mathrm{ENS\_HB}} = k_{\mathrm{HB}} v_{Q2}$。其中，$v_{Q2}$ 为 Q_2 的漏源极电压，k_{HB} 为

$$k_{\mathrm{HB}} = \frac{C_{\mathrm{ae}} + C_{\mathrm{pD1}}}{C_{\mathrm{ae}} + C_{\mathrm{be}} + C_{\mathrm{pS1}} + C_{\mathrm{pD1}}} \tag{9.11}$$

图 9.11d 给出了半桥 LLC 谐振变换器的共模电压对消方法，其中 C_{pS1} 和 C_{pD1} 分别为开关管 Q_1 和 Q_2 的漏极通过散热器到安全地的寄生电容。当开关频率和谐振频率接近时，谐振电感和谐振电容的串联支路的阻抗远小于励磁电感的阻抗，其共模干扰模型与半桥变换器类似。其中共模电压对消绕组 AB 和 CD 的匝数均为 $k_{\mathrm{HB\_LLC}} N_{\mathrm{p}}$，$N_{\mathrm{p}}$ 为变压器原边绕组 ab 的匝数，$k_{\mathrm{HB\_LLC}}$ 为

$$k_{\mathrm{HB\_LLC}} = \frac{C_{\mathrm{ae}} + C_{\mathrm{pD1}}}{C_{\mathrm{ae}} + C_{\mathrm{be}} + C_{\mathrm{pS1}} + C_{\mathrm{pD1}}} \tag{9.12}$$

图 9.12 给出了移相控制全桥变换器，其中 C_{pS1}、C_{pD1}、C_{pS2} 和 C_{pD2} 分别是开关管 $Q_1 \sim Q_4$ 的漏极通过散热器到安全地的寄生电容。其共模传导干扰的等效干扰源[6] 为

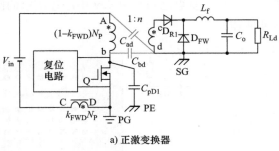

a) 正激变换器

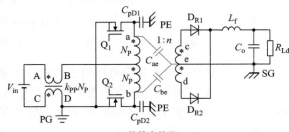

b) 推挽变换器

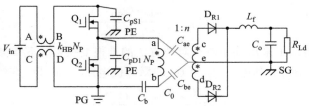

c) 半桥变换器

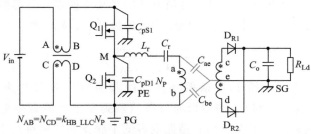

d) 半桥LLC谐振变换器

图 9.11　采用共模电压对消的基本非隔离型变换器

$$v_{\text{ENS\_FB}} = \frac{(C_{ae}+C_{pD1})v_A + (C_{be}+C_{pD2})v_B - C_{ae}v_{Lr}}{C_{ae}+C_{be}+C_{pD1}+C_{pD2}+C_{pS1}+C_{pS2}} \tag{9.13}$$

参照图 9.12，变压器原边绕组 ab 两端的电压 $v_{ab}=v_A-v_B-v_{Lr}$。结合式 (9.13) 可以看出，变换器等效干扰源的表达式与 v_{ab} 不存在比例关系，因此共模电压对消方法无法应用在移相控制全桥变换器中。

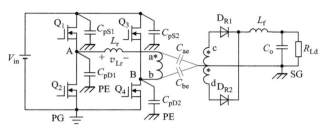

图 9.12　全桥变换器

图 9.13 给出了全桥 LLC 谐振变换器。当开关频率与谐振频率接近时，L_r 和 C_r 的串联谐振支路的电压可以忽略，此时变换器的等效干扰源表达式为

$$v_{\text{ENS\_FB\_LLC}} = \frac{(C_{\text{ae}} + C_{\text{pD1}})v_A + (C_{\text{be}} + C_{\text{pD2}})v_B}{C_{\text{ae}} + C_{\text{be}} + C_{\text{pD1}} + C_{\text{pD2}} + C_{\text{pS1}} + C_{\text{pS2}}} \tag{9.14}$$

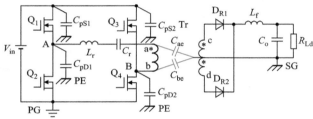

图 9.13　全桥 LLC 谐振变换器

与移相控制全桥变换器类似，当采用定频控制时，开关管 Q_1 和 Q_4（Q_2 和 Q_3）没有同开同关，变换器的等效干扰源与变压器原边绕组的电压 v_{ab} 不存在比例关系，此时无法应用共模电压对消方法。当采用变频控制时，开关管 Q_1 和 Q_4（Q_2 和 Q_3）同开同关，$v_A = -v_B$，此时 v_{ab} 近似等于 $2v_A$，式（9.14）可以简化为

$$v_{\text{ENS\_FB\_LLC}} = \frac{(C_{\text{ae}} - C_{\text{be}}) + (C_{\text{pD1}} - C_{\text{pD2}})}{C_{\text{ae}} + C_{\text{be}} + C_{\text{pD1}} + C_{\text{pD2}} + C_{\text{pS1}} + C_{\text{pS2}}} v_A \tag{9.15}$$

参照式（9.15），当开关管 Q_1 和 Q_4（Q_2 和 Q_3）同开同关时，共模电压对消方法可以应用在全桥 LLC 谐振变换器中，以减小其共模传导干扰。

9.4　共模电压对消方法在实际应用中的考虑

9.4.1　输入电流的限制

共模电压对消绕组位于输入电源侧，需要完全承担输入电流，因此共模电压对消方法适用在输入电流较小的场合。

9.4.2 共模电流对主电路的影响

由于共模电压对消绕组与滤波电感（变压器）绕组相耦合，流过共模电压对消绕组的共模电流将反映在滤波电感（变压器）侧。在实际应用中，共模电流的幅值一般远小于滤波电感电流（变压器）绕组电流的幅值。此外，当采用共模电压对消方法时，共模电流会被衰减。因此，该共模电流对主电路工作的影响可以忽略。

9.4.3 平衡电容

值得注意的是，在实际应用中，共模电压对消绕组和与之相耦合的绕组的匝比很难与寄生电容相应的比值匹配。为此，可以加入平衡电容与寄生电容并联，以调节寄生电容相应的比值，使之与绕组的匝比相匹配，实现共模电压对消。

以应用在图 9.5 中 Buck 变换器的共模电压对消方法为例，通过加入平衡电容 C_B 与寄生电容 C_{pS2} 相并联，此时实现共模电压对消的条件为

$$k_{\text{buck}} = \frac{N_{AB}}{N_{Lf}} = \frac{C_{pD1}}{C_{pD1} + C_{pS1} + (C_{pS2} + C_B) + C_{pS3}} \tag{9.16}$$

参照式（9.16），通过调整平衡电容 C_B，等式右侧的电容比值被相应调整，从而与相应绕组的匝比相等。实际上，为了让相应电容的比值与相应绕组的匝比相等，平衡电容 C_B 可以与任意的寄生电容相并联。

在一些隔离型变换器中，共模电压对消方法可以直接应用，无需加入平衡电容。对于图 9.11b 中的推挽变换器，当开关管 Q_1 和 Q_2 到散热器之间采用相同厚度的同种绝缘材料时，寄生电容 C_{pD1} 和 C_{pD2} 近似相等。同时，当采用对称变压器[7] 时，C_{ae} 与 C_{be} 相等。参照式（9.10），得到 $k_{PP} = 0$，即变换器的共模电流为零。对于图 9.13 的全桥 LLC 谐振变换器，当开关管 Q_1 和 Q_4（Q_2 和 Q_3）同开同关，且 $C_{ae} = C_{be}$，$C_{pD1} = C_{pD2}$ 时，参照式（9.15），得到 $v_{\text{ENS\_FB\_LLC}} = 0$。这与共模电压对消方法本质上没有直接关系，因为对称的拓扑在共模干扰路径对称时，其共模传导干扰为零。

此外，对于半桥变换器以及半桥 LLC 谐振变换器，当开关管 Q_1 和 Q_2 到散热器之间采用相同厚度的同种绝缘材料，且采用对称变压器时，寄生电容 $C_{pD1} = C_{pS1}$ 以及两电容 $C_{ae} = C_{be}$。参照式（9.11）和式（9.12），k_{HB} 和 k_{HB_LLC} 均为 0.5，此时不需要外加 C_B。

下面以图 9.14 中的变压器为例，给出两电容 C_{ae} 和 C_{be} 相等时的条件。图中，原边绕组 ab 由两层平面绕组 Pri1 与 Pri2 并联，副边绕组 cd 为 PCB 绕组，其中心抽头为端点 e，AB 和 CD 为共模电压对消绕组。

记原边绕组 Pri1 与副边绕组 Sec1-1 之间的寄生电容为 C_{01}，Pri2 与 Sec2-2 之间的寄生电容为 C_{02}，参照图 9.14 中的变压器绕组结构，流过 Pri1 和 Sec1-1 以及 Pri2 和 Sec2-2 的位移电流分别为

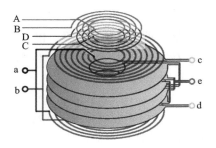

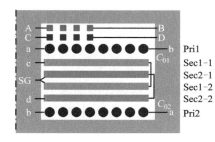

a) 三维示意图　　　　　　　　　　b) 二维示意图

图 9.14　主变压器绕组结构

$$\begin{cases} i_{\mathrm{dis1}} = C_{01} \dfrac{\mathrm{d}}{\mathrm{d}t} \left[\lambda_1 v_{\mathrm{a}} + (1-\lambda_1) v_{\mathrm{b}} - \left(\dfrac{7}{8} v_{\mathrm{c}} + \dfrac{1}{8} v_{\mathrm{d}} \right) \right] \\[3mm] i_{\mathrm{dis2}} = C_{02} \dfrac{\mathrm{d}}{\mathrm{d}t} \left[(1-\lambda_1) v_{\mathrm{a}} + \lambda_1 v_{\mathrm{b}} - \left(\dfrac{1}{8} v_{\mathrm{c}} + \dfrac{7}{8} v_{\mathrm{d}} \right) \right] \end{cases} \tag{9.17}$$

式中，λ_1 为

$$\lambda_1 = \frac{\dfrac{2}{3} r_1 + \dfrac{1}{3} r_2 + \dfrac{r_2 - r_1}{6 N_{\mathrm{P}}^2}}{r_1 + r_2} \tag{9.18}$$

其中，r_1 和 r_2 分别为原边绕组的内径和外径；N_{P} 为原边绕组的匝数[8]。

由于 Pri1 和 Sec1-1 以及 Pri2 和 Sec2-2 之间加入了相同厚度的同种绝缘材料，因此 $C_{01} = C_{02} = 0.5 C_0$，$C_0$ 为变压器的结构电容。将式（9.17）中的两个位移电流 i_{dis1} 和 i_{dis2} 相加并考虑 $C_{01} = C_{02} = 0.5 C_0$，得到

$$i_{\mathrm{dis}} = i_{\mathrm{dis1}} + i_{\mathrm{dis2}} = C_0 \frac{\mathrm{d}}{\mathrm{d}t} \left[\frac{1}{2} v_{\mathrm{a}} + \frac{1}{2} v_{\mathrm{b}} - \left(\frac{1}{2} v_{\mathrm{c}} + \frac{1}{2} v_{\mathrm{d}} \right) \right] \tag{9.19}$$

第6章给出了流过变压器原副边绕组之间分布电容的总位移电流的表达式，为

$$i_{\mathrm{dis}} = C_0 \frac{\mathrm{d}}{\mathrm{d}t} \left\{ \lambda_{\mathrm{p}} v_{\mathrm{a}} + (1-\lambda_{\mathrm{p}}) v_{\mathrm{b}} - \left[\lambda_{\mathrm{s}} v_{\mathrm{c}} + (1-\lambda_{\mathrm{s}}) v_{\mathrm{d}} \right] \right\} \tag{9.20}$$

比较式（9.19）和式（9.20），变压器绕组结构参数 λ_{p} 和 λ_{s} 均为 0.5。根据式（8.8），变压器的两电容 C_{ae} 和 C_{be} 的表达式为

$$\begin{cases} C_{\mathrm{ae}} = \left[\lambda_{\mathrm{p}} + n(1-2\lambda_{\mathrm{s}}) \right] C_0 \\[2mm] C_{\mathrm{be}} = \left\{ 1 - \left[\lambda_{\mathrm{p}} + n(1-2\lambda_{\mathrm{s}}) \right] \right\} C_0 \end{cases} \tag{9.21}$$

将 $\lambda_{\mathrm{p}} = \lambda_{\mathrm{s}} = 0.5$ 代入式（9.21），可得 C_{ae} 和 C_{be} 为

$$C_{ae} = C_{be} = 0.5C_0 \tag{9.22}$$

可以看出，当 $C_{01} = C_{02} = 0.5C_0$ 时，该变压器的两电容 C_{ae} 与 C_{be} 相等。在此基础上，根据式（9.12），当寄生电容 C_{pD1} 与 C_{pS1} 相等时，$k_{HB\_LLC} = 0.5$，即共模电压对消绕组的匝数 $N_{AB}(N_{CD})$ 为变压器原边绕组匝数的一半。

9.4.4 绕组间容性耦合的影响

由于共模电压对消绕组靠近电感（变压器）绕组，在实际应用中需考虑这两者之间容性耦合的影响。由于该容性耦合存在于共模电压对消绕组与电感绕组（变压器原边绕组）之间，不涉及安全地，因此不会引入新的共模干扰传递路径。然而，当相应绕组之间的寄生电容足够大时，电路的工作状态将会受到影响。这可以通过增加共模电压对消绕组到电感绕组（变压器原边绕组）之间的间距来减小该寄生电容，从而削弱其对主电路的影响。此时，共模电压对消绕组和与之耦合的绕组之间的漏感增大。下面讨论在有漏感的情况下，实现共模电压对消的相应方法。

9.4.5 漏感的影响

共模电压对消绕组与电感绕组（变压器原边绕组）相耦合，应考虑其漏感对共模电压对消的影响。图 9.15a 给出了考虑漏感的采用共模电压对消方法的 Buck 变换器，包括滤波电感 L_f 及其漏感 L_{lk_p} 和 L_{lk_s}。由于两个共模电压对消绕组放置的很近，这里忽略两者之间的漏感。参照前面推导共模干扰模型的主要步骤，图 9.15b 给出了将开关管替代为电压源或电流源的等效电路。

进一步地，将 25Ω 右侧的电路简化为戴维南等效电路，得到图 9.15c 中的共模干扰简化电路，其中 v_{ENS} 为

$$v_{ENS} = \left[\frac{L_f}{L_f + L_{lk\_p}} \cdot k_{buck} - \frac{C_{pD1}}{C_{pD1} + C_{pS1} + (C_{pS2} + C_B) + C_{pS3}} \right] v_{DFW} \tag{9.23}$$

参照图 9.15c 和式（9.23），等效干扰源 v_{eq} 和共模干扰的源阻抗均与漏感有关。为了抑制共模传导干扰，此时式（9.23）中 v_{DFW} 前面的系数应等于 0，那么 k_{buck} 为

$$k_{buck} = \left(1 + \frac{L_{lk\_p}}{L_f} \right) \cdot \left[\frac{C_{pD1}}{C_{pD1} + C_{pS1} + (C_{pS2} + C_B) + C_{pS3}} \right] \tag{9.24}$$

比较式（9.24）与式（9.16）可以看出，考虑漏感后，相应绕组的匝比 k_{buck} 需要增大。这是由于变压器漏感和励磁电感构成分压电路，使得共模电压对消绕组上感应的电压减小。为抵消漏感的影响，需增加共模电压对消绕组的匝数。

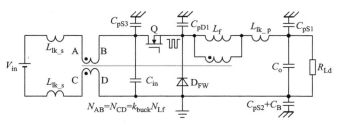

a) 考虑漏感的变换器共模干扰电路

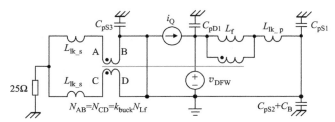

b) 含有替代电压/电流源的共模干扰等效电路

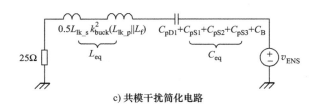

c) 共模干扰简化电路

图 9.15 考虑漏感之后的采用共模电压对消的 Buck 变换器

9.5 实验验证和讨论

9.5.1 Buck 变换器

为了验证共模电压对消方法的有效性，在实验室搭建了同步整流 Buck 变换器和半桥 LLC 谐振变换器原理样机。Buck 变换器的开关频率为 200kHz，相应的参数见表 9.1。滤波电感绕组采用单股 1.5mm 漆包线绕制，共模电压对消绕组由单股 0.7mm 漆包线绕制，滤波电感磁心采用 PQ 26/25。

表 9.1 Buck 变换器的电路参数

输入电压 V_{in}	48V	滤波电感 L_f	27μH
输出电压 V_o	12V	输出电容 C_r	20μF
输出功率 P_o	100W	寄生电容 C_{pD1}	20pF
输入电容 C_{in}	10μF	寄生电容 C_{pS3}	20pF

由于 $k_{buck} = C_{pD1} / (C_{pD1} + C_{pS1} + C_{pS2} + C_{pS3})$，结合表 9.1 中寄生电容的值可知 $k_{buck} = 0.5$。由于滤波电感绕组为 14 匝，因此共模电压对消绕组取 7 匝。测得共模电压对消绕组与滤波电感绕组之间的寄生电容为 23pF。对于 200kHz 的开关频率，该寄生电容对主电路的影响可以忽略。

图 9.16 给出了 Buck 变换器在满载时的相应波形。可以看出，变换器正常工作，共模电压对消绕组两端的电压为下管 Q_2 的漏源极电压的一半。此外，电感电流 i_L 中不含输入侧共模电流的分量，因此输入侧共模电流对主电路的影响可以忽略。

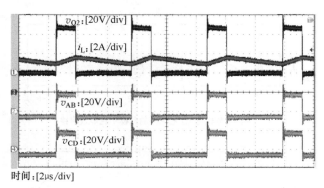

图 9.16　采用共模电压对消的 Buck 变换器的相应工作波形

图 9.17 给出了变换器在不同条件下的共模 EMI 测试结果的对比。图 9.17a 给出了变换器的原始共模干扰与加入共模电感后变换器的共模干扰的测试对比结果。其中，外加共模电感量与共模电压对消绕组的自感相等，为 6.3μH。可以看出，加入共模电感后，变换器的共模干扰在低频段几乎没有变化，而高频段的共模干扰得到明显衰减。这是由于在低频段，共模电感的阻抗远小于变换器共模干扰的源阻抗，因此共模干扰几乎不变；而在高频段，共模电感的阻抗远大于变换器共模干扰的源阻抗，此时变换器的共模干扰得到明显衰减。

图 9.17b 和 c 分别给出了加入共模电感后和采用共模电压对消方法的变换器的共模干扰测试结果的对比。参照图 9.15a，加入共模电压对消绕组后，$L_f = 28μH$，$L_{lk\_p} = 1.44μH$，$L_{lk\_s} = 0.60μH$。由于漏感 L_{lk_p} 远小于滤波电感 L_f，共模电压对消绕组两端的电压与变换器的等效干扰源很接近，因此在采用共模电压对消方法时，变换器的共模传导干扰降低了 12dB。进一步地，将相应的寄生电容和电感参数代入式 (9.24)，可得所需平衡电容为 3.8pF。在功率地和安全地之间加入该平衡电容后，变换器的共模传导干扰降低了 5dB，验证了 9.4.5 节中对于存在漏感时的分析。

为了进一步验证 9.4.5 节中的讨论，图 9.17c 给出了漏感较大时的实验对比结果。通过外加 $13.30\mu H$ 的电感与滤波电感绕组串联，并在输入电源线上加入 $2.90\mu H$ 的共模电感，以模拟共模电感绕组与滤波电感绕组之间漏感较大的情形。尽管变换器等效的滤波电感值增大，由于变换器工作在连续导通模式，变换器的占空比不变，因此开关管 Q_2 的漏源极电压的频谱不变。从图 9.17c 中可以看出，加入共模电压对消绕组后，变换器的共模传导干扰几乎没有变化。这是由于外加电感为滤波电感的感值的一半，此时共模电压对消绕组上的补偿电压小于

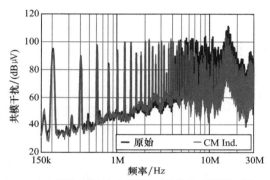

a) 原始干扰与加入共模电感的共模干扰测试对比

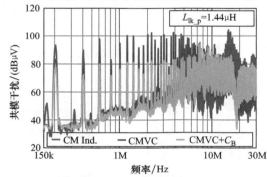

b) 加入共模电感与采用共模电压对消方法的共模干扰测试对比

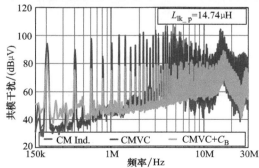

c)加入共模电感与采用共模电压对消方法的共模干扰测试对比

图 9.17 采用共模电压对消前后的共模干扰对比（见彩插）

变换器的等效干扰源。将相应参数代入式（9.24），得到所需的平衡电容为 39.0pF。在功率地和安全地之间加入该平衡电容后，变换器的共模传导干扰在低频段降低了约 15dB，验证了 9.4.5 节中对于存在漏感时的分析。变换器在高频段共模干扰的衰减原因尚不明确，这需要在共模干扰模型中考虑电路中的其他寄生参数，推导出在高频段依然适用的共模干扰模型。

9.5.2 半桥 LLC 谐振变换器

图 9.18 给出了半桥 LLC 谐振变换器的样机以及主变压器的相应绕组。辅助绕组为 1 匝，其接至原边电路为相应的控制和驱动电路供电。由于原边绕组在辅助绕组和原边绕组之间起到屏蔽作用，因此辅助绕组不会影响变换器的共模传导干扰。表 9.2 给出了样机的主要参数。图 9.11d 给出了采用共模电压对消方法的 LLC 谐振变换器的主电路。由于 LLC 谐振变换器输入电流中大部分的交流成分被电容 C_{in} 吸收，因此共模电压对消绕组 AB 和 CD 采用 1mm 的三层绝缘线绕制。谐振电感采用 150 股 0.1mm 利兹线绕制，共 10 匝，磁心为 PQ 26/20。

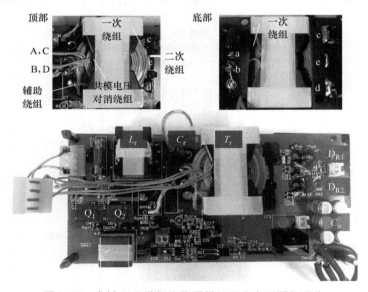

图 9.18　半桥 LLC 谐振变换器样机及主变压器的照片

表 9.2　变换器主电路参数

输入电压 V_{in}	385V	谐振电感 L_r	13.5μH
输出电压 V_o	48V	谐振电容 C_r	57nF
输出功率 P_o	1kW	励磁电感 L_m	86μH
谐振频率 f_r	180kHz	输入电容 C_{in}	2.5μF
变压器匝比 n	1/4	输出电容 C_o	600μF

图 9.14 给出了主变压器的绕组结构，其绕组参数在表 9.3 中给出。由于 Pri1 与 Sec1-1 和 Pri2 与 Sec2-2 之间采用了相同厚度的同种绝缘材料，因此 C_{01} 与 C_{02} 近似相等，其测量值为 53pF。类似的，开关管 Q_1 和 Q_2 的漏极到散热器的寄生电容 C_{pD1} 和 C_{pS2} 也近似相等，其测量值为 20pF。参照 9.4.3 节中的分析可知，共模电压对消绕组的匝数 N_{AB} 和 N_{CD} 为原边绕组匝数（8 匝）的一半，即 $N_{AB}=N_{CD}=4$。此外，共模电压对消绕组到滤波电感绕组之间的寄生电容的测量值为 26pF，对于 170kHz 左右的开关频率，该寄生电容对主电路的影响可以忽略。

表 9.3　主变压器参数

	线型	线规	匝数
原边绕组 ab	利兹线	0.1mm×80	Pri1：8
			Pri2：8
副边绕组 cd	PCB 绕组	113.4g(4oz)，9.75mm	4

　　图 9.19 给出了变换器满载时，变压器原边绕组电压 v_{ab}、由谐振电感和谐振电容构成的串联谐振支路的电压 v_{res} 以及谐振电感电流的波形，此时变换器的开关频率为 170.35kHz。可以看出，v_{res} 呈脉冲形式，这是由于谐振电感电流在两元件谐振和三元件谐振交界处的左右斜率发生突变，因此谐振电感电压出现脉冲形式。由于 v_{res} 的脉宽非常小，因此在基波及数倍谐波频率的低频范围内，v_{res} 的谐波幅值都远小于 v_{ab} 的谐波幅值。在分析和抑制共模干扰时，该串联谐振支路电压的影响可以忽略。此外，谐振电感电流 i_{Lr} 中不含输入侧共模电流的分量，因此输入侧共模电流对主电路的影响可以忽略。

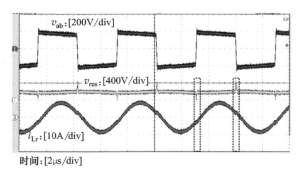

图 9.19　变换器满载时的主要工作波形

　　图 9.20 给出了采用共模电压对消方法时变压器原边绕组电压 v_{ab} 和共模电压对消绕组的电压 v_{AB} 与 v_{CD} 的波形。可以看出，这三者的波形相似，且 v_{ab} 的幅值为 v_{AB} 与 v_{CD} 的两倍。

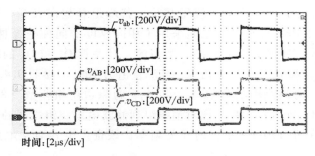

图 9.20   变压器原边绕组和共模电压对消绕组的电压

图 9.21 给出了半桥 LLC 谐振变换器的原始共模传导干扰和采用共模电压对消方法后的共模传导干扰测试结果对比。可以看出，采用共模电压对消后，变换器的共模传导干扰要低出 20dB 左右，实验结果表明了所提出方法的有效性。

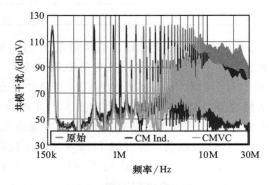

图 9.21   加入共模电感，共模电压对消绕组前后的共模传导干扰对比（见彩插）

9.6   本章小结

本章提出了抑制直流变换器共模传导干扰的共模电压对消方法，它是将共模电压对消绕组与电感（非隔离型）或变压器（隔离型）相耦合，产生补偿电压并抵消变换器的共模电压，从而抑制变换器的共模传导干扰。特别地，对于 Boost、Cuk 和 SEPIC 这些输入侧包含电感的变换器，为实现共模电压对消，只需将输入侧电感分成上下耦合的绕组并取合适匝比。对于反激和正激变换器，为实现共模电压对消，只要将其变压器原边绕组拆分为上下耦合的绕组并取合适匝比。此外，该共模电压对消方法无法应用于移相控制全桥变换器以及定频控制的全桥 LLC 谐振变换器中。在实验室分别搭建了一台 100W 的 Buck 变换器和 1kW 的半桥 LLC 变换器样机并进行了测试，实验结果表明所提出的方法在低频段具有良好的干扰抑制效果。

参 考 文 献

[1]　XIE L, RUAN X, YE Z. Equivalent noise source: An effective method for analyzing common mode noise in isolated power converters [J]. IEEE Transactions on Industrial Electronics, 2016, 63 (5): 2913-2924.

[2]　COCHRANE D, CHEN D, BOROYEVIC D. Passive cancellation of common-mode noise in power electronic circuits [J]. IEEE Transactions on Power Electronics, 2003, 18 (3): 756-763.

[3]　OGASAWARA S, AYANO H, AKAGI H. An active circuit for cancellation of common mode voltage generated by a PWM inverter [J]. IEEE Transactions on Power Electronics, 1998, 13 (5): 835-841.

[4]　WANG S, KONG P, LEE F C. Common mode noise reduction for boost converters using general balance technique [J]. IEEE Transactions on Power Electronics, 2007, 22 (4): 1410-1416.

[5]　ZHANG H, WANG S, LI Y, et al. Two-capacitor transformer winding capacitance models for common-mode EMI noise analysis in isolated dc-dc converters [J]. IEEE Transactions on Power Electronics, 2017, 32 (11): 8458-8469.

[6]　XIE L, RUAN X, YE Z. Modeling of common mode noise in phase-shift full-bridge converter [C]. Proc. IEEE Annual Conference of Industrial Electronics Society (IECON), 2016: 1371-1375.

[7]　XIE L, RUAN X, YE Z. Reducing common mode noise in phase-shift full-bridge converter [J]. IEEE Transactions on Industrial Electronics, 2018, 65 (10): 7866-7877.

[8]　KONG P, WANG S, LEE F C, et al. Reducing common-mode noise in two-switch forward converter [J]. IEEE Transactions on Power Electronics, 2011, 26 (5): 1522-1533.

第10章

**非隔离型变换器输入和输出侧的
共模电流抑制方法**

第 7~9 章介绍了 DC-DC 变换器共模传导干扰的抑制方法，通过屏蔽、无源对消、对称电路和共模电压对消等方式，减小从输入电源线进入电网的共模电流。然而，电力电子变换器产生的共模电流还会通过输出电源线进入负载，影响触摸屏等敏感负载的正常工作，因此有必要同时抑制输入和输出侧的共模电流。本章首先以 Buck 变换器为例，考虑其输入和输出侧共模阻抗，建立了共模干扰等效电路。在此基础上，推导了 Buck 变换器输入和输出侧的共模电流抑制方法，并讨论了该方法在其他非隔离型直流变换器中的应用。最后，分别搭建了采用该方法前后的 Buck 变换器，测试并比较了两种变换器的输入和输出侧的共模电流，验证了所提出方法的有效性。

10.1　考虑输入和输出侧共模阻抗的共模传导干扰模型

图 10.1 给出了 Buck 变换器的主电路及共模干扰传递路径中的寄生电容。其中，Q_1 为开关管，D_{FW} 为续流二极管，L_f 为滤波电感，C_{in} 和 C_o 为输入和输出电容，R_{Ld} 为负载。C_{pS1} 为 Q_1 漏极到安全地 PE 的寄生电容，C_{pD1} 为 D_{FW} 到 PE 的寄生电容，C_{pS2} 为功率地到 PE 的寄生电容，C_{p1} 和 C_{p2} 分别为负载的正、负极到 PE 的寄生电容。图中，输入电源和变换器的输入侧之间接入 LISN 以提供给定的阻抗[1]。

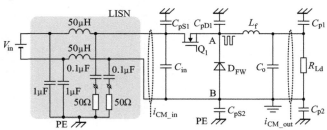

图 10.1　Buck 变换器主电路及共模干扰传递路径中的寄生电容

为了推导变换器的共模干扰模型，首先将续流二极管 D_{FW} 替换为电压波形相同的电压源 v_{DFW}，以表征电路节点 A 呈高频跳变的特性。由于输入电容 C_{in} 和输出电容 C_o 的电压纹波远小于 v_{DFW}，将 C_{in} 和 C_o 视为短路。为避免电路中出现纯电压源回路或纯电流源割集，将开关管 Q_1 和滤波电感 L_f 分别替代为电流波形相同的电流源 i_{Q1} 和 i_{Lf}[2]。对于共模传导干扰，LISN 侧的等效阻抗为 25Ω，输出侧的共模阻抗等效为电容 C_{p1} 和 C_{p2} 的并联，由此得到图 10.2 给出的含替代电压/电流源的共模等效电路。

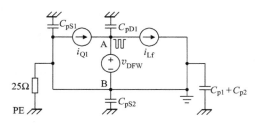

图 10.2　包含替代电压源的共模干扰等效电路

下面应用叠加定理简化图 10.2。首先将电压源 v_{DFW} 短路，仅考虑电流源 i_{Q1} 和 i_{Lf} 的影响。由于电流源被短路，因此 i_{Q1} 和 i_{Lf} 对共模传导干扰没有影响。其次将电流源 i_{Q1} 和 i_{Lf} 开路，仅考虑电压源 v_{DFW} 的影响，得到图 10.3a 中的子电路。

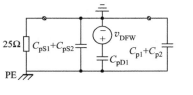

a) 包含 v_{DFW} 的简化电路

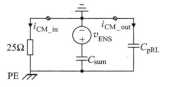

b) 包含 v_{ENS} 的简化电路

图 10.3　共模干扰等效电路的简化

采用戴维南定理简化图 10.3a 中的子电路，得到图 10.3b 中包含等效干扰源 v_{ENS}[3] 和总寄生电容 C_{sum} 的形式。其中，v_{ENS}、C_{sum} 和 C_{pRL} 的表达式分别为

$$v_{ENS} = k_{buck} v_{DFW} \tag{10.1}$$

$$C_{sum} = C_{pD1} + C_{pS1} + C_{pS2} \tag{10.2}$$

$$C_{pRL} = C_{p1} + C_{p2} \tag{10.3}$$

其中，系数 k_{buck} 的表达式为

$$k_{buck} = \frac{C_{pD1}}{C_{sum}} \tag{10.4}$$

由于续流二极管 D_{FW} 两端的电压和滤波电感电压具有相同的交流分量[4]，变换器的等效干扰源表达式可以写成

$$v_{ENS} = k_{buck} v_{Lf} \tag{10.5}$$

10.2　Buck 变换器的分裂绕组电路结构

10.2.1　分裂绕组电路结构的推导

从图 10.3b 中可以看出，为了同时抑制输入和输出侧的共模电流 i_{CM_in} 和 i_{CM_out}，应消除电压源 v_{ENS} 的影响。图 10.4a 给出了消除 v_{ENS} 的基本原理图，它是在电路中加入两个补偿电压源 v_{CM1} 和 v_{CM2}。当 $v_{CM1} = v_{CM2} = v_{ENS}$ 时，这三个电压源的正极为等电位，因此可以将它们短接，得到图 10.4b 中的简化电路。由于电路中不存在激励，因此 i_{CM_in} 和 i_{CM_out} 均为零。

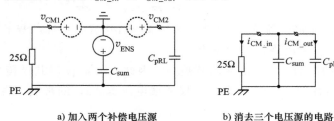

a) 加入两个补偿电压源　　　　　b) 消去三个电压源的电路

图 10.4　输入和输出侧共模电压对消的基本原理

根据图 10.4a，v_{CM1} 和 v_{CM2} 分别位于变换器的输入和输出侧。由于 v_{CM1} 和 v_{CM2} 为共模电压，变换器的两根输入电源线（两根输出线）都应注入补偿电压 v_{CM1}（v_{CM2}）。参照式（10.5），等效干扰源 v_{ENS} 与滤波电感电压 v_{Lf} 成正比，因此可在输入和输出侧均加入共模绕组，并使其与滤波电感 L_f 相耦合，得到需补偿的共模电压 v_{CM1} 和 v_{CM2}，如图 10.5 所示。记滤波电感 L_f 的匝数为 N_{Lf}，则共模绕组 W_{CM1} 和 W_{CM2} 的匝数 N_{CM} 均为

$$N_{CM} = k_{buck} N_{Lf} \qquad (10.6)$$

当共模绕组 W_{CM2} 的漏感较小时，输出电容 C_o 和负载 R_{Ld} 两端的电压相等，因此可以将输出电容 C_o 右移至负载 R_{Ld} 侧，如图 10.6a 所示。注意到滤波电感 L_f 的绕组和共模绕组 W_{CM2} 的上半部分串联，因此将这两个绕组合并，如图 10.6b 所示，合并后的绕组匝数为 $(1 - k_{buck}) N_{Lf}$。由于共模绕组 W_{CM1} 和 W_{CM2} 下半部分的匝数相等，因此两

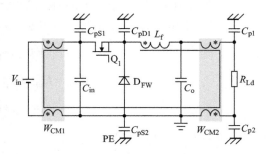

图 10.5　抑制输入和输出侧共模
干扰的实现方式

绕组的端电压相等，变换器的输入地和输出地可以短接，从而省去一组绕组，得到图 10.6c 所示的简化电路。下面将详细分析其工作原理。

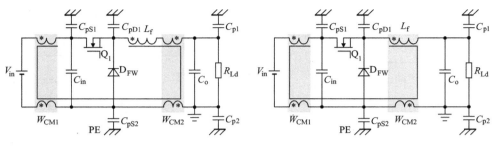

a) 输出电容C_o右移　　　　　　　　　　　　　b) 高端位置的两个绕组合并

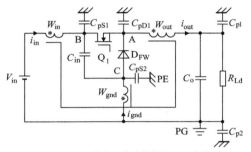

c) 采用分裂绕组电路结构的Buck变换器

图 10.6　图 10.5 的具体简化过程

10.2.2　变换器的工作原理

在图 10.6c 中，变换器稳态工作时，各绕组的平均电压为零，根据基尔霍夫电压定律，输入电容 C_{in} 的平均电压等于输入电压 V_{in}。图 10.7a、b 和 c 分别给出了变换器在开关管 Q_1 开通，续流二极管 D_{FW} 开通和 Q_1 与 D_{FW} 都关断时的电路。

由于输入电容 C_{in} 和输出电容 C_o 的纹波远小于其直流分量，在分析过程中忽略其纹波分量。在图 10.7a 中，V_{in} 与 W_{in} 的串联支路和 C_{in} 与 W_{gnd} 的串联支路相并联。由于 C_{in} 的电压为 V_{in}，通过交换 C_{in} 与 W_{gnd} 的位置，合并输入电压源 V_{in} 和输入电容 C_{in}，可得图 10.7a 的等效电路，其中 W_{in} 和 W_{gnd} 等效并联。在图 10.7b 中，输入电压和输入电容的电压相互串联抵消，由此得到图 10.7b 的等效电路。在图 10.7c 中，当电感电流断续时，开关管和续流二极管都关断，流过各绕组的电流为零，此时开关管 Q_1 承担输入和输出电压的差值，续流二极管 D_{FW} 承担输出电压，该过程与工作在断续模式（Discontinuous Conduction Mode，DCM）的 Buck 变换器一致。负载越轻，断续的时间越长[5]。

根据图 10.7a 和 b，绕组 W_{in} 和 W_{gnd} 并联后与绕组 W_{out} 串联，这三个绕组整体可以等效为一个绕组。注意到绕组 W_{in} 和 W_{gnd} 的匝数相等且同名端相连，其

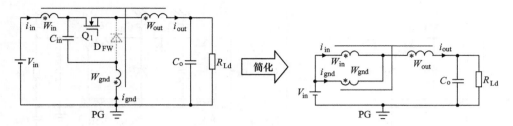

a) 开关管Q₁导通时的电路及其简化

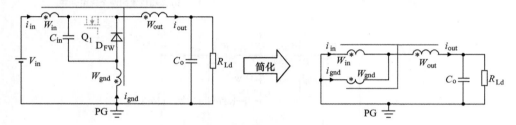

b) 续流二极管D_FW导通时的电路及其简化

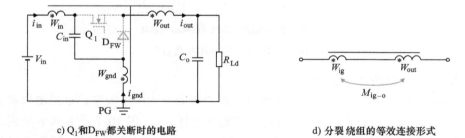

c) Q₁和D_FW都关断时的电路   d) 分裂绕组的等效连接形式

图 10.7   分裂绕组电路结构的 Buck 变换器在不同开关状态下的子电路及其等效电路

并联绕组可以等效为一个绕组 W_{ig}，图 10.7d 给出了相应的等效电路。由于两绕组为非同名端串联，其电感量为

$$L_{eq} = L_{ig} + L_{out} + 2M_{ig-o} \qquad (10.7)$$

式中，L_{ig} 和 L_{out} 分别为绕组 W_{ig} 和 W_{out} 的自感；M_{ig-o} 是绕组 W_{ig} 和 W_{out} 之间的互感。

将图 10.7a 和 b 中的分裂电感绕组替换为等效的电感 L_{eq}，可以看出采用分裂绕组电路结构和原电路结构的 Buck 变换器在不同开关状态下的等效电路对应相同，因此这两个变换器的工作原理一致。

10.2.3 原电路结构与分裂绕组结构的绕组总窗口面积的比较

从图 10.7 中可以看出，与原电路结构的 Buck 变换器相比，分裂绕组电路结构的 Buck 变换器需要 3 个绕组，下面将计算并比较两种变换器的绕组总窗口面积。

对于原电路结构的 Buck 变换器，当电感电流纹波率较小时，电感电流的有效值与其直流分量 I_{out} 近似相等[5]，此时滤波电感的总窗口面积为

$$A_{W-Lf} = \frac{N_{Lf}I_{out}}{J}$$ （10.8）

式中，J 为电流密度。

采用分裂绕组时，绕组 W_{in}、W_{gnd} 和 W_{out} 的窗口面积表达式 A_{Win}、A_{Wgnd} 和 A_{Wout} 分别为

$$A_{Win} = \frac{k_{buck}N_{Lf}I_{in}}{J}$$ （10.9）

$$A_{Wgnd} = \frac{k_{buck}N_{Lf}(I_{out}-I_{in})}{J}$$ （10.10）

$$A_{Wout} = \frac{(1-k_{buck})N_{Lf}I_{out}}{J}$$ （10.11）

式中，I_{in} 为变换器的输入电流。

将式（10.9）~式（10.11）相加，绕组所占的总窗口面积等于式（10.8）中的窗口面积，因此这两种变换器的绕组占有相同的窗口。当采用相同的磁心时，电感的体积保持不变。图 10.8 直观演示了从原电感到分裂绕组电感的演化。在图 10.8b 中，原电感绕组被分裂为线径相同的两个绕组 W_{out} 和 W_{ig}，其匝数分别为 $(1-k_{buck})N_{Lf}$ 和 $k_{buck}N_{Lf}$。在图 10.8c 中，W_{ig} 被分裂为匝数相同的两个绕

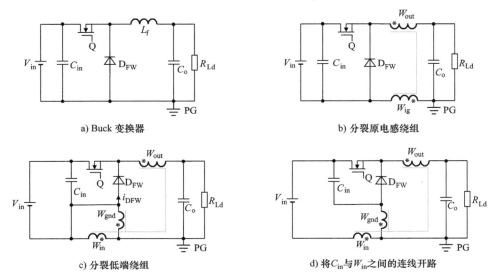

a) Buck 变换器　　　　　　　　　　　　　b) 分裂原电感绕组

c) 分裂低端绕组　　　　　　　　　　　　d) 将 C_{in} 与 W_{in} 之间的连线开路

图 10.8　从原电感到分裂绕组电感的演化

组 W_{in} 和 W_{gnd}，其线径分别为 $(I_{out}-I_{in})/J$ 和 I_{in}/J。注意到 W_{in} 和 W_{gnd} 的电压相同，可以将 C_{in} 与 W_{in} 或 C_{in} 与 W_{gnd} 之间的连线开路。由于 D_{FW} 流过脉动电流 i_{DFW}，W_{gnd} 与其他耦合绕组之间存在漏感，因此 W_{gnd} 不能与 D_{FW} 串联。由此，将 C_{in} 与 W_{in} 之间的连线开路，如图 10.8d 所示。为了使变换器的输入和输出共地，将 W_{in} 移至 V_{in} 的正极，即为图 10.6c 所示的电路。从图 10.8 可以看出，原电感的匝数和线径先后被分裂，因此电感绕组的总体积保持不变。

10.3 考虑绕组实际耦合情形的电路平衡条件

在图 10.6c 中，三个绕组在实际电路中为非理想耦合，这可能会影响共模干扰的抑制效果。本节将考虑绕组在实际耦合情形下，使得共模干扰对消的电路平衡条件。

为了推导图 10.6c 中变换器的共模等效电路，图 10.9a 给出了含有替代电压/电流源的电路。应用叠加定理将图 10.9a 进行简化，得到图 10.9b 中带有电桥的等效电路。当电桥平衡时，变换器的输入和输出侧的共模电流同时为零。

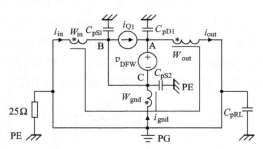

a) 含替代电压/电流源的等效电路

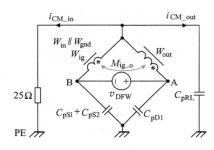

b) 简化后的等效电路

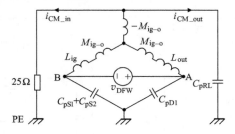

c) 解耦后的共模干扰等效电路

图 10.9　考虑绕组实际耦合情形的分裂绕组电路结构的 Buck 变换器

为了推导共模干扰对消的电路平衡条件，图 10.9c 给出了将绕组 W_{ig} 与 W_{out}

解耦之后的电路。根据电桥平衡的条件，得到如下关系式

$$\frac{L_{ig}+M_{ig-o}}{L_{out}+M_{ig-o}}=\frac{C_{pD1}}{C_{pS1}+C_{pS2}}$$ （10.12）

在实际电路中，C_{pS1} 与 C_{pD1} 主要由主功率管到散热器之间的寄生电容引起，这两个寄生电容通常远大于 C_{pS2}。当主功率管到散热器之间采用相同厚度的同种绝缘材料时，C_{pS1} 与 C_{pD1} 近似相等。根据式（10.2）和式（10.4），系数 k_{buck} 为 0.5，因此绕组 W_{in}、W_{gnd} 与 W_{out} 的匝数相等。为了实现变换器的高功率密度，通常将这三个绕组绕在同一个磁心。此时各绕组之间为紧耦合，绕组自感 L_{ig} 和 L_{out} 与互感 M_{ig-o} 近似相等。根据式（10.12），电路平衡条件自然满足，无须增加补偿电容。

10.4 分裂绕组电路结构在其他非隔离型直流变换器中的应用

参照 10.1 节和 10.2 节的分析，本节将给出分裂绕组电路结构在其他非隔离型直流变换器中的应用。对于 Boost 变换器，由于其功率流向与 Buck 变换器的相反，其分裂绕组电路结构可以直接从分裂绕组电路结构的 Buck 变换器衍生。图 10.10a 给出了相应的电路，绕组 W_{in}、W_{gnd} 与 W_{out} 的匝数为

$$N_{in}=(1-k_{bst})N_{Lb}$$ （10.13）

$$N_{gnd}=N_{out}=k_{bst}N_{Lb}$$ （10.14）

其中，N_{Lb} 为 Boost 电感的匝数，k_{bst} 的表达式与式（10.4）相同。值得注意的是，由于 Boost 变换器和 Boost PFC 变换器的共模传导干扰路径一致，当 Boost PFC 变换器采用分裂绕组电路结构时，其输入和输出侧的共模电流可同样得到抑制。

图 10.10b~e 给出了采用分裂绕组电路结构的其他非隔离型直流变换器。对于图 10.10b 中的 Buck-Boost 变换器，绕组 W_{in}、W_{gnd} 与 W_{out} 的匝数为 $k_{bb}N_{Lb}$，其中 k_{bb} 的表达式与式（10.4）相同，N_{Lb} 为 Buck-Boost 电感的匝数。对于图 10.10c 中的 Cuk 变换器，绕组 W_{in}、W_{gnd} 与 W_{out} 的匝数为

$$N_{in}=(1-k_{Cuk})N_{L1}$$ （10.15）

$$N_{gnd}=N_{out}=k_{Cuk}N_{L1}$$ （10.16）

其中，N_{L1} 为靠近输入侧的电感匝数，k_{Cuk} 的表达式为

$$k_{Cuk}=\frac{C_{pD1}+C_{pD2}}{C_{pD1}+C_{pD2}+C_{pS1}+C_{pS2}}$$ （10.17）

对于图 10.10d 中的 SEPIC 变换器，绕组 W_{in}、W_{gnd} 与 W_{out} 的匝数为

$$N_{in}=(1-k_{SEPIC})N_{L1}$$ （10.18）

$$N_{\mathrm{gnd}} = N_{\mathrm{out}} = k_{\mathrm{SEPIC}} N_{\mathrm{L1}} \tag{10.19}$$

式中，N_{L1} 为靠近输入侧的电感匝数；k_{SEPIC} 的表达式与式（10.17）相同。

对于图 10.10e 中的 Zeta 变换器，绕组 W_{in}、W_{gnd} 与 W_{out} 的匝数为 $k_{\mathrm{Zeta}} N_{\mathrm{L1}}$，其中 k_{Zeta} 的表达式与式（10.17）相同，N_{L1} 为电感 L_1 的匝数。

从图 10.10b 和 e 可以看出，对于采用分裂绕组电路结构的 Buck-Boost 变换器，增加的绕组 W_{in}、W_{out} 和 W_{gnd} 无法与原电路结构中的电感绕组合并，因此分裂绕组电路结构的绕组总体积大于原电路结构的绕组总体积。对于图 10.10c 中的 Cuk 变换器，流过绕组 W_{gnd} 的平均电流为输入电流和输出电流之和，由于该电流大于输入电流，因此其绕组总体积大于采用原电路结构的 Cuk 变换器。

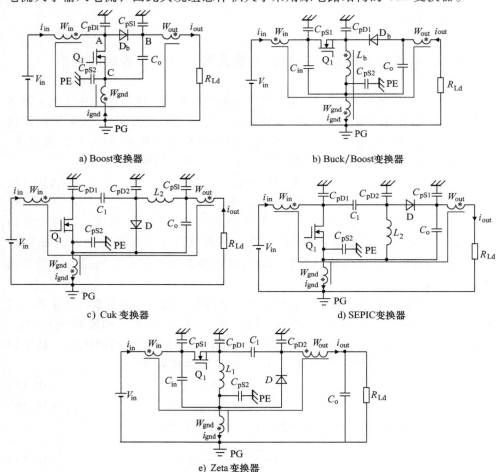

图 10.10 采用分裂绕组电路结构的非隔离型变换器

对于原电路结构的 SEPIC 变换器，输入侧电感 L_1 的绕组所占的窗口面积为

$$A_{\mathrm{W\_L1\_SEPIC}} = \frac{N_{\mathrm{L1}} I_{\mathrm{in}}}{J} \qquad (10.20)$$

对于采用分裂绕组电路结构的 SEPIC 变换器，耦合绕组所占的窗口面积分别为

$$A_{\mathrm{Win\_SEPIC}} = \frac{(1 - k_{\mathrm{SEPIC}}) N_{\mathrm{L1}} I_{\mathrm{in}}}{J} \qquad (10.21)$$

$$A_{\mathrm{Wgnd\_SEPIC}} = \frac{k_{\mathrm{SEPIC}} N_{\mathrm{L1}} |I_{\mathrm{out}} - I_{\mathrm{in}}|}{J} \qquad (10.22)$$

$$A_{\mathrm{Wout\_SEPIC}} = \frac{k_{\mathrm{SEPIC}} N_{\mathrm{L1}} I_{\mathrm{out}}}{J} \qquad (10.23)$$

将式（10.21）~式（10.23）相加，得到绕组占有的总窗口面积 A_{T} 为

$$A_{\mathrm{T}} = \frac{N_{\mathrm{L1}} I_{\mathrm{in}}}{J} \qquad I_{\mathrm{in}} \geqslant I_{\mathrm{out}} \qquad (10.24)$$

$$A_{\mathrm{T}} = \left[1 + 2k_{\mathrm{SEPIC}} \left(\frac{I_{\mathrm{out}} - I_{\mathrm{in}}}{I_{\mathrm{in}}} \right) \right] \frac{N_{\mathrm{L1}} I_{\mathrm{in}}}{J} \qquad I_{\mathrm{in}} < I_{\mathrm{out}} \qquad (10.25)$$

可以看出，当 SEPIC 变换器工作于升压模式时，变换器的输入电流 I_{in} 大于输出电流 I_{out}，比较式（10.24）和式（10.20）可知，采用分裂绕组电路结构与原电路结构的 SEPIC 变换器的体积相同。当 SEPIC 变换器工作于降压模式时，变换器的输入电流 I_{in} 小于输出电流 I_{out}，比较式（10.25）和式（10.20），采用分裂绕组电路结构的 SEPIC 变换器的体积更大。对于 Zeta 变换器，由于其功率流向与 SEPIC 变换器的相反，可知当 Zeta 变换器工作于降压模式时，采用分裂绕组电路结构与原电路结构的 Zeta 变换器的体积相同。当 Zeta 变换器工作于升压模式时，采用分裂绕组电路结构的 Zeta 变换器的体积更大。

10.5 实验验证和讨论

为验证所提出方法的有效性，在实验室搭建了 Buck 变换器的原电路和分裂绕组电路，测试并比较了两种电路的输入侧和输出侧的共模电流。图 10.11 给出了采用分裂绕组电路结构的 Buck 变换器样机、采用分裂绕组的电感和原电感的。对于 Buck 变换器的原电路，其 PCB 可以将图 10.11a 中 PCB 的 W_{in} 和 W_{gnd} 连接口分别短接得到。

表 10.1 给出了 Buck 变换器的主要参数。寄生电容 C_{D1} 和 C_{S1} 在主功率管与主电路断开的情况下，经阻抗分析仪（WAYNE KERR 6500B）在 100kHz 测试频

a) Buck变换器的样机照片　　　　　　b) 分裂绕组电感　　　　c) 原电感

图 10.11　样机照片

率下获得。

表 10.2 列出了分裂绕组电感和原电感的主要参数，这两种电感均采用单股漆包线，其绕组结构如图 10.12 所示。其中，绕组 W_{in} 连接在输入电容 C_{in} 的正极 C_{in}（+）和输入电压 V_{in} 的正极 V_{in}（+）之间，绕组 W_{gnd} 连接在输入电容 C_{in} 的负极 C_{in}（-）和输入电压 V_{in} 的负极 V_{in}（-）之间，绕组 W_{out} 与原电感相同，连接在开关管 Q_1 的源极 Q_1（source）和输出电容 C_o 的正极 V_o（+）之间。

表 10.1　Buck 变换器的电路参数

输入电压 V_{in}	48V	输入电容 C_{in}	180μF
输出电压 V_o	12V	滤波电感 L_f	25μH
负载电阻 R_{Ld}	1.5Ω	输出电容 C_o	180μF
开关频率 f_s	200kHz	寄生电容 C_{pD1}, C_{pS1}	27pF

表 10.2　两种电感的主要参数

	原电感	分裂绕组电感		
		W_{in}	W_{gnd}	W_{out}
匝数	14	7	7	7
绕组线径	1.5mm	0.7mm	1.3mm	1.5mm
自感	25.16μH	并联（W_{ig}）:6.54μH		6.52μH
互感		W_{ig} and W_{out}:6.05μH		
重量	45g	44g		
体积		27.3×19.3×21.6mm（磁心：PQ26/20）		

图 10.13 给出了采用分裂绕组电路结构的 Buck 变换器的主要工作波形，包括开关管 Q_1 的源极到功率地的电位、开关管 Q_2 的源极到功率地的电位以及流过各分裂绕组的电流。从图 10.13a 可以看出，流过输出侧绕组的电流 I_{out} 与原

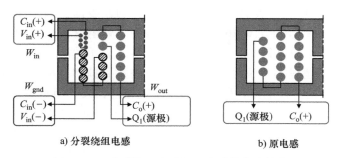

a) 分裂绕组电感   b) 原电感

图 10.12 分裂绕组电感和原电感的绕组结构

电路的 Buck 变换器的电感电流相同。此外，开关管 Q₁ 和 Q₂ 的源极到功率地的电位跳变相反，使得流过相应寄生电容的位移电流互相抵消。

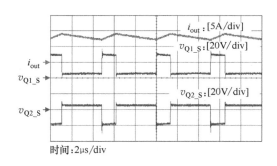

图 10.13 分裂绕组电路结构的 Buck 变换器的实验波形

表 10.3 给出了实验中两种变换器测得的电流纹波、绕组的直流电阻和效率，以及各绕组损耗的理论计算值。绕组的直流电阻由精密欧姆表（RS PRO RM-805）测得，绕组损耗的理论值由绕组的直流电阻与其直流电流分量计算得到。由于两种变换器的功率管损耗和磁心损耗相同，这里不再进行比较。与原电路结构的 Buck 变换器相比，采用分裂绕组电路结构的 Buck 变换器的总绕组损耗高出 0.1W，变换器在满载时的效率低 0.2%。

表 10.3 电流纹波、绕组的直流电阻和满载时的效率测试结果以及绕组损耗的计算值

	原电感绕组	分裂绕组电感		
		W_{in}	W_{gnd}	W_{out}
电流纹波/A	2.00	1.30	0.70	2.00
直流电阻/mΩ	6.81	24.70	5.88	3.15
绕组损耗/mW	406.92	106.86	197.80	191.65
效率(%)	92.57	92.37		

根据式（10.15）和表 10.2，式（10.12）的左半部分等于 1.0016，这要求寄生电容 C_{pD1} 比 C_{pS1} 高出 0.16%。在本实验中，寄生电容 C_{pS1} 的值为 27pF，为实现减小共模电流的电路平衡条件，寄生电容 C_{pD1} 的值应为 27.0432pF。由于 0.0432pF 的电容值过小，因此可近似认为电路达到抑制共模电流的条件。为测量输入和输出侧的共模电流，散热器与安全地相连，线性阻抗稳定网络（EMCO 3825/2）接在输入直流电源和变换器输入侧，两个 50Ω 的电阻接至线性阻抗稳定网络的射频输出口，以提供恒定的阻抗。在输出侧，由 20pF 的电容 C_{p1} 和 C_{p2} 分别连接在输出正极、负极到安全地之间，以提供输出侧的共模电流通路。

参照图 10.1，实验中采用高带宽的电流探头（Agilent 1147A）分别接在输入和输出电源线上，以测量输入和输出侧的共模电流 i_{CM_in} 和 i_{CM_out}。共模电流的实验数据点由数字示波器（Agilent MSO-X 3054A）获取，其频谱由快速傅里叶分解（Fast Fourier Transformation，FFT）计算得到，采用的窗口为 100μs 宽度的矩形窗。图 10.14 比较了两种变换器的输入和输出侧共模电流的频谱。

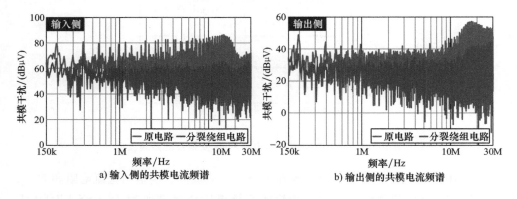

a) 输入侧的共模电流频谱　　　　b) 输出侧的共模电流频谱

图 10.14　分裂绕组结构和原电路组结构的 Buck 变换器在输入和
输出侧共模电流的频谱对比（见彩插）

在图 10.14a 中，输入侧的共模电流 i_{CM_in} 流过 LISN 的 50Ω 恒定阻抗转化为电压[6-7]，其单位为 dBμV。可以看出，与原电路结构的 Buck 变换器相比，采用分裂绕组电路结构时，图 10.14a 表明其输入侧的共模电流减小了 10~20dB，图 10.14b 表明其输出侧的共模电流减小了 10dB，验证了分裂绕组电路结构的有效性。

10.6　本章小结

本章提出了同时抑制非隔离型直流变换器输入和输出侧共模电流的分裂绕组电路结构。将基本变换器中的电感绕组分裂并分配至变换器的输入、功率地和输出侧，通过调整变换器中电位高频跳变节点，使得流过相应寄生电容的位移电流相互抵消。特别地，对于采用分裂绕组的 Buck、Boost、工作在升压模式的 SEP-IC 变换器，以及工作在降压模式的 Zeta 变换器，其绕组总体积与原电路结构的变换器相同。此外，分裂绕组电路结构同样适用于抑制 Boost PFC 变换器输入和输出侧的共模电流。当各绕组为非理想耦合时，为有效抑制输入和输出侧的共模电流，电路中的共模寄生电容和分裂绕组的自感与互感应满足相应的平衡条件。在实验室搭建了 100W 的 Buck 变换器，实验结果表明，在采用分裂绕组电路结构时，其输入侧的共模电流比原电路结构的 Buck 变换器低 10~20dB，其输出侧的共模电流比原电路结构的 Buck 变换器低 10dB。实验结果验证了所提出的分裂绕组电路结构的有效性。

参 考 文 献

[1]　EN 55022. Limits and Methods of Measurement of Radio Disturbance Characteristics of Information Technology Equipment [S]. European：European Norm Standard，2006.

[2]　WANG S, KONG P, LEE F C. Common mode noise reduction for boost converters using general balance technique [J]. IEEE Transactions on Power Electronics，2007，22（4）：1410-1416.

[3]　XIE L, RUAN X, YE Z. Equivalent noise source：An effective method for analyzing common mode noise in isolated power converters [J]. IEEE Transactions on Industrial Electronics，2016，63（5）：2913-2924.

[4]　COCHRANE D, CHEN D, BOROYEVIC D. Passive cancellation of common-mode noise in power electronic circuits [J]. IEEE Transactions on Power Electronics，2003，18（3）：756-763.

[5]　ERICKSON R W, MAKSIMOVIĆ D. Fundamentals of Power Electronics [M]. 2nd. ed. Norwell, Mass：Kluwer Academic，2001.

[6]　OBERDIECK K, GOSSMANN J, BUBERT A, et al. Common-and differential-mode separators including the FM-broadcasting band [C]. Proc. PCIM Europe 2018，2018：1-8.

[7]　STAHL J, KUEBRICH D, BUCHER A, et al. Characterization of a modified LISN for effective separated measurements of common mode and differential mode EMI noise [C]. Proc. IEEE Energy Conversion Congress and Exposition, Atlanta, GA, USA，2010：935-941.

Chapter *11*

抑制逆变器系统输入和输出侧共模电流的共模电压对消方法

在光伏并网发电系统和电动机驱动系统中,逆变器的开关管在开关工作过程中产生共模电压,经输入和输出侧的共模阻抗形成共模电流,引起传导电磁干扰。随着碳化硅和氮化镓等宽禁带半导体器件的应用,电路中的 $\mathrm{d}v/\mathrm{d}t$ 比采用传统硅基器件的更高,如何有效抑制逆变器输入和输出侧的共模电流成为亟待解决的问题。本章首先建立逆变器系统的共模传导干扰模型,推导其等效电路。在第9章的基础上,介绍其共模电压对消方法,在逆变器的输入和输出侧都加入共模变压器,以同时衰减输入和输出侧的共模电流。然后,讨论共模电压对消方法在实际应用中应考虑的因素,分析电路寄生参数对干扰抑制效果的影响,并比较该方法与现有的无源滤波器、浮地滤波器和有源对消方法的成本和抑制效果。最后,在实验室搭建了一台400V直流输入,功率为1kW的单相逆变器,测试并比较了逆变器在原始、采用无源滤波器和采用共模电压对消方法的输入和输出侧的共模电流,验证了共模电压对消方法的有效性。

11.1 逆变器系统的共模传导干扰模型

图11.1给出了单相光伏逆变器系统及电路中的共模寄生电容。其中,C_{in1} 和 C_{in2} 为直流侧电容,$Q_1 \sim Q_4$ 为逆变器的开关管,L_{f} 为输出滤波电感,C_{f} 为输出滤波电容,Z_{line} 为线路阻抗,v_{g} 为电网电压,Z_{g} 为接地电阻。C_{PV} 为光伏板到安全地 PE 之间的寄生电容,C_{pD1} 和 C_{pD2} 分别是 Q_3 和 Q_4 的漏极通过散热器到 PE 的寄生电容,C_{pS1} 和 C_{pS2} 为 Q_1 和 Q_2 的漏极通过散热器到 PE 的寄生电容,C_{pS3} 为输入电源负极到 PE 的寄生电容。该逆变器的开关管在开关工作过程中产生共模电压,经输入和输出侧的共模阻抗形成共模电流 $i_{\mathrm{CM\_in}}$ 和 $i_{\mathrm{CM\_out}}$,引起共模传导干扰。

图11.2给出了典型的三相电动机驱动系统及电路中的共模寄生电容。其中 C_{in1} 和 C_{in2} 为直流侧电容,$Q_1 \sim Q_6$ 为逆变器的开关管,C_{p} 为输入电源到 PE 之

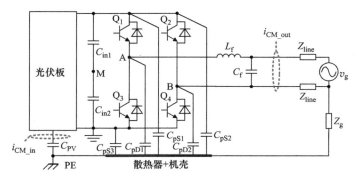

图 11.1 包含共模寄生电容的单相光伏并网逆变器系统

间的寄生电容，$C_{pD1} \sim C_{pD3}$ 分别是 Q_4、Q_6 和 Q_2 的漏极通过散热器到 PE 的寄生电容，$C_{pS1} \sim C_{pS3}$ 分别为 Q_1、Q_3 和 Q_5 的漏极通过散热器到 PE 的寄生电容，C_{S4} 为输入电源负极到 PE 的寄生电容。该逆变器的开关管在开关工作过程中产生共模电压，经输入和输出侧的共模阻抗形成共模电流 i_{CM_in} 和 i_{CM_out}，引起共模传导干扰。

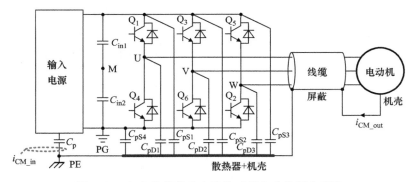

图 11.2 包含共模寄生电容的三相电动机驱动系统

通过总结光伏[1,2] 和电动机驱动[3] 系统的共模传导干扰模型，图 11.3 给出了逆变器系统共模传导干扰的通用模型。其中，Z_{CM_in} 和 Z_{CM_out} 分别为源和负载侧的等效共模阻抗，v_{CM} 为逆变器的共模电压，它等于每相桥臂中点到功率地电压的平均值，即为

$$v_{CM} = \frac{v_A + v_B}{2} \quad （单相） \tag{11.1}$$

$$v_{CM} = \frac{v_U + v_V + v_W}{3} \quad （三相） \tag{11.2}$$

在图 11.3 中，C_{p_in} 和 C_{p_out} 是逆变器共模传递路径中相关寄生电容之和，其表达式分别为

$$C_{p\_in} = \sum_{i=1} C_{pSi} \qquad (11.3)$$

$$C_{p\_out} = \sum_{i=1} C_{pDi} \qquad (11.4)$$

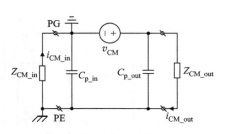

其中，C_{pSi} 是直流侧正极或负极到 PE 之间的寄生电容，C_{pDi} 是各桥臂中点到 PE 之间的寄生电容。以图 11.1 中的单相光伏逆变器为例，其 C_{p_in} 和 C_{p_out} 的表达式分别为

图 11.3   逆变器系统通用
的共模传导干扰模型

$$C_{p\_in} = C_{pS1} + C_{pS2} + C_{pS3} \qquad (11.5)$$

$$C_{p\_out} = C_{pD1} + C_{pD2} \qquad (11.6)$$

11.2   输入和输出侧共模干扰抑制方法的推导

从图 11.3 可以看出，逆变器输入和输出侧的共模传导干扰由其共模电压引起。为了抑制输入侧的共模电流 i_{CM_in} 和输出侧的漏电流 i_{CM_out}，应当消除共模电压的影响。为了便于论述共模电压对消方法的推导过程，下面采用广义戴维南定理[4]，将图 11.3 中逆变器的共模等效电路由△型转换为等效的丫型。图 11.4a 给出了只包含逆变器的共模等效电路，该二端口网络两个端口的开路输出电压分别为

$$\begin{cases} v_{oc1} = -k_{inv}v_{CM} \\ v_{oc2} = (1-k_{inv})v_{CM} \end{cases} \qquad (11.7)$$

其中，系数 k_{inv} 的表达式为

$$k_{inv} = \frac{C_{p\_out}}{C_{sum}} \qquad (11.8)$$

$$C_{sum} = C_{p\_in} + C_{p\_out} \qquad (11.9)$$

根据式（11.8）和式（11.9），k_{inv} 由共模寄生电容的比值决定，其取值范围在（0，1）。

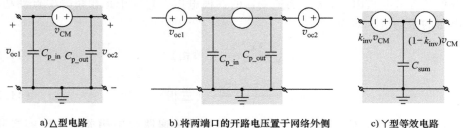

a) △型电路   b) 将两端口的开路电压置于网络外侧   c) 丫型等效电路

图 11.4   △型电路与丫型电路的等效证明示意图

根据广义戴维南定理，将原二端口网络的内部独立源置零，并将其两个端口的开路电压同时置于端口两侧，如图 11.4b 所示。图 11.4b 可进一步简化为图 11.4c。最后，将图 11.3 中逆变器的△型共模等效电路替代为图 11.4c 中的丫型等效电路，可得到图 11.5 中的共模传导干扰模型。

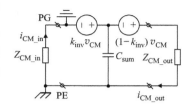

图 11.5 逆变器共模传导干扰的模型

根据图 11.5，由于电路中存在两个干扰电压源，为了消除其影响，可分别在每个回路中串联相应的补偿电压源，由此抑制共模电流 i_{CM_in} 和漏电流 i_{CM_out}，如图 11.6a 所示。其中，补偿电压 v_{com1} 和 v_{com2} 分别为

$$v_{com1} = k_{inv}v_{CM} \qquad (11.10)$$
$$v_{com2} = (1 - k_{inv})v_{CM} \qquad (11.11)$$

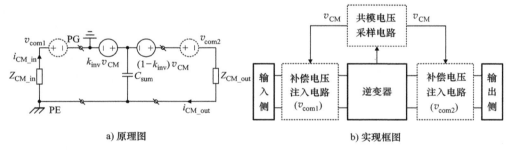

a) 原理图 b) 实现框图

图 11.6 消除输入和输出侧共模干扰的原理图与实现框图

根据式（11.10）和式（11.11），补偿电压源与逆变器的共模电压 v_{CM} 成正比。据此，图 11.6b 给出了图 11.6a 对应的实现框图，即增加共模电压采样电路获取 v_{CM}，并由补偿电压注入电路将相应的补偿电压注入至逆变器的输入和输出侧，从而同时抑制逆变器输入和输出侧共模电流。

以单相光伏逆变器为例，图 11.7a 给出了其共模电压采样电路。其中，L_f 为输出滤波电感，其上下绕组的匝数相等且紧密耦合，C_{f1} 和 C_{f2} 为交流侧分压电容，且 $C_{f1} = C_{f2} = C_f$。下面采用替代定理推导交流侧分压电容中点 N 和直流侧分压电容中点 M 之间的等效电路。首先，将 C_{in1} 和 C_{in2} 替代为电压为 $0.5V_{in}$ 的直流电压源，其中 V_{in} 为直流侧电压，Q_3 和 Q_4 替代成电压与之相同的电压源 v_A 和 v_B。忽略 L_f 两个绕组之间的漏感，将 L_f 的两个绕组分别等效为电压与之相同的电压源 v_{Lf}。然后，为避免电路中出现纯电压源回路，将 Q_1 和 Q_2 替代为电流与之相同的电流源 i_{Q1} 和 i_{Q2}，如图 11.7b 所示。为推导 MN 两点之间的戴维南等效电路，先只考虑电流源的作用，将电压源短路，可以发现电流源 i_{Q1} 和 i_{Q2} 都被短路，因此这两个电流源对 MN 两点之间的电压没有影响。然后，只考虑电压源的作用，将电流源开路，得到如图 11.7c 所示的子电路。

将图 11.7c 中的所有电压源短路，可以求出 MN 两点之间的源阻抗为 $2C_f$。MN 两点的开路电压为

$$v_{MN} = \frac{V_{in}}{2} - \frac{(v_A + v_{Lf}) + (v_B - v_{Lf})}{2} = \frac{V_{in}}{2} - v_{CM} \qquad (11.12)$$

据此可得到 MN 点之间的等效电路，如图 11.7d 所示。由于 v_{CM} 包含 $V_{in}/2$ 的直流电压分量，根据式（11.12），v_{MN} 的交流量与 v_{CM} 相同，且不含直流量。

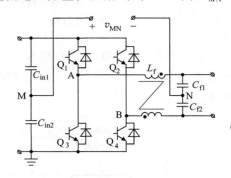

a) 单相逆变器及共模电压采样电路[5]

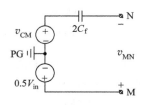

b) 共模电压采样电路的等效电路

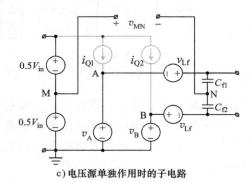

c) 电压源单独作用时的子电路

d) 共模电压采样电路的简化电路

图 11.7　共模电压采样电路及等效电路

为了注入补偿电压，图 11.8 中的阴影部分给出了加入共模变压器（Common Mode Transformer，CMT）[5-8] 的实现电路，将采样后的电压 v_{NM} 加在 T_{CM1} 和 T_{CM2} 的采样绕组 ab 两端，那么在 T_{CM1} 和 T_{CM2} 的另外两个注入绕组上将感应出补偿电压。记两个 CMT 的绕组 NM 的匝数为 N_0，根据式（11.10）和式（11.11），T_{CM1} 和 T_{CM2} 的注入绕组的匝数分别为 $k_{inv}N_0$ 和（$1 - k_{inv}$）N_0。受 T_{CM1} 和 T_{CM2} 励磁电感、漏感和寄生电容等参数的影响，T_{CM1} 和 T_{CM2} 的采样绕组 ab 两端电压只在一定频段内等于逆变器的共模电压，11.3.3 节将详细分析该共模电压对消方法的有效频段。

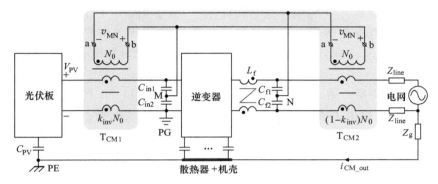

图 11.8　直流和交流侧加入共模变压器的单相光伏逆变器系统

11.3　共模电压对消方法在实际应用中的考虑

本节将讨论共模电压对消方法在实际应用中的考虑，包括输入和输出电流的限制、加入平衡电容、共模变压器寄生参数的影响。

11.3.1　输入和输出电流的限制

参照图 11.8，共模变压器的注入绕组分别位于逆变器的直流和交流侧，需承担输入和输出电流，因此共模电压对消方法适用在输入和输出电流较小的场合。

11.3.2　加入平衡电容

根据式（11.8），共模变压器的匝比与逆变器相应共模寄生电容的比值有关。在实际应用中，共模变压器的补偿电压绕组匝数 $k_{inv}N_0$ 和 $(1-k_{inv})N_0$ 很难保证为整数，为此可加入额外的平衡电容与共模寄生电容并联，以使共模变压器的补偿电压绕组的匝数为整数。

当逆变器中的主功率器件采用分立器件时，共模寄生电容主要分布在这些主功率器件的漏极到散热器之间。如果这些主功率器件到散热器之间应用相同厚度的同种绝缘材料，则主功率器件到散热器之间的共模寄生电容大致相等。根据式（11.3），式（11.4）和式（11.8），电容比值 k_{inv} 恒为 0.5。若将采样绕组的匝数 N_0 设计为偶数，此时无需增加平衡电容就可使注入绕组的匝数 $k_{inv}N_0$ 和 $(1-k_{inv})N_0$ 为整数。

11.3.3 共模变压器寄生参数的影响

共模变压器是共模电压对消方法的关键元件，其寄生参数会影响共模电压对消方法的有效频段。图 11.9a 和 b 分别给出了考虑寄生参数的共模变压器，包括 T_{CM1}（T_{CM2}）采样绕组的励磁电感 L_{m1}（L_{m2}）、等效并联电容 C_{pri1}（C_{pri2}）以及绕组之间的漏感 L_{lk_p1}，L_{lk_s1}（L_{lk_p2}，L_{lk_s2}）。由于 T_{CM1}（T_{CM2}）的注入绕组放置的很近，这里忽略两者之间的漏感。电容 C_f 选用等效串联电感（Equivalent Series Inductance，ESL）很小的高频电容，其在高频段对共模电压对消方法的影响可以忽略。

以单相逆变器为例，在图 11.8 的基础上，结合图 11.3、图 11.7d、图 11.9a 和 b，图 11.9c 给出了考虑共模变压器寄生参数的等效电路。对于共模电流来说，两个漏感 L_{lk_s1}（L_{lk_s2}）等效并联，因此其共模等效阻抗为 $0.5L_{lk\_s1}$ 和 $0.5L_{lk\_s2}$。

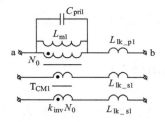

a) 考虑寄生参数的共模变压器T_{CM1} b) 考虑寄生参数的共模变压器 T_{CM2}

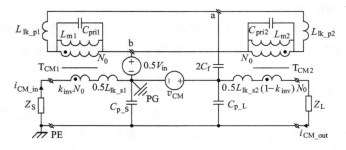

c) 考虑共模变压器寄生参数的共模电压对消方法的等效电路

图 11.9 考虑共模变压器寄生参数的等效电路

注意到图 11.9c 中包含较多的无源元件，不便于分析共模电压对消方法的有效频段。下面以开关频率 f_s 为边界，将图 11.9c 进行简化。

在低于 f_s 的频段，T_{CM1} 和 T_{CM2} 的漏感和寄生电容的影响很小，因此只需考虑其励磁电感 L_{m1} 和 L_{m2}，得到图 11.10a 所示的简化电路。可以看出，为使 T_{CM1} 和 T_{CM2} 采样绕组 ab 两端的电压等于共模电压的交流分量（$v_{CM}-0.5V_{in}$），电容 $2C_f$ 的阻抗应远小于 L_{m1} 和 L_{m2} 的并联阻抗，即共模电压对消方法的下限频率 f_L

在 $2C_f$ 和 $L_{m1}//L_{m2}$ 的谐振频率 f_{r1} 以上（通常为 3~5 倍的谐振频率）：

$$f_L \gg f_{r1}, \quad f_{r1} = \cfrac{1}{2\pi \sqrt{\cfrac{L_{m1}L_{m2}}{L_{m1}+L_{m2}}2C_f}} \quad (11.13)$$

由于逆变器的共模电压包含开关频率 f_s 及其谐波频率的分量，共模电压对消方法的下限频率 f_L 应低于 f_s，使得 T_{CM1} 和 T_{CM2} 采样绕组 ab 两端的电压等于 $(v_{CM} - 0.5V_{in})$。

在高于 f_s 的频段，电容 $2C_f$ 的电压很小，可近似为短路。此外，在分析交流频段时，将直流电压源 $0.5V_{in}$ 短路，得到图 11.10b 所示的简化电路。利用广义戴维南定理，可求出图 11.10b 中 Z_{CM_in} 和 Z_{CM_out} 之间二端口网络的开路电压以及 v_{CM} 短路时的内阻抗，得到图 11.11 所示的简化电路。

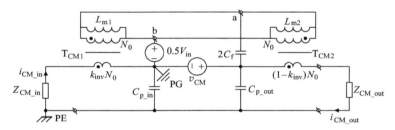

a) 频率低于 f_s 时逆变器共模干扰等效电路的简化

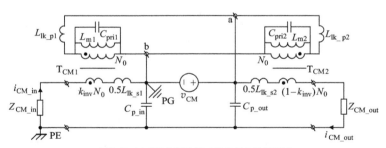

b) 频率高于 f_s 时逆变器共模干扰等效电路的简化

图 11.10　逆变器共模干扰等效电路（图 11.9c）的简化

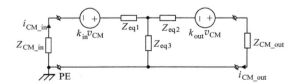

图 11.11　应用广义戴维南定理简化图 11.10b 所得到的等效电路

图 11.11 中的阻抗 Z_{eq1}、Z_{eq2} 和 Z_{eq3} 以及系数 k_{in} 和 k_{out} 的表达式分别为

$$
\begin{cases}
Z_{\text{eq1}} = \dfrac{sL_{\text{lk\_s1}}}{2} + k_{\text{inv}}^2 \left[sL_{\text{lk\_p1}} // sL_{\text{m1}} // \dfrac{1}{sC_{\text{pri1}}} \right] \\[3mm]
Z_{\text{eq2}} = \dfrac{sL_{\text{lk\_s2}}}{2} + (1-k_{\text{inv}})^2 \left[sL_{\text{lk\_p2}} // sL_{\text{m2}} // \dfrac{1}{sC_{\text{pri2}}} \right] \\[3mm]
Z_{\text{eq3}} = \dfrac{1}{s(C_{\text{p\_in}} + C_{\text{p\_out}})}
\end{cases}
\tag{11.14}
$$

$$
\begin{cases}
k_{\text{in}} = k_{\text{inv}} \left(1 - \dfrac{L_{\text{m1}}}{s^2 L_{\text{m1}} L_{\text{lk\_p1}} C_{\text{pri1}} + L_{\text{m1}} + L_{\text{lk\_p1}}} \right) \\[4mm]
k_{\text{out}} = (1-k_{\text{inv}}) \left(1 - \dfrac{L_{\text{m2}}}{s^2 L_{\text{m2}} L_{\text{lk\_p2}} C_{\text{pri2}} + L_{\text{m2}} + L_{\text{lk\_p2}}} \right)
\end{cases}
\tag{11.15}
$$

可以看出，当两个电压源均为零时，输入侧与输出侧的共模电流为零，即

$$
k_{\text{in}} = k_{\text{out}} = 0
\tag{11.16}
$$

根据式（11.15）和式（11.16），可以得出如下条件：

$$
s^2 L_{\text{lk\_p1}} C_{\text{pri1}} + 1 + \frac{L_{\text{lk\_p1}}}{L_{\text{m1}}} = 1
\tag{11.17}
$$

$$
s^2 L_{\text{lk\_p2}} C_{\text{pri2}} + 1 + \frac{L_{\text{lk\_p2}}}{L_{\text{m2}}} = 1
\tag{11.18}
$$

一般来说，$L_{\text{lk\_p1}}$ 和 $L_{\text{lk\_p2}}$ 远小于 L_{m1} 和 L_{m2}。因此，根据式（11.17）和式（11.18）可知，为使共模电压对消方法有效，$s^2 L_{\text{lk\_p1}} C_{\text{pri1}}$ 和 $s^2 L_{\text{lk\_p2}} C_{\text{pri2}}$ 应接近于零。换句话说，共模电压对消方法的上限频率 f_{H} 为 $L_{\text{lk\_p1}}$ 和 C_{pri1}、$L_{\text{lk\_p2}}$ 和 C_{pri2} 的谐振频率以下（通常为 1/5 到 1/3 倍的谐振频率），即

$$
f_{\text{H}} \ll f_{\text{r3}}, \quad f_{\text{r3}} = \min \left(\frac{1}{2\pi\sqrt{L_{\text{lk\_p1}} C_{\text{pri1}}}}, \frac{1}{2\pi\sqrt{L_{\text{lk\_p2}} C_{\text{pri2}}}} \right)
\tag{11.19}
$$

为了获得更高的上限频率 f_{H}，共模变压器的采样绕组的漏感和等效并联电容应尽可能做小。由此，共模变压器可选用三明治绕组结构，以减小漏感并获得较小的等效并联电容。

11.4 共模电压对消方法与现有共模干扰对消方法的对比

本节将从使用的元件、抑制共模干扰的有效频率范围和抑制共模干扰的效果等三个方面，对无源滤波器、浮地滤波器[9]、有源对消方法[5]与本章提出的共模电压对消方法进行比较。图 11.12 给出了无源滤波器、浮地滤波器、有源对消方法的实现方式，表 11.1 给出了这些方法的详细对比。其中，浮地滤波器将传统无源滤波器的共模电容的接地点连接至直流侧分压电容的中点，以解耦输入和

输出侧的共模电流。

　　上述方法抑制共模传导干扰的有效频段记为 $[f_L, f_H]$。其中，f_L 与元件本身的参数有关，这些方法都可以通过合理设计参数使得 $f_L < f_s$，以有效衰减逆变器的共模电流。f_H 与元件的寄生参数有关。对于无源和浮地滤波器，f_H 受制于滤波电感的等效并联电容以及滤波电容的等效串联电感。有源和共模电压对消方法都采用了共模变压器，其 f_H 与共模变压器的寄生参数有关，具体表达式为式（11.19）。

　　根据参考文献［5］和本章实验结果，有源对消方法和共模电压对消方法都可以显著抑制输出侧的共模电流。对于输入侧共模电流的衰减量，有源对消方法实现了 20dB，而共模电压对消方法达到了 40dB。

　　共模电压对消方法由于采用了两个共模变压器，其无源元件的体积大于有源对消方法中无源元件的体积。然而，有源对消方法需要两个功率晶体管和相应的散热装置，因此这两种方法所使用元件的总体积和具体的应用有关。

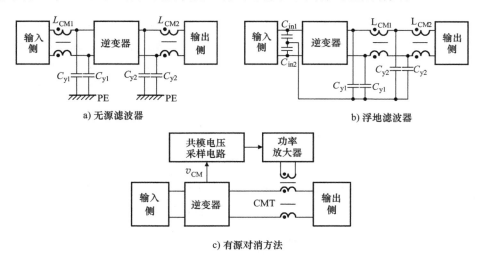

a) 无源滤波器　　　　　　　　　　　　b) 浮地滤波器

c) 有源对消方法

图 11.12　现有抑制方法的实现方式

　　为了便于比较无源滤波器、浮地滤波器和共模电压对消方法在共模干扰的抑制效果和元件的体积这两方面的性能，假定图 11.12 中的共模电感量 L_{CM1} 和 L_{CM2} 分别等于共模电压对消方法中的共模变压器 T_{CM1} 和 T_{CM2} 的励磁电感。由于这三种方法中的绕组电流和励磁电感对应相等，因此其磁性元件的体积和损耗大致相等。对于无源滤波器和浮地滤波器，其共模干扰的抑制效果与输入和输出侧的共模阻抗 Z_{CM_in} 和 Z_{CM_out} 有关。当 Z_{CM_in} 和 Z_{CM_out} 的阻抗都远低于 L_{CM1} 和 L_{CM2} 的阻抗时，采用无源滤波器或浮地滤波器都有可能比共模电压对消方法实现更大的衰减；当 Z_{CM_in} 或 Z_{CM_out} 的阻抗接近甚至高于 L_{CM1} 和 L_{CM2} 的阻抗时，

表 11.1　无源滤波器、浮地滤波器、有源对消方法和共模电压对消方法的对比

		无源滤波器	浮地滤波器	有源对消方法	共模电压对消方法
使用的元件	有源	0	0	2 个功率晶体管	0
	无源	2 个共模电感，4 个 Y 电容	2 个共模电感，4 个 Y 电容	1 个共模变压器	2 个共模变压器
有效频率范围	f_L	通过合理设计参数，可以使 $f_L < f_s$			
	f_H	f_H 受制于共模电感的等效并联电容和共模电容的等效串联电感		根据式（11.19），f_H 远低于共模变压器采样绕组的漏感和等效并联电容的谐振频率	
对干扰的抑制程度	输出侧	当 Z_{CM_in} 和 Z_{CM_out} 的阻抗远小于图 11.10a 和 b 中共模电感的阻抗时，可以实现显著的衰减共模电流．否则，共模电流的衰减将不会明显		显著	显著（本章实验取得了 40 dB 的衰减）
	输入侧			适中（参考文献[5]中的实验取得了 20dB 的衰减）	

采用无源滤波器或浮地滤波器的插入损耗将很小，对共模电流的衰减会弱于共模电压对消方法。根据图 11.6a，共模电压对消方法消除了逆变器输入和输出侧的共模电压，与无源滤波器、浮地滤波器和有源对消方法相比，其抑制效果与输入和输出侧的共模阻抗 Z_{CM_in} 和 Z_{CM_out} 无关。

11.5　实验验证和讨论

为了验证所提出的共模电压对消方法的有效性，在实验室搭建了一台 SiC 单相逆变器，测试并对比了逆变器在原始情形、加入共模电感和采用共模电压对消方法时相应的输入和输出侧的共模电流。

图 11.13 给出了样机照片，包括单相逆变器的主电路和输出滤波电路。主开关管 $Q_1 \sim Q_4$ 采用 SiC 的 MOSFET（CREE：C2M0040120D），输出滤波电容采用两个薄膜电容 C_f 串联。图 11.14 给出了共模电流的测试示意图，两个电容 C_1（C_2）分别接在输入电源线（输出电源线）与安全地 PE 之间。此外，逆变器的散热器与安全地 PE 相连。

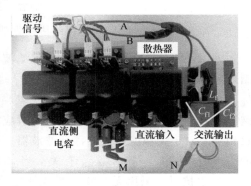

图 11.13　采用 SiC 器件的逆变器样机

表11.2列出了逆变器的主电路参数，其中开关管漏极到散热器的寄生电容 C_p 由阻抗分析仪（WAYNE KERR 6500B）在100kHz的频率下测得。在图11.14中，采用高带宽的电流探头（Agilent 1147A），分别测试逆变器未加共模变压器 T_{CM1} 和 T_{CM2}、只接入 T_{CM1} 和 T_{CM2} 的补偿电压注入绕组且绕组 ab 开路（T_{CM1} 和 T_{CM2} 此时只起共模电感的作用）和根据图11.14中 T_{CM1} 和 T_{CM2} 的连接方式（T_{CM1} 和 T_{CM2} 此时为共模变压器）这三种情形下的输入和输出侧的共模电流 i_{CM_in} 和 i_{CM_out}。

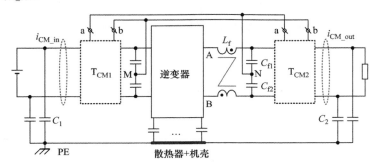

图11.14　共模电流的测试示意图

表11.2　逆变器的主电路参数和相应的共模寄生电容

直流侧电压	400V	直流侧电容	220μF
负载电阻	50Ω	输出滤波电感 L_f	520μH
额定功率	1kW	输出滤波电容 C_{f1}、C_{f2}	6.8μF
输出频率	50Hz	共模寄生电容 C_p	38pF
开关频率	80kHz	输入侧外加电容 C_1	0.1μF
调制方式	单极倍频	输出侧外加电容 C_2	1nF

图11.15给出了共模变压器 T_{CM1} 和 T_{CM2} 的照片和绕组结构，T_{CM1} 和 T_{CM2} 均采用三明治绕法，以减小漏感和共模电压采样绕组的等效并联电容。表11.3列出了输出滤波电感 L_f 以及共模变压器 T_{CM1} 和 T_{CM2} 的相应参数。实验中采用了分立的 MOSFET，$Q_1 \sim Q_4$ 到散热器的共模寄生电容均为38pF，根据11.3.2节的分析可得 $k_{inv} = 0.5$，因此 T_{CM1} 和 T_{CM2} 的匝比都为 2∶1∶1。

在表11.3中，共模变压器 T_{CM1} 和 T_{CM2} 的共模电压采样绕组的漏感和等效并联电容由阻抗分析仪测试并推算得到。测试时将 T_{CM1} 和 T_{CM2} 的补偿电压注入绕组开路，由阻抗分析仪获得共模电压采样绕组的阻抗。T_{CM1} 和 T_{CM2} 的共模电压采样绕组的漏感和等效并联电容的谐振频率分别为 26.67MHz 和 25.75MHz。

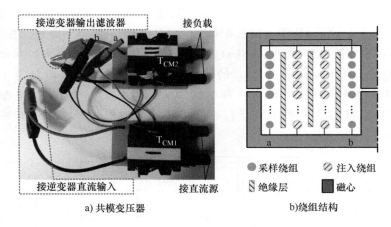

a) 共模变压器　　　　　　　　b)绕组结构

图 11.15　共模变压器及其绕组结构

表 11.3　输出滤波电感和共模变压器的参数

	L_f	T_{CM1}	T_{CM2}
磁心	PQ50/50	PQ40/40	
绕组匝数	22：22	30：15：15	
励磁电感	130μH，130μH	3.13mH	3.32mH
原边绕组漏感 L_{lk_p}		1.30μH	1.36μH
副边绕组漏感 L_{lk_s}		0.48μH	0.46μH
等效并联电容 C_{pri}		27.4pF	28.1pF

11.5.1　共模电压采样电路与补偿电压注入电路的测试

图 11.16 给出了逆变器输出满载，采用共模电压对消方法时电路中相应的电压波形。其中，共模电压 v_{CM} 为直流侧分压电容中点 M 和交流侧滤波电容中点 N 之间的电压，v_{TCM1} 和 v_{TCM2} 为共模变压器 T_{CM1} 和 T_{CM2} 的注入绕组的电压。可以看出，v_{CM}、v_{TCM1} 和 v_{TCM2} 的波形总体是相似的，且幅值之比为 2：1：1。

由于图 11.16 中的时域波形无法反映共模电压对消方法的有效频段，下面从逆变器中

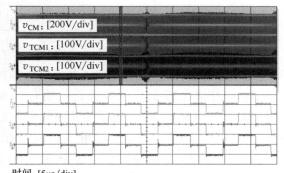

图 11.16　逆变器满载工作时的共模电压以及共模变压器的注入电压

取出共模电压采样电路和补偿电压注入电路，并将输出电感连接桥臂中点 AB 的两端短接，以便于测试端口的共模输入阻抗并注入测试电压，如图 11.17a 所示。在测试图中左侧端口的共模输入阻抗时，将 T_{CM1} 和 T_{CM2} 的补偿电压注入绕组开路。

图 11.17b 给出了共模输入阻抗的测试曲线，可以看出曲线上出现三个谐振点。参照图 11.9c，其中 1kHz 附近的谐振点为 $L_{m1}//L_{m2}$ 与 $2C_f$ 的串联谐振频率 f_{r1}，500kHz 附近的谐振点为 T_{CM1} 和 T_{CM2} 的并联励磁电感 $L_{m1}//L_{m2}$ 与等效并联电容 $C_{pri1}//C_{pri2}$ 的并联谐振频率 f_{r2}，20MHz 附近的谐振点为测试回路的总漏感与等效并联电容的串联谐振频率 f_{r3}。其中，测试回路的总漏感包括输出滤波电感 L_f 的漏感、电容 C_{f1} 和 C_{f2} 的等效串联电感以及共模变压器的漏感 L_{lk_p}。根据图 11.17b、式（11.13）和式（11.19），共模电压采样与注入电路的有效频率范围在 3kHz～10MHz 之间。

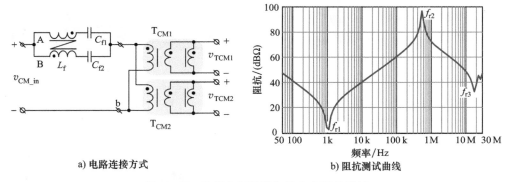

a) 电路连接方式　　　　　　　　　b) 阻抗测试曲线

图 11.17　共模电压采样与注入电路的测试

为了进一步验证有效频率范围在 10MHz 以内，采用信号发生器从图 11.17a 中的左侧端口施加 80kHz 的方波激励信号，保持右侧端口开路，用示波器记录激励和响应信号 v_{CM_in}，v_{TCM1} 和 v_{TCM2}。将相应的数据点导入 MATLAB，并采用快速傅里叶变换（Fast Fourier Transformation，FFT）算法获取三个信号的频谱。FFT 选用矩形窗口，窗口长度为 50μs，以完整包含四个周期的信号。图 11.18 给出了频谱的计算结果，可以看出，响应信号 v_{TCM1} 和 v_{TCM2} 在 10MHz 以下均比激励信号 v_{CM_in} 的频谱低 6dB，这与共模变压器采用 2：1：1 的匝比以及图 11.17b 中的阻抗测试结果相对应。

11.5.2　共模电流抑制效果的实验验证

图 11.19 给出了逆变器满载工作时，原始情形、加入共模电感和采用无源对消方法这三种不同情形下的输入和输出侧共模电流的时域波形，可以看出原始情形的共模电流幅值最高。在图 11.19a 中，i_{CM_in} 和 i_{CM_out} 非常接近，这是由于逆

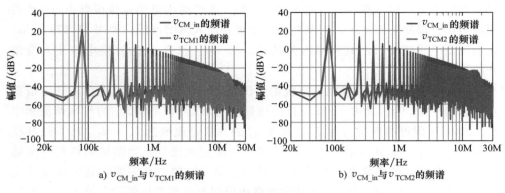

a) v_{CM_in} 与 v_{TCM1} 的频谱

b) v_{CM_in} 与 v_{TCM2} 的频谱

图 11.18　激励信号与响应信号的频谱（见彩插）

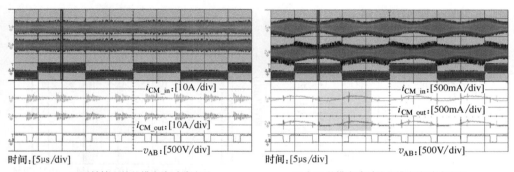

a) 原始情形的共模电流时域波形

b) 加入共模电感时的共模电流时域波形

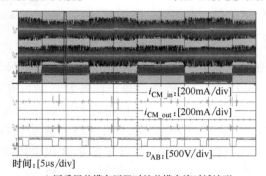

c) 原采用共模变压器时的共模电流时域波形

图 11.19　三种情形下逆变器满载工作时的共模电流和桥臂输出电压

变器输入和输出侧加入的电容 C_1 和 C_2 的阻抗远小于逆变器共模寄生电容 C_p 的阻抗，C_p 可以视为开路，此时共模等效电路可以简化为共模电压源 v_{CM} 与输入和输出侧共模阻抗 Z_S 和 Z_L 的串联形式，因此 i_{CM_in} 和 i_{CM_out} 近似相等。在图 11.19b 中，当加入共模电感时，共模电流 i_{CM_in} 和 i_{CM_out} 得到大幅衰减。然而，

i_{CM_in} 和 i_{CM_out} 在开关频率处还存在较为明显的分量，这是由于共模电感在开关频率处的阻抗比较小，因此加入共模电感在开关频率处不能有效抑制共模电流。在图 11.19c 中，当加入共模变压器并注入补偿电压时，共模电流 i_{CM_in} 和 i_{CM_out} 得到了进一步抑制，验证了共模电压对消方法的有效性。在图 11.19c 中，由于主开关管 $Q_1 \sim Q_4$ 到散热器的寄生电容不完全一致，因此共模电流未被完全消除，仍然存在一定的尖峰。

　　图 11.20 给出了原始情形、加入共模电感和采用共模电压对消这三种情形下输入和输出侧共模电流频谱的对比。共模电流由示波器（Agilent MSO-X 3054A）采样获得数据点，经 MATLAB 中的 FFT 计算（选用矩形窗）其频谱。理论上 FFT 处理的数据点的时间长度应为 20ms，以包含一个完整的工频周期。受到示波器采样点数量的限制，在该时间长度对应的 FFT 的计算结果中，最高频率只到 1.56MHz。为了反映共模电流的高频分量，选择在输出电压过零点处采样

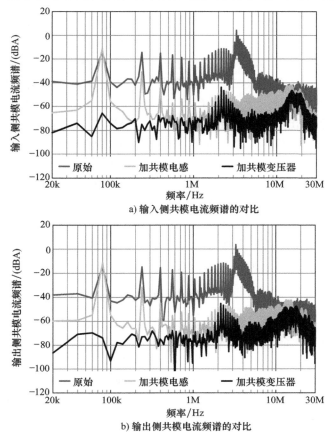

a) 输入侧共模电流频谱的对比

b) 输出侧共模电流频谱的对比

图 11.20　三种情形下逆变器满载工作时的输入和输出侧共模电流频谱的对比（见彩插）

50μs 内的共模电流数据，此时 FFT 的频谱计算结果可以拓展到 62.4MHz。从图 11.20 可以看出，原始情形的共模电流频谱最高，且频谱分布在开关频率及其奇次谐波处。这是由于在输出电压过零点处，逆变器的共模电压是占空比为 50% 的方波，该波形的谐波分布在奇次开关频率处。当加入共模电感时，共模电流 i_{CM_in} 和 i_{CM_out} 在高频处均被显著衰减。在开关频率处，由于共模电感的阻抗远小于 C_1 和 C_2 的阻抗，因此共模电流的衰减程度很小。当加入共模变压器时，共模电流 i_{CM_in} 和 i_{CM_out} 的频谱得到进一步衰减。与原始情形相比，采用共模电压对消方法时的共模电流在 20kHz~10MHz 的频率段低出 40dB 左右。图 11.20 表明共模电压对消方法的有效频率在 10MHz 以内，与 11.5.1 节中的实验结果对应，验证了共模电压对消方法的有效性。

11.6　本章小结

逆变器的开关管在开关工作过程中产生共模电压，经输入和输出侧的共模阻抗形成共模电流，引起传导电磁干扰。本章推导了逆变器系统共模传导干扰的等效电路，通过在逆变器的输入和输出侧都注入补偿电压，提出了逆变器中的共模电压对消方法。对于单相（三相）逆变器，实现共模电压对消需要一个差模耦合的电感 L_f 和两个（三个）电容 C_f 采样逆变器的共模电压，并由两个共模变压器分别往输入和输出电源线上注入补偿电压，补偿电压的幅值与逆变器的共模电压以及电路中相应共模寄生电容的比值有关。分析结果表明，共模电压对消方法的有效频段为 $[f_L, f_H]$，其中 f_L 与电容 C_f 和共模变压器的并联励磁电感的谐振频率有关，f_H 与共模变压器采样绕组的漏感和等效并联电容的谐振频率有关。在实验室搭建了一台单相全桥逆变器，实验结果表明共模电压采样电路与补偿电压注入电路的有效频段为 [3kHz，10MHz]。此外，采用共模电压对消方法后，可以在 20kHz~10MHz 的频率范围内对逆变器输入和输出侧的共模电流达到 40dB 的衰减，验证了共模电压对消方法的有效性。

参 考 文 献

[1]　LI W, GU Y, LUO H, et al. Topology review and derivation methodology of single-phase transformerless photovoltaic inverters for leakage current suppression [J]. IEEE Transactions on Industrial Electronics, 2015, 62 (7): 4537-4551.

[2]　XIAO H, XIE S. Leakage current analytical model and application in single-phase transformerless photovoltaic grid-connected inverter [J]. IEEE Transactions on Electromagnetic Compatibility, 2010, 52 (4): 902-913.

[3]　WANG S, MAILLET Y Y, WANG F, et al. Investigation of hybrid EMI filters for common-mode EMI suppression in a motor drive system [J]. IEEE Transactions on Power Electronics,

2010，25（4）：1034-1045.

[4]　MOAD M F. Two-port networks with independent sources［C］. Proc. IEEE，1966，54（7）：1008 - 1009.

[5]　OGASAWARA S，AYANO H，AKAGI H. An active circuit for cancellation of common-mode voltage generated by a PWM inverter［J］. IEEE Transactions on Power Electronics，1998，13（5）：835-841.

[6]　SWAMY M-M，YAMADA K，KUME T. Common mode current attenuation techniques for use with PWM drives［J］. IEEE Transactions on Power Electronics，2001，16（2）：248-255.

[7]　MURAI Y，KUBOTA T，KAWASE Y. Leakage current reduction for a high-frequency carrier inverter feeding an induction motor［J］. IEEE Transactions on Industrial Applications，1992，28（4）：858-863.

[8]　PIAZZA M C D，LUNA M，VITALE G. EMI reduction in DC-Fed electric drives by active common-mode compensator［J］. IEEE Transactions on Electromagnetic Compatibility，2014，56（5）：1067-1076.

[9]　LIU Y，MEI Z，JIANG S，et al. Conducted common-mode electromagnetic interference suppression in the AC and DC sides of a grid-connected inverter［J］. IET Power Electronics，2020，13（13）：2926-2934.